CARL ZIMMER

PARÁ-
SITOS

El extraño mundo de las
criaturas más peligrosas
de la naturaleza

CARL ZIMMER

PARÁ-SITOS

El extraño mundo de las criaturas más peligrosas de la naturaleza

Traducción de
Pedro Pacheco González

Título original:
Parasite Rex: Inside the Bizarre World of Nature's Most Dangerous Creatures (2001)

© Del libro:
2000 Carl Zimmer
(Atria Books, Division of Simon & Schuster)

© De la traducción:
Pedro Pacheco

© De esta edición:
Capitán Swing Libros, S. L.
c/ Rafael Finat 58, 2º 4 - 28044 Madrid
Tlf: (+34) 630 022 531
contacto@capitanswing.com
www.capitanswing.com

© Diseño gráfico:
Filo Estudio - www.filoestudio.com

Corrección ortotipográfica:
Victoria Parra Ortiz

ISBN: 978-84-945481-7-8
Depósito Legal: M-27410-2016
Código BIC: FV

Impreso en España / *Printed in Spain*
Gráficas Cofás S.L. Móstoles (Madrid)

Queda prohibida, sin autorización escrita de los titulares del copyright, bajo las sanciones establecidas en las leyes, la reproducción total o parcial de esta obra por cualquier medio o procedimiento.

Índice

Prólogo: Una vena es un río 7
Primeras observaciones del mundo interior

01. Criminales de la naturaleza 25
    Cómo los parásitos pasaron a ser odiados por casi todo el mundo

02. Terra Incognita 49
    Nadando a través del corazón, luchando hasta la muerte en el interior de una oruga, y otras aventuras de parásitos

03. La guerra de los treinta años 85
    Cómo los parásitos provocan, manipulan e intiman con nuestro sistema inmunológico

04. Un terror concreto 111
    Cómo convierten los parásitos a sus hospedadores en esclavos castrados, beben sangre y consiguen cambiar el equilibrio de la naturaleza

05. El gran paso hacia el interior 153
    Cuatro mil millones de años bajo el dominio de los parásitos

06. Evolución desde dentro 195
    La cola del pavo real, el origen de las especies y otras batallas contra las reglas de la evolución

07. El hospedador bípedo 231
   Cómo el Homo sapiens evolucionó con criaturas en su interior

08. Cómo vivir en un mundo lleno de parásitos 259
   *Un planeta enfermo, y cómo los parásitos recién
   llegados pueden ser parte de la cura*

Epílogo 291
   Cómo conseguí una tenia con mi nombre

Glosario 299

Agradecimientos 303

PRÓLOGO

Una vena es un río

El niño que estaba en la cama frente a mí se llamaba Justin, y no quería despertarse. Su cama, una colchoneta esponjosa montada sobre una estructura metálica, estaba situada en una sala de hospital que no era más que un pequeño edificio de hormigón en el que los marcos de las ventanas estaban vacíos. El hospital consistía en unos pocos edificios parecidos a este, algunos con techo de paja, en un amplio patio polvoriento. Me parecía más una aldea que un hospital. Asocio los hospitales con el linóleo frío, no con cabritos paseándose por el patio, intentando mamar y meneando sus colas, ni con madres y hermanas de los pacientes poniendo cacerolas de hierro a calentar en fogatas que han hecho bajo árboles de mango. El hospital estaba en las afueras de una ciudad desolada llamada Tambura, situada en el sur de Sudán, cerca de la frontera con la República Centroafricana. Si quisieras viajar en cualquier dirección desde el hospital, te encontrarías con pequeñas granjas de mijo y mandioca, con caminos sinuosos que atraviesan bosques quebrados y pantanos, te toparías con cúpulas funerarias hechas de cemento y ladrillo rematadas con cruces, con montículos creados por termitas con una forma parecida a setas gigantes, y atravesarías montañas habitadas por serpientes venenosas, elefantes y leopardos. Pero como no eres del sur de Sudán, seguramente no viajarías en ninguna dirección, al menos en la época en la que estuve allí. Durante veinte años tuvo lugar una guerra civil en Sudán entre las tribus del sur y las del norte. Cuando estuve de visita, los rebeldes llevaban ya cuatro años al mando de Tambura, y decretaron que cualquier forastero que llegara en el vuelo semanal que aterrizaba en su pista embarrada solo podía viajar con escoltas rebeldes, y solo de día.

Justin, el chico que estaba en la cama, tenía doce años, hombros delgados y un vientre que se curvaba hacia dentro como un tazón. Llevaba puestos unos pantalones cortos de color caqui y un collar de cuentas azules; en el alféizar que estaba sobre su cama había un saco tejido con cañas y un par de sandalias, cada una de ellas con una flor metálica en su lengüeta. Su cuello estaba tan inflamado que era difícil discernir dónde empezaba la parte trasera de su cabeza. Sus ojos sobresalían como los de una rana, y sus fosas nasales estaban obstruidas.

«¡Hola, Justin! Justin, ¿hola?», le decía una mujer. Éramos siete personas alrededor de su cama. Estaban esa mujer, una doctora estadounidense llamada Mickey Richer, un enfermero estadounidense alto y de mediana edad llamado John Carcello, y cuatro trabajadores sanitarios de Sudán. Justin intentaba ignorarnos a todos, para conseguir así que nos fuéramos y le dejáramos dormir de nuevo. «¿Sabes dónde te encuentras?», le preguntó Richer. Una de las enfermeras sudanesas se lo tradujo a lengua zande. Asintió y dijo: «Tambura».

Con delicadeza, Richer lo apoyó contra su costado. Su cuello y su espalda estaban tan rígidos que, cuando lo cogió, fue como agarrar un tablón. No pudo hacerle girar el cuello y, mientras lo intentaba, Justin, con sus ojos apenas abiertos, le imploraba que parara. «Si esto pasa —les dijo enfáticamente a los sudaneses—, llamen a un médico». Intentaba disimular su enfado porque no la habían avisado con tiempo. El cuello rígido del niño significaba que estaba al borde de la muerte. Hacía semanas que su cuerpo había sido invadido por un parásito unicelular, y la medicación que le estaba proporcionando Richer no funcionaba. Y había otro centenar de pacientes en su hospital, todos ellos con la misma enfermedad letal, llamada enfermedad del sueño.

Vine aquí a Tambura por sus parásitos, de la misma forma que la gente va a Tanzania por sus leones o a Komodo por sus dragones. En Nueva York, donde vivo, la palabra *parásito* no tiene mucho significado, o, al menos, no mucho en particular. Cuando le hubiera dicho a la gente de allí que estudiaba parásitos, alguno habría dicho: «¿te refieres a la tenia?» y otro habría preguntado: «¿te refieres a las exmujeres?». La palabra es confusa. Incluso en los círculos científicos, su definición es ambigua. Puede hacer referencia a cualquier cosa que vive sobre o en el interior de otro organismo a expensas de él. Esa definición puede incluir un virus que ocasiona un resfriado o la bacteria que causa la meningitis. Pero, si a un amigo que tiene tos le dices que en realidad ha sido infectado por parásitos, puede que piense que tiene un *alien* alojado en su pecho, esperando a estallar y devorar todo lo que se le ponga delante. Los parásitos pertenecen más al mundo de las pesadillas que al de las consultas de los médicos. Y hasta los mismos científicos, por razones peculiares de la historia, tienden a usar la palabra para referirse a cualquier cosa que vive de forma parásita, exceptuando las bacterias y los virus.

Incluso con esa definición tan limitada, los parásitos constituyen una colección enorme. Justin, por ejemplo, yacía en la cama de ese hospital al borde de la muerte porque su cuerpo se había convertido en el hogar de un parásito llamado tripanosoma. Los tripanosomas son criaturas unicelulares, pero están estrechamente relacionados con los humanos, mucho más que con las bacterias. Entraron en el cuerpo de Justin cuando le picó una mosca tsé-tsé. Mientras la mosca tsé-tsé bebía de su sangre, los tripanosomas pasaron a su interior. Empezaron robando oxígeno y glucosa de la sangre de Justin, se multiplicaron y eludieron su sistema inmunológico, invadieron sus órganos e incluso se colaron en su cerebro. La enfermedad del sueño toma su nombre por el modo en el que los tripanosomas afectan al cerebro de las personas, destrozando sus relojes biológicos y haciéndoles creer que es de noche cuando es de día. Si la madre de Justin no lo hubiera traído al hospital de Tambura, seguramente habría fallecido en cuestión de meses. La enfermedad del sueño es una enfermedad que no perdona.

Cuando Mickey Richer vino a Tambura hace cuatro años, apenas había casos de enfermedad del sueño, y la gente pensaba que se trataba de una enfermedad perdida ya en el tiempo. Pero no había sido siempre así. Durante milenios, la enfermedad del sueño había sido una amenaza para la gente que vivía en las zonas donde habitaba la mosca tsé-tsé: una amplia extensión de África al sur del Sáhara. Una versión de la enfermedad también atacó al ganado y fue la causa de que zonas muy amplias del continente carecieran de animales domésticos. Incluso ahora, en casi doce millones de kilómetros cuadrados del continente, está prohibido tener ganado debido a la enfermedad del sueño, e incluso en los lugares donde sí se permite, mueren tres millones cada año a causa de esa enfermedad. Cuando los europeos colonizaron África contribuyeron a desencadenar grandes epidemias forzando a la gente a que se quedara y trabajara en zonas infectadas con la mosca tsé-tsé. En 1906, Winston Churchill, que en esa época era el subsecretario de la colonia, contó a la Cámara de los Comunes que una epidemia de la enfermedad del sueño había reducido la población de Uganda de seis millones y medio a tan solo dos millones y medio.

En la época de la Segunda Guerra Mundial, los científicos habían descubierto que los fármacos que eran efectivos contra la sífilis también podían erradicar los tripanosomas de los cuerpos infectados. Eran auténticos venenos, pero funcionaron lo suficientemente bien como para reducir los niveles de parásitos presentes si los médicos localizaban lugares con alta presencia de la mosca tsé-tsé y trataban la enfermedad. Siempre habría casos de pacientes afectados por la enfermedad del sueño, pero serían una excepción, no la regla. Las campañas contra la enfermedad del sueño durante las décadas de 1950 y 1960 fueron tan efectivas que los científicos hablaban de eliminar la enfermedad en cuestión de años.

Pero la guerra, las economías que se estaban derrumbando y los gobiernos corruptos, permitieron que la enfermedad del sueño reapareciera. En Sudán, la guerra civil ahuyentó a los médicos belgas y británicos del condado de Tambura; médicos que habían estado controlando exhaustivamente que no reapareciera ningún brote. No muy lejos de Tambura, visité un hospital abandonado que había tenido su propio edificio dedicado a la enfermedad del sueño; ahora avispas y lagartijas campan a sus anchas por esas salas. A medida que pasaron los años, Richer observó cómo crecían los casos de enfermedad del sueño, primero fueron 19, luego, 87, hasta llegar a ser cientos. Realizó un estudio en 1997, y estimó que alrededor del 20 por ciento de la gente del condado de Tambura —12.000 sudaneses— padecía la enfermedad del sueño.

Ese año, Richer lanzó una contraofensiva, esperando reducir la presencia del parásito al menos en el condado de Tambura. En el caso de los pacientes que todavía estaban en las fases iniciales de la enfermedad, diez días de inyecciones del fármaco pentamidina en las nalgas eran suficientes. Para aquellos que, como Justin, ya tenían el parásito alojado en su cerebro, era necesaria una terapia mucho más agresiva. Necesitaban algún fármaco mucho más potente que pudiera matar por completo el parásito alojado en el cerebro: un brebaje brutal conocido como melarsoprol. El melarsoprol tiene un 20 por ciento de arsénico. Puede fundir las típicas vías intravenosas de plástico, por lo que Richer tuvo que conseguir unas que fueran tan duras como el teflón. Si, por lo que fuera, el melarsoprol saliera de la vena, podría provocar que el tejido adyacente se convirtiera en una masa hinchada y dolorosa; en ese caso, el fármaco debe dejar de administrarse durante unos días, y, en el peor de los casos, el brazo tendría que ser amputado.

Cuando Justin llegó al hospital, ya tenía parásitos en su cerebro. Las enfermeras le administraron inyecciones de melarsoprol durante tres días, y la medicina consiguió eliminar un buen número de tripanosomas de su cerebro y de su columna vertebral. Pero, como resultado de ello, tanto su cerebro como su columna vertebral estaban llenos de pedazos de tejidos de los parásitos muertos, provocando así que las células de su sistema inmunológico pasaran de estar aletargadas a sufrir una actividad frenética. El resultado de ese ataque brutal fue que abrasaron el cerebro de Justin. La inflamación que provocaron estaba estrujando su cerebro como si fuera un torniquete.

A continuación, Richer le prescribió esteroides para intentar bajar la hinchazón. Justin gimoteó vagamente a medida que la inyección de esteroides entraba por su brazo, sus ojos se cerraron como si estuviera cayendo en una pesadilla muy profunda. Si tenía suerte, los esteroides rebajarían la presión que sufría su cerebro. Al día siguiente tendríamos la respuesta: o estaría mejor o habría fallecido.

Antes de visitar a Justin en su lecho, yo había estado viajando con Richer durante unos cuantos días, observando cómo trabajaba. Habíamos ido a aldeas donde su personal estaba centrifugando sangre, buscando alguna señal del parásito. Estuvimos conduciendo durante horas para llegar a otra de sus clínicas, donde la gente estaba efectuando punciones lumbares para ver si los tripanosomas ya estaban de camino hacia el cerebro. Ya habíamos hecho la ronda habitual por el hospital de Tambura, viendo a otros pacientes: niños pequeños a los que había que sostener para poderles poner las inyecciones mientras no dejaban de gritar, señoras mayores que aguantaban en silencio mientras el fármaco ardía en sus venas, un hombre enloqueció de tal manera a causa del fármaco que le dio por atacar a la gente y tuvo que ser atado a un poste. Y de vez en cuando —y ahora, mientras observaba a Justin— intentaba ver los parásitos en su interior. Me trajo a la memoria la película antigua titulada *Viaje alucinante*, en la que Raquel Welch y el resto de tripulantes subían a un submarino que a continuación era reducido a un tamaño microscópico. Luego eran inyectados en una vena del cuerpo de un diplomático para que, de esta manera, pudieran desplazarse a lo largo de su sistema circulatorio hasta llegar a su cerebro, y salvarle así de una herida potencialmente mortal. Sentía que tenía que entrar en ese mundo, formado por ríos subterráneos, donde las corrientes sanguíneas siguen ramificaciones de las arterias cada vez más pequeñas hasta que son devueltas a las venas, reuniéndose de nuevo en venas mayores hasta que alcanzan el palpitante corazón. Los glóbulos rojos rebotaban y rodaban, apretujándose para introducirse en los capilares y luego retornaban a su forma original de disco. Los glóbulos blancos usaban sus lóbulos para introducirse en los vasos sanguíneos a través de los conductos linfáticos, como esas puertas ocultas en forma de librería que hay en alguna casa. Y entre todos ellos, viajaban los tripanosomas. Había visto tripanosomas bajo el microscopio en un laboratorio de Nairobi, y son bastante hermosos. Su nombre proviene de la palabra griega *trypanon*, que significa «augurio». Son aproximadamente el doble de grandes que un glóbulo rojo, de un tono de color plateado bajo el microscopio. Sus cuerpos son planos, como una cinta, pero cuando nadan rotan como brocas.

Los parasitólogos que pasan bastante tiempo observando tripanosomas en el laboratorio tienden a enamorarse de ellos. En un artículo científico, por lo demás, bastante serio, me encontré con esta frase: «*Trypanosoma brucei* tiene muchas características fascinantes que han hecho de este parásito el favorito de los biólogos experimentales». Los parasitólogos observan los tripanosomas con el mismo cuidado con el que los ornitólogos observan águilas pescadoras, mientras los parásitos tragan glucosa, o eluden a las células del sistema inmunológico, desprendiéndose de su revestimiento y produciendo uno nuevo, o mientras se convierten en nuevas formas que puedan sobrevivir en el intestino de una mosca para luego volver a transformarse en una forma que se adapta a la perfección a los hospedadores humanos.

Los tripanosomas son solo uno de los muchos parásitos que habitan en el interior de la gente del sur de Sudán. Si pudiéramos desplazarnos al estilo de *Viaje alucinante* a través de su piel, probablemente nos toparíamos con nódulos del tamaño de una canica donde veríamos pasar nadando gusanos enrollados tan largos como serpientes y tan delgados como hilos de pescar. Estos animales, llamados *Onchocerca volvulus*, pasan sus diez años de vida en estos nódulos, tanto los machos como las hembras, produciendo miles de crías. Las crías los abandonan y se desplazan por la piel del hospedador, con la esperanza de ser succionados mediante la picadura de una mosca negra. En los intestinos de la mosca negra pueden madurar y pasar a su siguiente etapa, durante la cual el insecto podrá inyectarlos en la piel de un nuevo hospedador, donde formarán de nuevo un nódulo. A medida que las crías nadan a través de la piel de su víctima pueden desencadenar un ataque violento del sistema inmunológico. Pero en lugar de matar el parásito, el sistema inmunológico produce un sarpullido en la piel del hospedador que se asemeja a las manchas del leopardo. Este sarpullido puede llegar a producir un picor tan intenso que hay pacientes que se rascan hasta morir. Cuando los gusanos llegan a la capa externa de los ojos, las cicatrices provocadas por el intenso ataque del sistema inmunológico pueden llegar a dejar ciega a una persona. Dado que sus larvas son acuáticas, las moscas negras suelen estar cerca del agua, y por eso esta enfermedad ha recibido el nombre de *ceguera de los ríos*. Hay algunos lugares en África donde la ceguera de los ríos ha dejado sin vista a casi todas las personas que pasan de los cuarenta años.

En Tambura también encontramos el gusano de Guinea: criaturas de sesenta centímetros de largo que logran escapar de sus hospedadores perforando una ampolla producida en la pierna y salen reptando, algo que hacen durante unos pocos días. Están también las filarias, que causan elefantiasis, que pueden hacer que un escroto se hinche tanto que ocupe toda una carretilla. Encontramos también a las tenias o solitarias: criaturas ciegas, sin boca, que viven en los intestinos, y que se pueden extender hasta alcanzar los dieciocho metros, formadas por miles de segmentos, cada uno de los cuales, posee órganos sexuales masculino y femenino. También hay trematodos con aspecto foliáceo en el hígado y en la sangre. Hay parásitos unicelulares que causan la malaria, invadiendo células sanguíneas y haciéndolas explotar, liberando una nueva generación hambrienta de conquistar nuevas células. Si estás el tiempo suficiente en Tambura, creerás que la gente de tu alrededor se ha vuelto transparente y se ha convertido en brillantes constelaciones de parásitos.

Tambura no es tan peculiar como puede parecer. Solo es un sitio en el que puedes encontrar parásitos que prosperan de una manera particularmente cómoda en humanos. La mayor parte de la población de la Tierra es portadora de parásitos, incluso si excluimos a las bacterias y a los virus. Más de 1.400 millones de personas tienen en su interior la ascáride parecida a una serpiente, llamada *Ascaris lumbricoides,* en sus intestinos; casi 1.300 millones tienen anquilostomas que les chupan la sangre; mil millones tienen tricocéfalos. Dos o tres millones mueren a causa de la malaria en un año. Y muchos de estos parásitos están aumentando. Puede que Richer haya conseguido ralentizar la dispersión de la enfermedad del sueño en su pequeña porción de Sudán, pero a su alrededor parece que se está propagando. Puede matar a trescientas mil personas en un año; puede que mate a más personas en la República Democrática del Congo que el sida. Parasitariamente hablando, Nueva York es, en la actualidad, más extravagante que Tambura. Y, si pudiéramos ir hacia atrás en la evolución hasta llegar a un antepasado simiesco de hace cinco millones de años, e ir observando la presencia de parásitos en nuestra línea evolutiva, el último siglo libre de parásitos del que algunos humanos han gozado es solo un fugaz periodo de gracia.

Comprobé el estado de Justin al día siguiente. Estaba recostado de lado, tomando caldo de un tazón. Su espalda estaba ligeramente curvada sobre la cama mientras comía; sus ojos ya no estaban hinchados; su cuello volvía a ser flexible; y su nariz volvía a estar despejada. Aún se sentía exhausto y estaba mucho más interesado en comer que en hablar con extraños como yo. Pero está bien que esa fugaz moratoria le incluyera también a él.

* * *

Visitando lugares como Tambura, empecé a pensar en el cuerpo humano como en una isla de vida apenas explorada, el hogar de criaturas distintas a cualquier cosa del mundo exterior. Pero cuando recordé que somos solo una especie entre millones de las que pueblan este planeta, la isla creció hasta ser un continente, un planeta.

Algunos meses después de mi viaje a Sudán, en una noche que titubeaba entre húmeda y lluviosa, paseaba por una selva de Costa Rica. Sostenía una red para cazar mariposas en mi mano, y los bolsillos de mi chubasquero rebosaban de bolsas de plástico. La luz frontal que llevaba en la cabeza proyectaba un óvalo de luz sobre el camino que se hallaba frente a mí, que una araña estaba cruzando a tan solo seis metros de distancia. Sus ocho ojos brillaban al unísono como un conjunto de pequeños diamantes. Una solitaria avispa gigante se metía lentamente en su nido situado en el lateral del camino para esconderse de mi luz deslumbrante. La única luz que había, más allá de la proveniente de mi lámpara, provenía de relámpagos lejanos y de las luciérnagas que brillaban durante largos y lentos destellos por encima de las copas de los árboles. La hierba despedía el olor nauseabundo de la orina de jaguar.

Caminaba junto a siete biólogos, dirigidos por un científico llamado Daniel Brooks. Estaba lo más alejado posible de la imagen que yo tenía de un intrépido biólogo de la jungla: cuerpo pesado, un bigote caído, y unas grandes gafas de aviador, vestido con un chándal rojo y negro y unas deportivas. Pero, al igual que el resto de nosotros, estuvo todo el paseo hablando de cómo fotografiar pájaros o de cómo explicar la diferencia entre una serpiente coral venenosa y una imitadora inofensiva. Brooks iba algo adelantado, escuchando las piadas y graznidos de nuestro alrededor. De repente se paró en un lateral del camino agitando su mano derecha, ordenando que nos calláramos. Se dirigió a una amplia zanja que se había llenado con la lluvia de la noche y levantó su red lentamente. Pisó con una de sus deportivas dentro del agua y de pronto hundió la red en la orilla más alejada. El extremo puntiagudo de la red empezó a bailar y a agitarse, y agarró la red por la mitad antes de alzarla. Con la otra mano cogió una bolsa de plástico que le di y soplando la llenó de aire. Pasó una gran rana leopardo con rayas de color beis de la red a la bolsa, donde saltó frenéticamente. Anudó el extremo abierto de la bolsa, que todavía estaba llena de aire, y pasó el nudo bajo el cordón de su pantalón de chándal. Siguió caminando con esa abultada bolsa que contenía una rana, como si fuera un saco transparente repleto de oro.

Esa noche había ranas y sapos por todas partes. Brooks cogió una segunda rana leopardo en un lugar no muy alejado del primero. Las ranas de Tungara flotaban en el agua, formando coros poderosos. Los sapos marinos, alguno tan grande como un gato, esperaban a que estuviéramos cerca para, a continuación, dar un único gran salto perezoso con el que mantenían así la distancia. Pasamos por zonas acuosas con una espuma tan sólida como un baño de burbujas, fuera de la cual cientos de renacuajos se retorcían en el agua circundante. Atrapamos ranas de cara embotada de la familia Microhylidae (conocidas en la zona como ranas oveja), con unos pequeños ojos apretados justo sobre sus fosas nasales y cuerpos regordetes que recuerdan a gotas de crema de chocolate.

Para algunos zoólogos, el proceso de captura de sus especímenes habría acabado en este punto. Pero Brooks no estaba del todo seguro de qué era lo que había capturado. Llevó las ranas a las oficinas del Área de Conservación de Guanacaste. Dejó las ranas en sus bolsas toda la noche, con algo de agua para mantenerlas húmedas y vivas. A la mañana siguiente, después de un desayuno de arroz con judías y zumo de piña, fuimos a su laboratorio. El laboratorio consistía en un cobertizo con paredes con alambres para gallinero en los dos lados.

«Los ayudantes locales lo llaman *la jaula*», decía Brooks. Había una mesa en el centro del cobertizo en la que se podían ver microscopios de disección, y orugas lanudas y escarabajos se arrastraban por el suelo de hormigón. Un nido de avispas colgaba del cable de la luz. En el exterior, más allá de las enredaderas que rodeaban el cobertizo, un mono aullador rugía en los árboles. Los locales lo llamaban jaula porque, según decían, «nos tenemos que quedar aquí dentro o mataríamos a todos sus animales».

Brooks sacó una rana leopardo de su bolsa y la despachó con un golpe seco en el borde del fregadero. Murió inmediatamente. La colocó en la mesa y empezó a abrirle el vientre. Con la ayuda de unas pinzas y mucha delicadeza, extrajo los intestinos del cuerpo de la rana. Colocó los órganos en una placa de Petri ancha y puso la carcasa de la rana bajo el microscopio. Durante los tres veranos anteriores, Brooks había estado observando el interior de ochenta especies de reptiles, pájaros y peces de Guanacaste. Había empezado a elaborar una lista de todas las especies de parásitos que vivían en la reserva. Hay tantas clases diferentes de parásitos en el interior de los animales y plantas del mundo que nadie se había atrevido a hacer algo así en un lugar con el tamaño de Guanacaste. Ajustó las luces que había sobre dos largos soportes negros, dos extrañas serpientes que observaban la rana muerta. «¡Ah! —dijo—, allá vamos».

Me hizo mirar: una filaria —un pariente del gusano de Guinea presente en los humanos— se movía desorientada una vez fuera de su hogar en una de las venas de la espalda de la rana. Brooks explicó que «probablemente se transmitía por los mosquitos que se alimentaban de las ranas». La extrajo cuidadosamente y colocó el espécimen intacto en un plato con agua. Para cuando pudo hacerse con un plato de ácido acético (vinagre de fabricación industrial) para fijarlo, el parásito había estallado, formando una especie de espuma blanca. Pero Brooks fue capaz de extraer otro intacto e introducirlo sin que estallara antes en el ácido, donde se desenrolló, listo para ser conservado durante décadas.

Ese fue el primero de los muchos parásitos que pudimos observar. De otra vena salió una hilera de trematodos, algo parecido a un collar retorcido. Los riñones contenían otra especie que solo madura cuando la rana es devorada por un depredador como una garza o un coatí. Los pulmones de esta rana estaban limpios, aunque es habitual que las ranas de aquí tengan parásitos también en esos órganos. Tienen diversas malarias en la sangre, e incluso trematodos en sus esófagos y oídos. «Las ranas son los hoteles de los parásitos», decía Brooks. Luego trabajó los intestinos independientemente, cortándolos con sumo cuidado para preservar los parásitos que pudieran contener. Encontró otra especie de trematodo, una mota diminuta que nadaba bajo la lupa del microscopio. «Si no sabes lo que estás buscando, podrías pensar que es basura. Este pasa desde un caracol a una mosca, que luego es ingerida por una rana». El trematodo tiene que compartir este conjunto particular de intestinos con un gusano tricostrongílido que ha llegado hasta allí por una ruta más directa, perforando directamente el intestino de la rana.

Brooks apartó la placa de debajo del microscopio y dijo: «Eso ha sido realmente decepcionante, chicos». Pienso que se debía de dirigir a los parásitos. Yo, en cambio, estaba bastante desbordado por la gran cantidad de criaturas que habíamos podido ver en un único animal, pero Brooks sabía que una sola especie de rana puede contener una docena de especies en su interior, y deseaba que yo pudiera ver la mayor cantidad posible. Le habló a la rana: «Esperemos que tu compadre tenga más».

Alcanzó la bolsa que contenía la segunda rana leopardo. A esta le faltaban dos dedos de su pie delantero izquierdo. «Eso significa que escapó de un depredador que no tuvo tanta suerte como yo», dijo Brooks, y la despachó de nuevo con un golpe seco y rápido. Cuando tuvo su vientre abierto bajo el microscopio, exclamó con una viveza repentina: «¡Oh! Esto es bueno. Lo siento. Es bueno en términos relativos». Me hizo mirar por el visor. Otro trematodo, en este caso uno del género *Gorgoderina*, por su parecido con las serpientes retorcidas de la cabeza de Medusa, se contorsionaba

mientras salía de la vejiga de la rana. «Viven en almejas de agua dulce. Eso me dice que esta rana ha estado en algún lugar en el que hay almejas, las cuales, a su vez, necesitan un suministro garantizado de agua, un fondo arenoso y un suelo rico en calcio. Y su segundo hospedador es un cangrejo de río, por lo que el hábitat debe albergar almejas, cangrejos de río y ranas, y lo hace durante todo el año. De donde lo cogimos ayer no es de donde proviene.
—Se desplazó a sus intestinos—. Aquí tenemos una bonita escena»: nematodos junto a trematodos que forman quistes en la piel de la rana. Cuando la rana se despoja de su piel, se la come, con lo que se infecta a sí misma. Los trematodos eran bolsas saltarinas de huevos.

Brooks se había animado bastante, y pasó a una rana de la familia Microhylidae. «Oh, Dios mío, tú me has traído suerte —dijo mientras miraba en su interior—. Este individuo debe de contener más de mil lombrices intestinales. ¡Santo cielo, esta rana está plagada de parásitos!». En la sopa de lombrices había protozoos iridiscentes retorciéndose, gigantes unicelulares que eran casi tan grandes como los gusanos pluricelulares.

Algunos de los parásitos que vimos ya tenían nombre, pero la mayoría eran nuevos para la ciencia. De momento, Brooks fue a su ordenador a teclar algunas palabras clave indefinidas para cada individuo —nematodo, tenia…— que luego serían mejoradas por él mismo o por otro parasitólogo que propondría algún nombre en latín. El ordenador contenía los registros de otros parásitos que Brooks había ido recogiendo durante los años pasados, incluyendo algunos de los que yo había podido contemplar diseccionados los días previos. Allí estaban las iguanas con sus tenias, la tortuga con un océano de lombrices intestinales. Justo antes de mi llegada, Brooks y sus ayudantes habían abierto un ciervo en el que encontraron una docena de especies que vivían en o sobre él, incluyendo nematodos que viven únicamente en el talón de Aquiles del ciervo y moscas que ponen los huevos en su nariz. (Brooks llamó a estas últimas larvas moco).

Incluso dentro de esta única reserva, es posible que Brooks no fuera capaz de catalogar todas las especies de parásitos. Brooks es un experto en parásitos de vertebrados, considerando la definición tradicional de parásito, es decir, excluyendo a las bacterias, virus y hongos. Cuando le visité, había identificado unos trescientos parásitos, pero calculaba que habría unos once mil en total. Brooks no estudiaba los miles de especies de avispas y moscas parásitas que viven en el bosque, devorando insectos desde dentro y manteniéndolos vivos hasta el último instante en el que se dan el banquete. No estudia las plantas que parasitan otras plantas, robando el agua que sus hospedadores obtienen del suelo y el alimento que fabrican a partir del aire y el sol. No estudia hongos, los cuales pueden invadir animales, plantas o incluso otros hongos. Su única esperanza es que otros parasitólogos se le unan y estudien todas esas especies. Hay pocos que se dediquen a ello y están repartidos por muchos lugares. Todo ser vivo tiene al menos un parásito que vive en su interior o sobre él. Muchos, como es el caso de las ranas leopardo y los humanos, tienen muchos más. Hay un loro en México que únicamente en sus plumas tiene treinta especies diferentes de ácaros. Y los mismos parásitos tienen parásitos, y algunos de esos otros parásitos también tienen sus propios parásitos. Científicos como Brooks no tienen ni idea de cuántas especies de parásitos existen, pero sí saben una cosa que resulta impresionante: los parásitos constituyen el mayor grupo de especies del planeta. De acuerdo con una estimación, los parásitos puede que ganen al resto de las especies de vida libre en una proporción de cuatro a uno. En otras palabras, el estudio de la vida es, en su mayor parte, parasitología.

El libro que tiene en sus manos trata de este nuevo estudio de la vida. Los parásitos han sido desatendidos durante décadas, pero recientemente han atraído la atención de muchos investigadores. A los científicos les ha costado mucho tiempo apreciar las adaptaciones sofisticadas que han hecho los parásitos en su mundo interno, porque es muy difícil echar un vistazo a ese mundo. Los parásitos pueden castrar a sus hospedadores y luego tomar el control de su mente. Un trematodo de unos centímetros de largo puede engañar a nuestro complejo sistema inmunológico haciéndole creer que es tan inofensivo como nuestra propia sangre. Una avispa puede insertar sus propios genes en las células de una oruga para neutralizar el sistema inmunológico de esta. Es ahora cuando los científicos están empezando a pensar seriamente que los parásitos pueden ser tan importantes para los ecosistemas como los leones o los leopardos. Y solo ahora se están dando cuenta de que los parásitos han sido una fuerza dominante, puede que la fuerza dominante, en la evolución de la vida.

O tal vez debería decir en la minoría de la vida que no es parasitaria. Lleva un tiempo hacerse a la idea de algo así.

PARÁSITOS

El extraño mundo de las criaturas más peligrosas de la naturaleza

01
Criminales de la naturaleza

La naturaleza manifiesta un paralelismo muy sugerente con nuestras perversiones sociales de justicia, y la comparación no está exenta de lecciones. La avispa Ichneumon parasita los cuerpos vivos de orugas y larvas de otros insectos. Con una astucia despiadada y una ingenuidad superada solo por el hombre, este insecto depravado y carente de todo principio perfora la oruga para depositar sus huevos en el cuerpo vivo y retorcido de su víctima.

John Brown, en *Riqueza parásita o reforma monetaria: Un manifiesto para el pueblo de los Estados Unidos y para los trabajadores de todo el mundo* (1898)

Al principio había fiebre. Había orina sanguinolenta. Había largas tiras temblorosas de carne que se iban desenrollando de la piel. La muerte estaba aletargada esperando el despertar de moscas sedientas de picar.

Los parásitos se hicieron conocidos, o al menos sus efectos, hace miles de años, mucho antes de que los griegos crearan el nombre parásito —*parasitos*—. La palabra significa literalmente «junto a la comida», y los griegos tenían algo muy diferente en mente cuando usaban esa palabra, refiriéndose a los oficiales que servían en los banquetes del templo. En algún momento, la palabra se deshizo de su significado estricto y se usó para referirse a una especie de «adulador», alguien que podía conseguir una comida ocasional de un noble proporcionándole una buena conversación, entregándole mensajes, o realizando alguna tarea para él. Finalmente, el parásito pasó a ser un personaje habitual en la comedia griega, con su propia máscara. Esto ocurría muchos siglos antes de que la palabra pasase al campo de la biología, para definir la vida que vacía otras vidas desde dentro. Pero los griegos ya conocían los parásitos biológicos. Aristóteles, por ejemplo, reconoció criaturas que vivían en las lenguas de los cerdos, recubiertas por quistes tan resistentes como perdigones.

La gente de todas partes del mundo conocía los parásitos. Los antiguos egipcios y los chinos prescribían diferentes clases de plantas para destruir los gusanos que vivían en el intestino. El Corán les aconseja a sus lectores que se mantengan alejados de los cerdos y del agua estancada, ambos, fuentes de parásitos. Aunque, por lo general, este antiguo conocimiento solo ha dejado una sombra en la historia. Las tiras temblorosas de carne —conocidas ahora como gusanos de Guinea— puede que hayan sido las serpientes ardientes que la Biblia describe como la plaga que azotó a los israelitas en el desierto. Sin duda alguna, fueron una plaga en Asia y África. No podían ser arrancados de una sola vez, ya que se partirían en dos, y la parte que quedaba en el interior moriría y causaría una infección mortal. La cura universal para el gusano de Guinea era descansar una semana, enrollando lentamente el gusano paso a paso en un palito para mantenerlo vivo hasta que hubiera salido por completo. Alguien ideó este procedimiento de cura, alguien ahora olvidado, tal vez desde hace miles de años. Aunque puede que el invento de esa persona fuese recordado en el símbolo de la medicina, conocido como el caduceo: dos serpientes enrolladas alrededor de una vara.

Aún en el Renacimiento, los médicos europeos pensaban, por lo general, que parásitos como los gusanos de Guinea no enfermaban realmente a la gente. Las enfermedades eran la consecuencia de que el cuerpo se desequilibrara como resultado del calor o del frío o de cualquier otra fuerza. Por ejemplo, respirar un aire nocivo podía producir una fiebre llamada malaria. Una enfermedad venía acompañada de síntomas: hacía que la gente tosiera, provocaba manchas en su barriga, o les producía parásitos. Los gusanos de Guinea eran el producto de que la sangre fuera demasiado ácida, y no eran realmente gusanos —eran algo producido por un cuerpo enfermo: puede que nervios corruptos, bilis negra o venas estiradas—. Después de todo, era difícil de creer que algo tan extraño como un gusano de Guinea pudiera ser una criatura viva. Incluso en el año 1824, algunos escépticos aún mantenían que: «La sustancia en cuestión no puede ser un gusano —declaraba el cirujano superintendente de Bombay—, porque su situación, sus funciones y propiedades son las típicas de un vaso linfático por lo que la idea de que se trate de un animal es un disparate».

Otros parásitos eran indudablemente criaturas vivas. Por ejemplo, en los intestinos de los humanos y de los animales, había unos gusanos finos con forma de serpiente que más tarde recibieron el nombre de *Ascaris*, y tenias —cordones estrechos y planos que podían estirarse hasta tener una longitud de dieciocho metros—. En los hígados de ovejas enfermas había alojados parásitos con aspecto foliáceo, llamados trematodos[1] o duelas. Aun así, incluso si un parásito era realmente una criatura viva, la mayoría de los científicos razonaban que también debía ser un producto del propio cuerpo. Las personas que portaban tenias en su interior descubrían con horror cómo salían trozos de ellas con los movimientos de sus intestinos, pero nadie había visto jamás una tenia arrastrándose, centímetro a centímetro, entrando en la boca de su víctima. Los quistes que Aristóteles había visto en las lenguas de los cerdos tenían en su interior diminutas criaturas enroscadas parecidas a gusanos, pero se trataba de animales indefensos que ni siquiera tenían órganos sexuales. Los científicos asumían que los parásitos debían de generarse espontáneamente en los cuerpos, al igual que las larvas aparecían espontáneamente en un cadáver, los hongos en el heno, o los insectos en el interior de los árboles.

En 1673, a los parásitos visibles se les unió todo un zoo de compañeros invisibles. Un tendero de la ciudad holandesa de Delft colocó unas gotas de agua de lluvia estancada bajo un microscopio que él mismo había fabricado, y observó unos glóbulos serpenteantes, algunos de ellos con colas gruesas, otros con patas. Su nombre era Anton van Leeuwenhoek, y aunque en su tiempo no fue considerado nada más que un aficionado, fue la primera

---

[1] Los trematodos reciben el nombre común en inglés de *flukes* por el parecido físico con *flounder* (lenguado), palabra que a su vez deriva del anglosajón *floc*. (*N. del T.*)

persona que vio bacterias y células. Colocó bajo su microscopio todo lo que pudo. Descubrió, raspando sus dientes, unas criaturas en forma de vara que vivían sobre ellos, a los que podía matar con un sorbo de café caliente. Después de una desagradable comida de carne o jamón ahumado, colocó bajo sus lentes sus propias heces blandas. En ellas pudo ver más criaturas —una masa informe con algo parecido a patas que utilizaba para reptar como una cochinilla, criaturas con forma de anguila que nadarían como peces en el agua—. Se dio cuenta de que su cuerpo era el hogar de parásitos microscópicos.

Más adelante, otros biólogos encontraron cientos de clases diferentes de criaturas microscópicas que vivían en el interior de otras criaturas, y durante un par de siglos no hubo ninguna división entre ellos y los parásitos más grandes. Los nuevos y diminutos gusanos tenían diferentes formas —de ranas, escorpiones, o lagartos—. «De algunos surgen cuatro cuernos —escribió un biólogo en 1699—, otros desarrollan cola ahorquillada, otros, una especie de picos como las aves de corral, otros están cubiertos de pelo, o se vuelven ásperos por completo; y hay otros que se cubren de escamas y parecen serpientes». Mientras tanto, otros biólogos identificaron cientos de diferentes parásitos visibles, trematodos, gusanos, crustáceos y otras criaturas que vivían en los peces, en las aves y en cualquier animal que abrieran. La mayoría de los científicos aún se aferraban a la idea de que tanto los parásitos grandes como los pequeños eran generados espontáneamente por sus hospedadores, y que solo eran expresiones pasivas de una enfermedad. Y siguieron pensando lo mismo durante el siglo XVIII, incluso a pesar de que algunos científicos evaluaron la idea de la generación espontánea y encontraron que era fallida. Estos escépticos demostraron cómo las larvas de gusano que aparecían en el cadáver de una serpiente no eran más que los huevos que habían depositado previamente unas moscas, y que crecían dando lugar posteriormente a nuevas moscas.

Incluso si las larvas de gusano no fueran generadas espontáneamente, los parásitos serían un asunto diferente. Simplemente, no tenían forma de introducirse en un cuerpo, por lo que tenían que ser creados en su interior. Nunca habían sido vistos fuera de un cuerpo, ya fuera animal o humano. Se podían encontrar en animales jóvenes, incluso en fetos abortados. Algunas especies se podían encontrar en el intestino, viviendo felizmente junto a otros organismos que eran destruidos por los jugos gástricos. Otros se podían encontrar obstruyendo el corazón y el hígado, sin ninguna forma posible de introducirse en esos órganos. Disponían de ganchos y ventosas y otros equipamientos para conseguir entrar en un cuerpo, pero todo ello resultaría inútil en el mundo exterior. En otras palabras, los parásitos estaban diseñados claramente para vivir toda su vida en el interior de otros animales, incluso en órganos concretos.

La generación espontánea era la mejor explicación posible para los parásitos, dadas las pruebas disponibles. Pero también era una profunda herejía. La Biblia enseñaba que la vida fue creada por Dios en la primera semana de la creación, y todas y cada una de las criaturas eran un reflejo de Su diseño y de Su benevolencia. Todo aquello que vive hoy debe descender de esas criaturas originales, en una cadena inquebrantable que conecta padres con hijos —nada podría haber aparecido más tarde repentinamente debido a alguna fuerza vital indómita—. Si nuestra propia sangre pudiera generar vida espontáneamente, ¿para qué habría necesitado la vida la ayuda de Dios para aparecer en los días del Génesis?

La misteriosa naturaleza de los parásitos creó un extraño e inquietante catecismo propio. ¿Por qué creó Dios parásitos? Para alejarnos de la tentación de sentirnos muy orgullosos, recordándonos que éramos únicamente polvo. ¿Cómo se introducen los parásitos en nosotros? Deben de haber sido puestos allí por Dios, dado que no tienen ninguna forma evidente de lograrlo por sí solos. Puede que hayan ido pasando de generación en generación desde el interior de nuestros cuerpos al de nuestros hijos. ¿Significa eso que Adán, que fue creado puramente inocente, ya apareció cargado de parásitos? Puede que los parásitos fueran creados en su interior después de su caída. Pero ¿no sería esto una segunda creación, un octavo día añadido a la primera semana —«y el lunes siguiente, Dios creó a los parásitos»—? Bueno, entonces puede que, después de todo, Adán fuera creado con parásitos, pero en el Edén los parásitos eran sus compañeros. Comían la comida que él no podía digerir totalmente y mantenían sus heridas limpias lamiéndolas desde dentro. ¿Pero por qué necesitaría Adán, creado inocente pero, a su vez, perfecto, cualquier clase de ayuda? Aquí es donde parece que finalmente el catecismo se derrumbó por completo.

Los parásitos causaron tanta confusión porque tenían ciclos vitales diferentes a los que los humanos estaban acostumbrados a ver. Tenemos las mismas clases de cuerpos que nuestros padres tenían a nuestra edad, lo mismo que les pasa a los salmones o las ratas almizcleras o a las arañas. Los parásitos pueden romper esa regla. El primer científico que se dio cuenta de ello fue un zoólogo danés, Johann Steenstrup. En la década de 1830 reflexionó sobre el misterio de los trematodos, cuyos cuerpos con aspecto foliáceo podían encontrarse en casi cualquier animal que un parasitólogo observara con cuidado —en los hígados de las ovejas, en los cerebros de peces, en los intestinos de aves—. Los trematodos ponían huevos, y en la época de Steenstrup todavía nadie había encontrado un «bebé» trematodo en su hospedador.

Sin embargo, sí que habían encontrado criaturas que eran ligeramente diferentes. En los lugares donde vivían determinadas especies de caracoles, en acequias, estanques o arroyos, los parasitólogos encontraron unos animales que nadaban libremente y que parecían pequeñas versiones de trematodos, excepto por el hecho de que tenían unas grandes colas unidas a su parte posterior. Estos animales, llamados cercarias, meneaban sus colas frenéticamente en el agua. Steenstrup recogió una muestra de agua estancada, llena de caracoles y cercarias, y la mantuvo en una habitación con una temperatura cálida. Se dio cuenta de que las cercarias atravesaban el revestimiento mucoso que cubría el caparazón y el cuerpo del caracol, se desprendían de sus colas, y formaban un quiste duro, el cual, dijo: «se arquea sobre ellos como un vidrio de reloj completamente cerrado». Cuando Steenstrup extrajo las cercarias de esos refugios, encontró que se habían convertido en trematodos.

Los biólogos sabían que los caracoles eran también el hogar de otras clases de parásitos. Había una criatura que parecía una bolsa informe. También había una pequeña bestia a la que llamaban gusano amarillo del rey: un animal pulposo que vivía en la glándula digestiva del caracol y que portaba en su interior lo que parecían ser cercarias, todas ellas revolviéndose como gatos en un saco de arpillera. Steenstrup incluso encontró otra criatura parecida a un trematodo que nadaba libremente, que no usaba una cola en forma de misil, sino cientos de finos pelos que cubrían su cuerpo.

Observando a todos estos organismos nadando en el agua y dentro de los caracoles —organismos a los que en muchos casos se les ha otorgado su propio nombre de especie en latín—, Steenstrup hizo una sugerencia escandalosa. Todos estos animales eran diferentes etapas y generaciones de un único animal. Los adultos depositaban huevos, que escapaban de sus hospedadores y aterrizaban en el agua, donde eclosionaban con una forma cubierta de finos pelos. La forma cubierta de pelos nadaba a través del agua buscando un caracol, y una vez que había penetrado en él, el parásito se transformaba en esa especie de bolsa informe. La bolsa informe empezaba a hincharse con los embriones de una nueva generación de trematodos. Pero estos nuevos trematodos no se parecían en nada a los individuos con aspecto foliáceo que aparecían en el hígado de una oveja, o incluso a los que estaban cubiertos de finos pelos que penetraron en el caracol. Estos eran los gusanos amarillos del rey. Se movían a través del caracol, alimentándose y criando en su interior una nueva generación de trematodos —las cercarias con colas con forma de misil—. Las cercarias salían del caracol, formando rápidamente quistes sobre él. Desde ahí se las arreglaban para introducirse en una oveja o en otro hospedador final, y una vez allí salían de sus quistes como trematodos maduros.

Este era un método sin precedentes gracias al cual los parásitos podrían aparecer en el interior de nuestro cuerpo. «Un animal da a luz una progenie que es, y sigue siendo, diferente a sus padres, pero que produce a continuación una nueva generación, cuyos miembros, o sus descendientes, retornan a la forma original del primer animal». Tal como decía Steenstrup, los científicos ya conocían los precedentes, pero no podían creer que todas esas formas pertenecían a la misma especie.

Se demostró finalmente que Steenstrup tenía razón. Muchos parásitos pasan de un hospedador a otro durante sus ciclos vitales, y en muchos casos alternan entre diferentes formas de una generación a otra. Y gracias a su perspicacia, se desmoronó uno de los mejores argumentos a favor de la generación espontánea en parásitos. Steenstrup pasó a continuación a prestarles atención a los gusanos que Aristóteles había visto que vivían en quistes incrustados en las lenguas de los cerdos. Estos parásitos, llamados gusanos vejiga en esa época, pueden vivir en cualquier músculo de los mamíferos. Steenstrup sugirió que los gusanos vejiga eran realmente una etapa temprana del desarrollo de algún otro gusano que todavía no se había encontrado.

Otros científicos habían observado que los gusanos vejiga se parecían un poco a las tenias. Todo lo que había que hacer era cortar la mayor parte del largo cuerpo en forma de cinta del gusano, y plegar su cabeza y algunos de los primeros segmentos dentro de un caparazón, y ya está, era un gusano vejiga. Es posible que el gusano vejiga y la tenia fueran el mismo gusano. Puede que realmente fueran el producto de huevos de tenia que se habían desarrollado en el hospedador incorrecto. Cuando los huevos eclosionaron en este ambiente hostil, las tenias no pudieron seguir su ruta normal de desarrollo y, en lugar de eso, crecieron dando lugar a monstruos atrofiados y deformes que murieron antes de poder alcanzar la madurez.

En la década de 1840, estas ideas llegaron a los oídos de un devoto doctor alemán y quedó escandalizado. Friedrich Küchenmeister dedicaba una parte de su tiempo a ejercer la medicina en Dresde, y en su tiempo libre escribía libros sobre zoología bíblica y regentaba un negocio de incineración, llamado Die Urne. Küchenmeister admitió que la idea de que los gusanos vejiga fueran realmente tenias eludía la herejía de la generación espontánea. Pero si era cierto, se caía en otra trampa pecaminosa —la idea de que Dios pudiera permitir que una de sus criaturas acabara con un final monstruoso—. «Sería contrario a la sabia disposición de la naturaleza, que no empieza nada sin un fin concreto —declaró Küchenmeister—. Tal teoría del error contradice la sabiduría del Creador y las leyes de la armonía y sencillez que caracterizan a la naturaleza»; leyes que incluso se aplican a las tenias.

Küchenmeister tenía otra explicación mucho más piadosa: los gusanos vejiga eran una etapa temprana del ciclo vital natural de la tenia. Después de todo, los gusanos vejiga se solían encontrar en presas —animales como ratones, cerdos y vacas— y las tenias se encontraban en depredadores: gatos, perros y humanos. Puede que cuando un depredador devoraba una presa, el gusano vejiga emergiera de su quiste y creciera, dando lugar a la tenia completa. En 1851, Küchenmeister empezó una serie de experimentos para rescatar al gusano vejiga de su callejón sin salida. Extrajo cuarenta individuos de carne de conejo y se los dio de comer a zorros. Después de unas cuantas semanas, encontró treinta y cinco tenias en los zorros. Realizó el mismo procedimiento con otras especies de tenias y de gusanos vejiga en ratones y gatos. En 1853, le suministró gusanos vejiga provenientes de una oveja enferma a un perro, que no tardó en expulsar en sus excrementos segmentos de una tenia adulta. Posteriormente, dio de comer estos restos a una oveja sana, que empezó a tambalearse dieciséis días después. Cuando se sacrificó a la oveja y Küchenmeister pudo analizar su cráneo, encontró gusanos vejiga sobre la parte superior de su cerebro.

Cuando Küchenmeister dio a conocer sus hallazgos, dejó atónitos a los profesores universitarios que habían hecho de los parásitos el trabajo de su vida. Allí estaba, un aficionado que se había hecho a sí mismo, resolviendo un misterio en el que habían fracasado los expertos durante décadas. Intentaron desacreditar el trabajo de Küchenmeister siempre que les fue posible, intentando mantener vivas sus propias ideas sobre el destino de los gusanos vejiga. Uno de los problemas que presentaba el trabajo de Küchenmeister era que en algunas ocasiones había alimentado con gusanos vejiga a una especie de hospedador incorrecta, en cuyo caso morían todos los parásitos. Sabía, por ejemplo, que los cerdos eran portadores de una especie de gusano vejiga, y sabía que los carniceros de Dresde y sus familias a veces eran víctimas de una tenia llamada *Taenia solium*. Sospechó que esos dos parásitos eran el mismo. Alimentó a cerdos con huevos de *Taenia* y obtuvo los gusanos vejiga, pero cuando añadía esos gusanos vejiga a la alimentación de los perros no obtenía individuos adultos de *Taenia*. El único modo de comprobar el ciclo era mirar en el interior de su único verdadero hospedador: los humanos.

Küchenmeister estaba tan decidido a demostrar la armonía benevolente de Dios que preparó un experimento macabro. Obtuvo permiso para alimentar con gusanos vejiga a un prisionero que iba a ser ejecutado, y en 1854 se le notificó que un asesino iba a ser decapitado en unos pocos días. En una cena, la esposa de Küchenmeister se dio cuenta de que el suculento asado de cerdo que iban a comer tenía unos cuantos gusanos vejiga. Küchenmeister fue corriendo al restaurante donde habían comprado el cerdo. Suplicó que le dieran una libra de la carne cruda, a pesar de que el cerdo había sido sacrificado dos días antes y estaba empezando a ponerse malo. Los dueños del restaurante le dieron un poco, y al día siguiente Küchenmeister extrajo los gusanos vejiga y los añadió a una sopa de fideos calentada hasta una temperatura similar a la corporal.

El prisionero no sabía lo que estaba comiendo y disfrutó tanto del plato que pidió repetir. Küchenmeister le dio más sopa, y también morcilla en la que había introducido gusanos vejiga. Tres días después, el prisionero fue ejecutado, y Küchenmeister fue a buscar sus intestinos. Y en ellos encontró tenias jóvenes. Apenas tenían medio centímetro de longitud, pero ya habían desarrollado su distintiva doble corona de veintidós ganchos.

Cinco años después, Küchenmeister repitió el experimento, en esa ocasión alimentando a un convicto durante los cuatro meses anteriores a su ejecución. Después de ello, encontró tenias con una longitud de un metro y medio en los intestinos de ese hombre. Se sintió triunfante, pero a los científicos de su época les repugnó. Los experimentos eran «degradantes para nuestra naturaleza común», escribió un crítico. Otro le comparó con algunos médicos de la época en que se extraía el corazón aún latiente de un hombre recién ejecutado, simplemente para satisfacer su curiosidad. Uno citó a Wordsworth: «¿Alguien que curiosearía y buscaría plantas / sobre la tumba de su madre?».[2] Pero no quedó ninguna duda de que los parásitos estaban entre las criaturas vivas más extrañas de todas. Los parásitos no se generaban espontáneamente; provenían de otros hospedadores. Küchenmeister ayudó también a

---

[2] Extraído del poema de William Wordsworth *A Poet's Epitaph* (1801). (*N. del T.*)

descubrir otro asunto importante de los parásitos que Steenstrup no había observado: no siempre necesitan vagar por el mundo exterior para pasar de un hospedador a otro. Pueden crecer en el interior de un animal y esperar a que este sea ingerido por otro. La última posibilidad que aún le quedaba a la generación espontánea era la representada por los microbios. Pero pronto fue echada por tierra gracias al científico francés Louis Pasteur. Para llevar a cabo su conocida demostración, puso caldo en un matraz. Esperó el tiempo suficiente a que el caldo se estropeara, llenándose de microbios. Algunos científicos afirmaban que los microbios se generaban espontáneamente en el propio caldo, pero Pasteur demostró que los microbios eran realmente traídos por el aire hasta el matraz y allí se asentaban. Luego demostró que los microbios no eran solo un síntoma de las enfermedades, sino que a menudo eran su causa —lo que vino a conocerse como la teoría germinal de las enfermedades infecciosas—. Y gracias a ese logro vinieron los grandes triunfos de la medicinal occidental. Pasteur y otros científicos empezaron a aislar las bacterias concretas que causaban enfermedades como el ántrax, la tuberculosis y el cólera, y fabricaron vacunas para algunas de ellas. Demostraron que los médicos propagaban las enfermedades con sus manos y escalpelos sucios y que eso se podía evitar con algo de jabón y agua caliente.

Con el trabajo de Pasteur llegó una transformación peculiar del concepto de parásito. En 1900, ya casi nadie consideraba parásitos a las bacterias a pesar de que, como las tenias, vivían en y a expensas de otro organismo. Era menos importante para los médicos que las bacterias se considerasen organismos o parásitos que el hecho de que tuvieran el poder de causar enfermedades y que ahora podían ser erradicadas con vacunas, fármacos y una buena higiene. Las facultades de medicina centraban la atención de sus estudiantes en las enfermedades infecciosas, y, generalmente, en aquellas que estaban causadas por bacterias (o, más adelante, por los virus, mucho más pequeños que estas). Una parte de su trabajo tenía que ver con cómo reconocían los científicos las causas de las enfermedades. Por regla general, seguían un conjunto de reglas propuestas por el científico alemán Robert Koch. Para empezar, se tenía que demostrar que un patógeno estaba asociado con una enfermedad en particular. También tenía que aislarse y hacerlo crecer en un cultivo puro, el organismo cultivado tenía que ser inoculado en un hospedador y producir de nuevo la enfermedad, y el organismo presente en el segundo hospedador tenía que ser igual al que se había inoculado. Las bacterias cumplen fácilmente con estas reglas. Pero había muchos otros parásitos que no.

Viviendo junto a las bacterias —en el agua, el suelo o en los cuerpos— había organismos unicelulares mucho más grandes (pero también microscópicos), conocidos como protozoos. Cuando Van Leeuwenhoek echó un vistazo a sus deposiciones, vio un protozoo que ahora recibe el nombre de *Giardia lamblia*, que le había hecho enfermar. Los protozoos se parecen mucho más a las células que forman parte de nuestros cuerpos, de las plantas o de los hongos, que a las bacterias. Las bacterias son básicamente sacos de ADN suelto y proteínas dispersas. Pero los protozoos guardan su ADN cuidadosamente enrollado en bobinas moleculares dentro de una cubierta llamada núcleo, de la misma forma que hacemos nosotros. También disponen de otros compartimentos dedicados a generar energía, y todo su contenido está rodeado por una especie de andamiaje a modo de esqueleto, igual que nuestras células. Estas eran solo unas cuantas pistas de las muchas que descubrieron los biólogos que demostraban que los protozoos están más emparentados con la vida pluricelular que con las bacterias. Llegaron incluso a dividir la vida en dos grupos. Por un lado estaban los procariotas —las bacterias— y por el otro, los eucariotas: protozoos, animales, plantas y hongos.

Muchos protozoos, como, por ejemplo, las amebas que pastan por el suelo de los bosques, o el fitoplancton que colorea el océano de verde, son inofensivos. Pero hay miles de especies de protozoos parásitos, y entre ellos están incluidos algunos de los parásitos más despiadados de todos. Para el cambio de siglo, los científicos habían descubierto que las fiebres brutales de la malaria no estaban causadas por el aire corrupto, sino por diversas especies de un protozoo llamado *Plasmodium*, un parásito que vivía en el interior de unos mosquitos y que se introducía en los humanos cuando los insectos perforaban la piel para chupar sangre. Las moscas tsé-tsé portaban tripanosomas que producían la enfermedad del sueño. Y, sin embargo, a pesar de su capacidad para causar enfermedades, la mayoría de los protozoos no estaban a la altura de las exigencias de Koch. Eran criaturas que encajaban con la idea de Steenstrup, alternando una generación tras otra.

El *Plasmodium*, por ejemplo, entra en el cuerpo humano gracias a la picadura de un mosquito, con una forma parecida a un calabacín conocida como esporozoíto. Se desplaza hasta el hígado, donde invade una célula y se multiplica, dando una descendencia de unos cuarenta mil individuos, llamados merozoítos —estos tienen forma de uva—. Los merozoítos salen del hígado en busca de glóbulos rojos, en cuyo interior producirán más merozoítos. Las nuevas generaciones harán estallar las células e irán en busca de más células sanguíneas. Después de un rato, algunos merozoítos producen una forma diferente —una sexual, llamada macrogamonte—. Si un mosquito tomara un trago de la sangre del hospedador y se tragara una célula sanguínea que contuviera macrogamontes, se aparearían en el interior del insecto. El macrogamonte masculino fecunda al femenino, y producen una descendencia con aspecto fusiforme llamada ooquineto. El ooquineto se divide en el intestino del mosquito, dando lugar a miles de esporozoítos que se desplazan hasta las glándulas salivares del mosquito, desde donde serán inyectados en algunos nuevos hospedadores humanos.

Con tantas generaciones y tantas formas diferentes, no se puede cultivar ejemplares de *Plasmodium* únicamente depositándolos en una cápsula de Petri y esperando que se multipliquen. Tenemos que tener macrogamontes masculinos y femeninos para hacerles creer que están viviendo en el intestino de un mosquito, y una vez que han procreado, se ha de hacer creer a su descendencia que ha sido liberada a través de la boca del mosquito en la sangre de un humano. No es imposible lograrlo, pero no fue hasta la década de 1970, un siglo después de que Koch estableciera sus reglas, que un científico averiguara cómo cultivar ejemplares de *Plasmodium* en un laboratorio.

Los eucariotas parásitos y las bacterias parásitas fueron separados por la geografía. En Europa, las bacterias y los virus fueron los causantes de las peores enfermedades, como la tuberculosis o la polio. En los trópicos, los protozoos y los animales parásitos eran igual de dañinos. Los científicos que los estudiaban eran generalmente médicos de las colonias, y su especialidad pasó a llamarse medicina tropical. Los europeos se desplazaron hasta allí para ver cómo los parásitos les robaban la mano de obra, ralentizaban la construcción de canales y presas, y evitaban que la raza blanca pudiese vivir feliz en el ecuador. Cuando Napoleón condujo su ejército hasta Egipto, los soldados empezaron a quejarse, diciendo que estaban menstruando como mujeres. Lo que realmente pasaba era que estaban infectados con trematodos. Al igual que los trematodos que Steenstrup había estudiado, estos salían de los caracoles y nadaban a través del agua en busca de piel humana. Acababan en las venas del abdomen de los soldados y soltaban sus huevos en sus vejigas. Los trematodos de la sangre atacaron a gente desde las costas occidentales de África hasta los ríos de Japón; incluso el comercio de esclavos los trajo hasta el Nuevo Mundo, y prosperaron en Brasil y en el Caribe. Las enfermedades que causaban, conocidas como bilharziasis o esquistosomiasis, absorbían la energía de cientos de millones de personas que debían ser las encargadas de construir los imperios europeos.

Dado que las bacterias y los virus ocuparon el centro de atención de la medicina, los parásitos (en otras palabras, todo lo demás) fueron empujados a la periferia. Los especialistas en medicina tropical continuaron luchando contra sus propios parásitos, a menudo con una asombrosa falta de éxito. Las vacunas contra los parásitos fracasaban rotundamente. Había algunas curas antiguas —quinina contra la malaria, antimonio contra los trematodos sanguíneos—, pero hacían muy poco bien. A veces resultaban tan tóxicas que causaban tanto daño como la enfermedad misma. Mientras tanto, los veterinarios estudiaban los seres que vivían en el interior de vacas, perros y otros animales domésticos. Los entomólogos observaban los insectos que extraían del interior de los árboles, nematodos que absorbían por sus raíces. Todas estas diferentes disciplinas fueron conocidas como parasitología —más una confederación poco rígida de disciplinas distintas que una verdadera ciencia—. Si había algo que mantenía unidas sus facciones, era el hecho de que los parasitólogos eran

muy conscientes de que los objetos de sus estudios eran seres vivos más que, simplemente, agentes causantes de enfermedades, cada uno de los cuales con una historia natural propia —en palabras de un científico de la época, «zoología médica»—.
Algunos auténticos zoólogos estudiaron esta zoología médica. Pero cuando la teoría germinal de las enfermedades estaba cambiando el mundo de la medicina, ellos contaban con una revolución propia. En 1859, Charles Darwin ofreció una nueva explicación sobre la vida. La vida, explicaba, no ha existido sin sufrir cambios desde la creación de la Tierra, sino que ha ido evolucionado de una forma a otra. Esa evolución ha sido dirigida por lo que llamó selección natural. Cada generación de una especie está compuesta por variantes, y algunas de esas variantes se desarrollan mejor que otras —pueden obtener más alimento o evitar con más éxito ser ingeridas por otras—. Sus descendientes heredaban sus características, y con el paso de miles de generaciones, esta reproducción no planificada daba como resultado la diversidad de la vida que hay hoy en día sobre la Tierra. Para Darwin, la vida no era una escalera que conducía directamente hasta los ángeles o un armario lleno de conchas y animales disecados. Era un árbol, que se diversificaba mientras ascendía, conteniendo toda la diversidad de especies de la Tierra, tanto las vivas como las que hubo en un pasado remoto, todas ellas arraigadas en una ascendencia común.

A los parásitos les fue tan mal en la revolución evolutiva como anteriormente en la revolución de la medicina. Darwin los observó solo de pasada, normalmente cuando estaba tratando de argumentar que la naturaleza era un mal lugar en el que intentar demostrar el diseño benevolente de Dios. Una vez escribió que: «Resulta ofensivo que el Creador de incontables sistemas de mundos haya creado cada una de las miríadas de parásitos reptantes». Encontró que las avispas parásitas son un antídoto particularmente bueno contra las ideas sensibleras acerca de Dios. La forma en que las larvas devoraban a sus hospedadores desde el interior era tan espantosa que Darwin escribió una vez acerca de ellas: «No me puedo convencer a mí mismo de que un Dios caritativo y todopoderoso haya creado intencionadamente los *Ichneumonidae*

39

[un grupo de avispas parásitas] con la expresa intención de que se alimenten dentro de los cuerpos vivos de las orugas».

Pero Darwin era bastante benevolente con los parásitos en comparación con las posteriores generaciones de biólogos que continuaron su trabajo. No era un descuido sin mala intención, ni siquiera una ligera repugnancia. Lo que sentían era un profundo desprecio por los parásitos. Estos científicos victorianos se sintieron atraídos hacia una forma peculiar de evolución, totalmente desacreditada en la actualidad. Aceptaban el concepto de la evolución de la vida, pero el filtro impuesto por Darwin mediante una selección natural que actuaba generación tras generación les parecía demasiado aleatorio para explicar los rasgos que encontraban en los registros fósiles de los últimos millones de años. Veían que la vida tenía una fuerza interna que la conducía hacia una complejidad cada vez mayor. Creían que esta fuerza dotaba de un propósito a la evolución: el producir organismos superiores —vertebrados como nosotros— a partir de las formas inferiores.

Una voz que influyó mucho en la propagación de estas ideas fue la del zoólogo británico Ray Lankester. Lankester creció familiarizado con la evolución. Cuando era un niño, Darwin visitó la casa de sus padres y le contó historias sobre tortugas de una isla del Pacífico sobre las que se podía ir montado. Cuando Lankester se hizo adulto, era de complexión grande y con la cara algo hinchada, a lo Charles Laughton. Como profesor de Oxford y director del Museo Británico, continuó con la teoría de Darwin de una manera a veces excesivamente vigorosa. Hacía sentir a la gente de su alrededor muy pequeña, tanto física como mentalmente; a un hombre con el que quedó, le recordaba a los leones alados de la mitología asiria. Una vez, el rey Eduardo VII le ofreció unas gotas de conocimiento científico mientras le obsequiaba con una visita real, y Lankester replicó sin rodeos: «Señor, los hechos no son como los contáis; estáis mal informado».

Para Lankester, la teoría de Darwin había dotado a la biología de una unión tan impresionante como la de cualquier otra ciencia. No tenía paciencia con los catedráticos renqueantes que consideraban su ciencia como un *hobby* pintoresco. Declaró que: «Ya no nos satisface ver la biología como una ciencia de la que burlarse por su inexactitud o verla rebajada a la categoría de historia natural o que se la elogie por su relación con la medicina. Todo lo contrario, la biología es la ciencia cuyo crecimiento pertenece al presente». Y su comprensión ayudaría a las futuras generaciones a librarse de todo tipo de ortodoxias estúpidas: «el burócrata, el funcionario pretencioso, el jefe malhumorado, el pedagogo ignorante». Ayudaría a crecer a la civilización humana, de la misma forma en que la vida se ha esforzado durante millones de años. Estableció este punto de vista sobre el orden biológico y político de las cosas en un ensayo que escribió en 1879, titulado «Degeneración: Un capítulo del darwinismo».

La descripción del árbol de la vida que se puede encontrar en ese ensayo no es como la del árbol silvestre de Darwin. Tiene forma de árbol de Navidad sintético, con ramas saliendo del tronco principal, el cual va creciendo en complejidad hasta alcanzar a la especie humana en la cima. En cada etapa del ascenso de la vida, algunas especies abandonan la lucha, sintiéndose cómodos en el nivel de complejidad que han alcanzado —una simple ameba, una esponja o un gusano— mientras que otros siguen esforzándose por ascender.

Pero había algunas ramas lánguidas en el árbol de Lankester. Algunas especies no solo dejaron de ascender, sino que, en realidad, renunciaron a algunos de sus logros. Se *degeneraron*, simplificaron sus cuerpos mientras se acomodaban a una vida más fácil. Para los biólogos de la época de Lankester, los parásitos eran la personificación de los degenerados, tanto si eran animales como si eran protozoos unicelulares que habían renunciado a una vida libre. Para Lankester, el parásito prototípico era un miserable percebe llamado *Sacculina carcini*. Cuando sale del huevo eclosionado, tiene una cabeza, una boca, una cola, un cuerpo dividido en segmentos, y patas, que es exactamente lo que esperarías de un percebe o de cualquier otro crustáceo. Pero, en lugar de crecer dando lugar a un animal que busque y luche por su alimento, el *Sacculina* encuentra un cangrejo y se cuela en el interior de su caparazón. Una vez dentro, el *Sacculina* degenera rápidamente, perdiendo sus segmentos, sus patas, su cola, incluso su boca. En lugar de todo eso, desarrolla una serie de zarcillos en forma de raíz que extiende por todo el cuerpo del cangrejo. Luego usa estas raíces para absorber el alimento del cuerpo del cangrejo, degenerando así al estado de simple planta. «Una vez que la vida parasitaria está asegurada —advertía Lankester—, el parásito se desprende de patas, mandíbulas, ojos y oídos; el activo y altamente dotado cangrejo se convierte en un simple saco del que absorber nutrientes y en el que poner huevos».

Dado que ya no había división entre el ascenso de la vida y la historia de la civilización, Lankester vio en los parásitos una grave advertencia para los humanos. Los parásitos degeneran «igual que un hombre activo y sano a veces degenera cuando de repente se ve poseedor de una fortuna; o del mismo modo que Roma degeneró cuando poseyó las riquezas del mundo antiguo. El hábito del parasitismo actúa claramente de esta forma sobre la organización animal». Para Lankester, los mayas, viviendo en las sombras de los templos abandonados de sus ancestros, estaban degenerados, igual que los europeos victorianos eran imitaciones mediocres de los gloriosos griegos de la Antigüedad. Le inquietaba la idea de que «es posible que todos nosotros estemos a la deriva, encaminándonos hacia la condición de percebes intelectuales».

La existencia de un flujo ininterrumpido entre la naturaleza y la civilización significaba que la biología y la moralidad eran intercambiables. La gente de los tiempos de Lankester tendía a condenar a la naturaleza y a la vez esgrimirla como autoridad a la hora de condenar a otras personas. Su ensayo inspiró a un escritor llamado Henry Drummond a publicar una extensa diatriba que fue un éxito en ventas, *La ley natural en el mundo espiritual*,[3] en 1883. Drummond declaró que el parasitismo «es uno de los crímenes más graves presentes en la naturaleza. Es una brecha en la ley de la evolución. Evolucionarás, desarrollarás al máximo todas tus facultades, alcanzarás la mayor perfección concebible de la raza —y qué perfecta es la raza—, este es el primer y más grande mandamiento de la naturaleza. Pero al parásito no le importa en absoluto la raza, ni la perfección en cualquiera de sus formas.

---

[3] Hay traducción en castellano: *La ley natural en el mundo espiritual*. Traducción de J. Milton Greene, Barcelona: Editorial Clie, 1992. (*N. del T.*)

Quiere dos cosas: alimento y refugio. Es irrelevante cómo lo consigue. Cada miembro vive exclusivamente por su cuenta una vida aislada, indolente, egoísta y reincidente». La gente no era diferente: «Todos esos individuos que han conseguido una rápida riqueza mediante la especulación; todos los hijos de la fortuna; todas las víctimas de una herencia; todos los parásitos sociales; todos los acólitos de la corte; todos los mendigos de los mercados...; todos estos son testigos de las retribuciones inalterables de la ley del parasitismo».

La gente ya recibía el calificativo de parásitos antes del final de la década de 1800, pero Lankester y otros científicos dotaron a dicha metáfora de una precisión y una claridad como jamás había tenido. Y hay una distancia muy corta entre el discurso de Drummond y el genocidio. Fíjese lo cerca que están sus palabras de ese paso en estas otras acerca de la mayor perfección concebible de la raza: «En la lucha por el pan de cada día sucumben todos aquellos que son débiles y enclenques o menos resueltos, mientras que la lucha de los machos por conseguir hembras otorga el derecho o la oportunidad de propagarse solo a los más saludables. Y la lucha siempre es un medio para mejorar la salud y la fortaleza de una especie y, por lo tanto, una causa de su mayor desarrollo». El autor de estas palabras no era un biólogo evolutivo, sino un político austríaco mezquino que posteriormente exterminaría a seis millones de judíos.

Adolf Hitler se basaba en una versión confusa y de baja calidad de la evolución. Imaginaba que los judíos y otras razas «degeneradas» eran parásitos, y llevó la metáfora mucho más lejos, considerándolos una amenaza para la salud de sus hospedadores, la raza aria. La obligación de una nación era preservar la salud evolutiva de su raza, y, para ello, había que deshacerse de los parásitos. Hitler investigó todos los recovecos de la metáfora de los parásitos. Definió el camino que seguía la «infestación» judía, que se propagaba a los sindicatos de los trabajadores, al mercado bursátil, a la economía y a la vida cultural. El judío, afirmaba, era y sería «siempre únicamente un parásito en el cuerpo de otros pueblos. El que a veces abandone su anterior espacio vital no tiene nada que ver con su propio propósito, pero es el resultado del hecho de que de vez en cuando es expulsado por las naciones anfitrionas de las que ha abusado. Su propagación es un fenómeno típico de todos los parásitos; siempre busca una nueva fuente de alimentación para su raza».

Los nazis no eran los únicos que marcaban a sus enemigos con el calificativo de parásito. Para Marx y Lenin, la burguesía y los burócratas eran parásitos de los que se tenía que librar la sociedad.

En 1898 apareció en el socialismo un toque exquisitamente biológico, cuando un panfletista llamado John Brown escribió un libro llamado *Riqueza parásita o reforma monetaria: Un manifiesto para el pueblo de los Estados Unidos y para los trabajadores de todo el mundo*. Se quejaba de que tres cuartas partes del dinero del país estaban concentradas en manos de un 3 por ciento de la población, que los ricos chupaban la salud de la nación, y que sus industrias protegidas prosperaban a expensas de la gente. Y, al igual que Drummond o Hitler, veía a sus enemigos reflejados con precisión en la naturaleza, en la forma en que las avispas parásitas vivían a costa de las orugas. «Con el refinamiento de una crueldad innata —escribió—, estos parásitos se abren camino en la sustancia viva de sus reacios pero indefensos hospedadores, evitando todas las partes vitales para prolongar la agonía de una muerte lenta».

Los propios parasitólogos ayudaron a veces a consagrar la metáfora del parásito humano. Incluso en 1955, un parasitólogo estadounidense, Horace Stunkard, seguía adelante con la idea de Lankester en un ensayo publicado en la revista *Science*, titulado «Libertad, esclavitud y el estado de bienestar». Escribió que: «Dado que la zoología trata de los hechos y los principios de la vida animal, la información obtenida a partir del estudio de otros animales es aplicable a la especie humana». Todos los animales estaban impulsados por la necesidad de alimento, refugio y la posibilidad de reproducirse. En muchos casos, el miedo los impulsaba a renunciar a su libertad a cambio de un cierto grado de seguridad, solo para estar atrapados en una dependencia permanente. Entre los animales que buscaban esa seguridad destacaban criaturas como las almejas, los corales y las ascidias, que se fijaban en el suelo oceánico para poder filtrar el agua de mar que pasaba a través de ellos en busca de alimento. Pero ninguno de ellos se podía comparar con los parásitos. Una y otra vez en la historia de la vida, aparecen organismos libres que han renunciado a su libertad para transformarse en parásitos a cambio de escapar de los peligros de la vida. La evolución los llevó por un camino degenerado. «Cuando otras fuentes de alimento eran insuficientes, ¿qué era más fácil que alimentarse de los tejidos del hospedador? El animal dependiente se inclina por buscar el camino más fácil».

Stunkard era algo tímido a la hora de decidir cómo se podría aplicar esta regla de los parásitos a los humanos. «Se debería aplicar a cualquier grupo de instituciones, y la intención no es referirse simplemente a entidades políticas, aunque algunas consecuencias serían inevitables». Con la renuncia completa a su libertad, el parásito ha entrado en el «estado de bienestar», tal como lo expresó Stunkard —con apenas una fina metáfora separando a una tenia del New Deal—. Una vez que los parásitos han renunciado a su libertad, raramente intentan recuperarla; en lugar de eso, canalizan sus energías en producir nuevas generaciones de parásitos. Sus únicas innovaciones son formas extrañas de reproducción. Los trematodos alternan sus formas entre generaciones, reproduciéndose sexualmente en humanos y asexualmente en caracoles. Las tenias pueden producir un millón de huevos en un día. ¿Cómo podía Stunkard tener en mente otra cosa que no fueran familias con una reproducción rápida que vivían de la asistencia social? En sus propias palabras: «Tal estado de bienestar existe únicamente para aquellos individuos afortunados, los pocos favorecidos, que son capaces de camelar u obligar a otros para que les proporcionen bienestar. El tan usado intento de obtener bienestar sin esfuerzo, de obtener algo a cambio de nada, persiste como una de las ilusiones que en todas las épocas han fascinado y engañado a los incautos».

Los escritos de Stunkard de 1955 representan una bocanada agonizante de las antiguas opiniones sobre evolución. Mientras atacaba a los parásitos que vivían a costa de los cupones de alimentos, sus colegas biólogos estaban derruyendo sin miramientos los cimientos de su concepción científica. Descubrieron que todo ser vivo de la Tierra porta información genética en sus células en forma de ADN, una molécula con forma de doble hélice. Los genes (segmentos particulares del ADN) portan las instrucciones para fabricar proteínas, y estas proteínas pueden construir ojos, digerir alimentos, regular la creación de otras proteínas y hacer miles de cosas más. Cada generación pasa su ADN a la siguiente, y, a lo largo del camino, los genes se mezclan, dando lugar a nuevas combinaciones. Algunas veces aparecen mutaciones en los genes, creando códigos completamente nuevos. Estos biólogos se dieron cuenta de que la evolución estaba construida sobre la base de estos genes y la forma en la que estos prosperan y decaen a lo largo del tiempo —no sobre la base de una misteriosa fuerza interior—. Los genes ofrecían una rica variedad, y la selección natural preservaba determinadas formas. Gracias a estos altibajos genéticos, se podían crear nuevas especies, nuevos planes corporales. Y dado que la evolución se basaba en los efectos a corto plazo de la selección natural, los biólogos ya no tenían necesidad alguna de creer en un impulso propio en la evolución, ya nunca más vieron la vida como un árbol de Navidad sintético.

Los parásitos se habrían beneficiado de este cambio de perspectiva científica. Ya no serían nunca más los parias de la biología. Aunque, ya bien entrados en el siglo XX, los parásitos aún no se habían deshecho por completo del estigma de Lankester. Ese desprecio sobrevivió tanto en la ciencia como más allá de ella. Los mitos raciales de Hitler se derrumbaron, y las únicas personas que aún creían que los parásitos sociales debían ser erradicados, están en las periferias de la sociedad, entre los cabezas rapadas arios y los pequeños dictadores. Sin embargo, la palabra *parásito* todavía tiene ese significado peyorativo. Asimismo, durante gran parte del siglo XX, los biólogos veían a los parásitos como seres degenerados menores, ligeramente entretenidos pero insignificantes en el espectáculo de la vida. Cuando los ecólogos se fijaron en cómo la energía del sol fluía a través de las plantas hasta los animales, los parásitos no eran más que grotescas notas a pie de página. La poca evolución que sufrieron los parásitos era el resultado de ser arrastrados por la evolución de sus hospedadores.

Incluso en 1989, Konrad Lorenz, el gran pionero en estudios sobre conducta animal, estaba escribiendo sobre la «evolución retrógrada» de los parásitos. No lo quería llamar *degeneración*

—esa palabra puede que estuviera demasiado manida en la retórica nazi—, así que la sustituyó por «saculinización» por el *Sacculina*, el percebe reincidente de Lankester. «Cuando usamos los términos "superior e inferior" en referencia tanto a criaturas vivas como a grupos culturales —escribió—, nuestra evaluación se refiere directamente a la cantidad de información, de conocimiento, consciente o inconsciente, intrínseca a estos sistemas vivos».

Y, de acuerdo con esta escala, Lorenz despreció a los parásitos: «Si uno juzga las formas adaptadas de los parásitos según la cantidad de información retrocedida, uno se encuentra con una pérdida que coincide con y confirma completamente la baja estima que les tenemos y cómo nos sentimos respecto a ellos. El *Sacculina carcini* no tiene ninguna información sobre ninguna de las particularidades o singularidades de su hábitat; la única cosa de la que lo conoce todo es de su hospedador». De forma similar a Lankester ciento diez años antes, Lorenz vio que la única virtud de los parásitos era que constituían una advertencia para los humanos. «Un retroceso de las características y capacidades específicas humanas evoca el fantasma terrible de aquello que es menos que humano, incluso menos que inhumano».

Desde Lankester hasta Lorenz, los científicos se han equivocado. Los parásitos son criaturas complejas, altamente adaptadas, que están en el corazón de la historia de la vida. Si no hubieran existido esos muros altos dividiendo a los científicos que estudiaban la vida —los zoólogos, los inmunólogos, los biólogos matemáticos, los ecólogos— es posible que se hubiera reconocido que los parásitos no son repugnantes, o al menos no son únicamente repugnantes. Si los parásitos fueran tan endebles, tan perezosos, ¿cómo se las podrían arreglar para vivir en el interior de todas las especies vivas e infectar a miles de millones de personas? ¿Cómo pueden cambiar a lo largo del tiempo para que los fármacos que una vez supusieron una amenaza para su existencia sean ahora inútiles? ¿Cómo pueden los parásitos desafiar a las vacunas, que pueden acorralar a asesinos tan brutales como la viruela o la poliomielitis?

El problema se reduce al hecho de que los científicos del principio del siglo xx pensaban que lo habían resuelto todo. Sabían cuáles eran las causas de las enfermedades y cómo tratar algunas de ellas; sabían cómo evolucionaba la vida. No eran conscientes de la profundidad de su ignorancia. Deberían haber tenido presentes las palabras de Steenstrup, el biólogo que mostró por primera vez que los parásitos eran diferentes a cualquier otra cosa vista en la Tierra. Steenstrup lo tenía claro cuando escribió, en 1845: «Creo que solo he trazado un esquema general de una provincia que es *terra incognita* y que permanece inexplorada ante nosotros y la exploración de la cual promete una gran recompensa que en la actualidad apenas podemos apreciar».

02

Terra Incognita

Puede que nunca te pierda, oh, mi generoso hospedador, oh, mi universo. Lo que el aire que respiras, y la luz de la que disfrutas significan para ti, eso eres tú para mí.

Primo Levi, *El amigo del hombre*

A Raquel Welch le habría ido bastante mal sin su submarino. Supongamos que hubiera sido encogida hasta tener el tamaño de una cabeza de alfiler y que luego hubiera tenido que introducirse en el torrente sanguíneo del diplomático moribundo por sus propios medios. Incluso si hubiera podido abrirse camino a través de duras capas de piel y colarse en un vaso sanguíneo, habría ido dando tumbos a lo largo del sistema circulatorio al ritmo de los impulsos palpitantes del corazón. Digamos, por el bien del argumento, que pudiera llevar puesta una máscara como las que llevan los buzos, que extrajera el oxígeno de la sangre, lo que le permitiría respirar. Aún podría asfixiarse si acabara en alguna parte del cuerpo en la que apenas hay oxígeno, como, por ejemplo, el hígado. Y, a medida que fuera a tientas atravesando la oscuridad, iría perdiéndose por completo, sin tener la menor idea de si se hallaba en la vena cava o en la arteria carótida.

El interior del cuerpo es un lugar difícil en el que vivir. Con nuestros pulmones respirando aire, nuestros oídos sintonizados finamente con las vibraciones del aire, estamos adaptados a la vida sobre la tierra. Un tiburón está hecho para vivir en el mar, haciendo pasar agua a través de sus branquias y oliendo la presencia de presas a millas de distancia. Los parásitos viven en un hábitat totalmente diferente, uno para el que están adaptados con precisión de modos que los científicos apenas comprenden. Los parásitos pueden navegar a través de su intrincado laberinto; pueden deslizarse a través de la piel y del cartílago; y pueden salir ilesos de su paso por el hervidero del estómago. Pueden hacer prácticamente de todos los órganos del cuerpo —la trompa de Eustaquio, las branquias, la vejiga, el tendón de Aquiles— su hogar. Pueden reconstruir partes del cuerpo del hospedador para que se adapten mejor a su propia comodidad. Se pueden alimentar prácticamente de cualquier cosa: sangre, revestimiento intestinal, hígado, mucosidad. Pueden hacer que el cuerpo de su hospedador les brinde alimento.

Los parasitólogos necesitan años, puede que décadas, para descifrar estas adaptaciones. No pueden pasarse un verano entero siguiendo a un grupo de monos o poner collares transmisores a una manada de lobos. Los parásitos viven en la invisibilidad, y los parasitólogos a menudo solo ven lo que están haciendo matando a sus hospedadores y diseccionándolos. Estas instantáneas macabras van formando muy lentamente una historia natural.

Steenstrup sabía que los trematodos eran unos animales extraordinarios, pero poco más que eso. Después de ciento cincuenta años de experimentos, los parasitólogos pueden demostrar cuán extraordinarios son. Consideremos el trematodo sanguíneo *Schistosoma mansoni*, un diminuto proyectil que acaba de emerger de su caracol y está nadando en un estanque en busca de un tobillo humano. Si nota los rayos ultravioletas del sol, deja de nadar y se hunde en la oscuridad de las profundidades para protegerse de la radiación dañina. Pero si siente que hay moléculas procedentes de la piel humana, empieza a nadar alocadamente, dando vueltas de manera descontrolada en diferentes direcciones. Cuando alcanza la piel, la perfora y se introduce en ella. La piel humana es mucho más resistente que la carne suave de un caracol, por lo que el trematodo se deshace de su cola, y la herida se cura rápidamente mientras penetra en la piel. Unas sustancias químicas que libera desde su revestimiento ablandan la piel, permitiéndole introducirse en su hospedador igual que un gusano en el barro.

Después de unas horas alcanza un capilar. Ha cambiado las corrientes del mundo exterior por las corrientes internas. Estos capilares son poco más anchos que el propio trematodo, por lo que este necesita usar un par de ventosas para avanzar lentamente.

Consigue llegar a una vena más grande, y luego a otra aún mayor, llegando finalmente a una corriente sanguínea tan potente que lo arrastra. El parásito inmerso en la corriente alcanza finalmente los pulmones. Pasa de las venas a las arterias como una serpiente arrastrándose por el suelo forestal. Encuentra su camino hacia un capilar pulmonar, y de ahí a una arteria mayor, gracias a lo cual volverá a circular de nuevo por todo el cuerpo. Puede que recorra el cuerpo entero de su hospedador tres veces hasta que finalmente se pare en el hígado.

El trematodo se aloja finalmente en un vaso sanguíneo y toma alimento por primera vez desde que salió del caracol: una gota de sangre. Entonces empieza a madurar. Si es una hembra, empieza a tomar forma un útero. Si es un macho, se forman ocho testículos, de forma similar a una especie de racimo de uvas. En cualquier caso, el trematodo crece hasta alcanzar un tamaño docenas de veces mayor en unas pocas semanas. Ahora es el momento de buscar un compañero de por vida. Si tiene suerte, otros trematodos habrán olfateado este mismo hospedador humano y estarán alojados igualmente en el hígado. Las hembras son frágiles y finas; los machos tienen la forma de algo parecido a una canoa. Empiezan a elaborar olores que se transmiten por la sangre y atraen a los miembros del sexo opuesto, y una vez que una hembra encuentra un macho, se desliza en el interior de una depresión espinosa del macho. Allí se fija y el macho la transporta al exterior del hígado. Durante un par de semanas, la pareja hace el largo viaje que va desde el hígado hasta las venas que se despliegan a lo largo de toda la longitud de los intestinos. Durante ese viaje, el macho pasa moléculas al cuerpo de la hembra que le dicen a sus genes que la hagan madurar sexualmente. Siguen moviéndose hasta que encuentran un lugar en el que descansar exclusivo para su especie. El *Schistosoma mansoni* se detiene cerca del intestino grueso. Si estuviéramos siguiendo el viaje del *Schistosoma haemotobium*, le veríamos tomar una ruta distinta que le conduciría hasta la vejiga. Y si siguiéramos a un *Schistosoma nasale*, un trematodo sanguíneo de las vacas, veríamos que toma otra ruta diferente hasta el hocico.

Una vez que encuentra su lugar destinado, la pareja de trematodos se queda allí durante el resto de sus vidas. El macho bebe sangre con su poderosa garganta y masajea a la hembra para ayudar a que fluyan miles de células sanguíneas hacia su boca y a través de sus intestinos; consume su propio peso en glucosa cada cinco horas y le pasa a ella la mayoría. Deben ser las parejas más monógamas de todo el reino animal —el macho agarra a su hembra incluso después de que ella haya muerto—. (Algunos trematodos homosexuales también permanecen juntos. Aunque su unión no es tan fuerte, seguirían reuniéndose por mucho que los separara un científico censor).

Los trematodos heterosexuales se aparean diariamente durante toda su larga vida, y siempre que la hembra esté preparada para depositar sus huevos, el macho avanza a lo largo de las paredes de los intestinos hasta que encuentra un buen lugar. La hembra se asoma parcialmente fuera de la depresión, lo suficientemente lejos para depositar sus huevos en los capilares más pequeños. Algunos de esos huevos son arrastrados por la corriente sanguínea y acaban de nuevo en el hígado, donde se alojan e inflaman el tejido, causando gran parte del fuerte dolor propio de la esquistosomiasis. Pero el resto de los huevos siguen su camino hasta los intestinos y escapan de sus hospedadores, preparados para abrir sus caparazones y encontrar un nuevo caracol.

Colocar correctamente cada pieza del puzle que forman los parásitos cuesta años de investigación. La cuestión de cómo navegan los parásitos ha ocupado casi toda la carrera de un científico, Michael Sukhdeo. Sukhdeo enseña en la actualidad en la Universidad de Rutgers en Nueva Jersey. Puede que Nueva Jersey esté muy lejos de Tambura, pero allí no hay escasez de parásitos para estudiar, ya sea en caballos, vacas u ovejas. Visité a Sukhdeo en su despacho. Se trata de un hombre robusto, con una perilla traviesa y aire de pillo. Una bicicleta cuelga de la pared de su despacho, un pez nada en una pecera sobre su mesa, y suena *rock* clásico en su radio. Las conversaciones con Sukhdeo, al igual que con muchos parasitólogos que he conocido, adquieren un tinte macabro sin previo aviso por su parte. Supongo que cuando pasas la mayor parte de tu vida estudiando criaturas que muerden los revestimientos de hígados e intestinos, no tiene sentido dar un rodeo para evitar los aspectos más desagradables de la vida.

Empezó hablando de lo grotescas que parecen las personas que sufren elefantiasis, que era algo común en la Guayana Británica, donde pasó una gran parte de su niñez. Contaba que: «Fueras a donde fueras, veías a personas con grandes protuberancias en su entrepierna y pies elefantinos muy hinchados».

Luego Sukhdeo me contó cómo se infectó él mismo cuando tenía once años. Desarrolló una inflamación, y sus padres lo llevaron a un centro de salud. «Cuando te hacen las pruebas para saber si padeces elefantiasis, las microfilarias solo aparecen en la corriente sanguínea al anochecer. Nadie sabe a dónde van. Por eso, teníamos que ir de noche a esa clínica para hacer las pruebas sanguíneas. Y allí había una niña, aproximadamente de mi edad; tenía once años, y solo tenía un pecho. Ese es un lugar donde viven los gusanos. Era una niña preciosa; me enamoré. Nos hicimos las pruebas al mismo tiempo. El tratamiento costaba doce dólares guayaneses —seis dólares estadounidenses—. Los padres de la niña no podían pagar esa cantidad para el tratamiento de su hija. Nosotros nos ofrecimos a pagarlo, pero eran muy orgullosos y ni siquiera aceptaron un préstamo. Por lo que esa niña siguió estando infectada —por seis dólares estadounidenses—».

Sukhdeo fue a la Universidad McGill en Montreal, y allí descubrió que, aunque los parásitos puedan parecer grotescos, también eran las criaturas más interesantes que había visto. «Hice un curso de parasitología humana y, —¡zas!,— era repugnante y realmente excitante. Había pasado por cuatro años de universidad y nada me había excitado de esa forma. Eran muy extraños y se sabía muy poco de ellos».

Decidió continuar con sus estudios sobre parásitos haciendo un posgrado, y fue allí donde se dio cuenta de lo poco que la gente sabe sobre el comportamiento de los parásitos como organismos vivos y reales. Muchos parasitólogos se han resignado a estudiarlos en un plano abstracto —catalogando especies nuevas, por ejemplo, según sus ventosas o púas, sin ni siquiera saber para qué sirven—.

Sukhdeo escogió, para su posgrado, el parásito *Trichinella spiralis*. Este nematodo diminuto llega hasta nosotros en el interior de los músculos de cerdo que no se han cocinado lo suficiente, donde viven en quistes formados a partir de células musculares individuales. Cuando una persona come esa carne, el parásito se escapa del quiste e inicia su camino hacia los intestinos, enrollándose en las células del revestimiento. Allí se aparea y produce una nueva generación de *Trichinella*, que abandona los intestinos y se desplaza por el torrente sanguíneo hasta que se aloja en el músculo de la persona infectada formando sus propios quistes. Los humanos son solo hospedadores accidentales de *Trichinella*; son incapaces de llevar al parásito hasta la siguiente fase de su ciclo de vida. Los cerdos son unos hospedadores mucho más provechosos; una rata puede hurgar en un cerdo muerto en busca de comida, y cuando esta muere, otra rata puede hacer lo mismo con ella, la cual, a su vez, podría ser ingerida por un cerdo. Los cerdos pueden pasar la *Trichinella* de unos a otros siendo alimentados con carne infectada o mordiéndose los rabos unos a otros. En la naturaleza, los mamíferos depredadores y los carroñeros mantienen el ciclo en funcionamiento —desde los osos polares y las morsas en el Ártico hasta las hienas y leones en África—.

Los parásitos que viajan en cada uno de estos ciclos habían sido considerados como especies individuales, pero, realmente, nadie sabía con absoluta certeza si efectivamente se trataba de una sola especie diseminada por diferentes regiones y hospedadores. Sukhdeo obtuvo *Trichinella* de Rusia, de Canadá y de África, trituró cada una de esas muestras e infectó con ellas a ratones. Extrajo los anticuerpos que produjeron los sistemas inmunológicos de los ratones contra los parásitos machacados y los comparó para analizar lo similares que eran entre ellos.

Finalmente se detuvo para cuestionarse por qué estaba haciendo lo que estaba haciendo. Sus experimentos se basaban en la suposición de que los individuos de una especie se parecen unos a otros. Habitualmente, esta es una presunción bastante fiable, pero los biólogos han reconocido que no siempre es este el caso. Por ejemplo, los caniches y los dóberman pertenecen a la misma especie. Por otro lado, dos escarabajos que parecen prácticamente idénticos pueden pertenecer a especies distintas. En lugar de centrarse en las apariencias, los biólogos de hoy en día definen una especie como un grupo de organismos que se reproducen entre ellos y no con otros grupos. Es gracias a ese aislamiento que la evolución puede producir una especie distinta a las demás.

Sukhdeo decidió que el mejor modo de estudiar la especie de sus parásitos era investigando su vida sexual. Diseccionó quistes de *Trichinella* provenientes de fibras musculares y extrajo los gusanos, de solo 250 micras de longitud. Comprobaría su sexo y a continuación los introduciría en una jeringa que inyectaría en el estómago de un ratón. Luego volvería a analizar los quistes en busca de un parásito del sexo opuesto, para inyectarlo también en el estómago del roedor. Un mes más tarde observaría el tejido muscular del ratón para ver si los parásitos se habían apareado y si habían producido crías.

Sukhdeo concluyó que la forma africana era probablemente una subespecie y no una especie propia, distinta de la anterior. Pero, de hecho, el experimento planteó una pregunta mucho más interesante. ¿Cómo se encontraban entre sí los parásitos?

Apliquemos de nuevo el método de *Viaje alucinante*: sería como si nos introdujeran en un túnel cavernoso y oscuro de diecinueve kilómetros de longitud, revestido en todos sus lados por unas setas resbaladizas del tamaño de un hombre, muy apretadas entre sí. Si nos soltaran ahí adentro y nos moviéramos aleatoriamente en cualquier dirección, no habría posibilidades de encontrar a alguien más en un lugar como ese. Y, sin embargo, el *Trichinella* —sin ni siquiera un mapa y mucho menos, un cerebro— siempre lo consigue.

Sukhdeo quería saber cómo lo conseguía, pero su supervisor le aconsejó que ni lo intentara. «No puedes averiguar cómo consiguen estos animales ir a donde van porque durante cien años los parasitólogos han intentado encontrar la respuesta y no han sido capaces de ello. Gente mejor que tú ya lo ha intentado».

Sukhdeo ignoró la advertencia y se puso a trabajar para intentar averiguar el secreto de la navegación de los parásitos. Desafortunadamente, iba en la dirección contraria. Dio por sentado que de igual manera que los animales del exterior, los parásitos debían seguir un gradiente. Un tiburón huele la sangre de una foca herida a millas de distancia y se dirige hacia allí, gracias no solo a su fino olfato, sino, también, gracias a una simple ley que explica cómo se propaga la sangre en el agua. Cuanto más lejos viaje la sangre de la foca, más disuelta está. Si el tiburón se mueve en una dirección en la que haya un gradiente creciente, acabará finalmente encontrando la fuente de donde sale. Tan pronto como se desvíe en una dirección errónea, el rastro de la sangre se desvanece, y puede corregir su rumbo. Los gradientes funcionan en el aire tan bien como en el agua. Ayudan a las abejas a dirigirse hacia las flores y a las hienas, hacia los cadáveres. Rastrear los gradientes funciona tan bien en el agua y en la tierra que tendría sentido que los parásitos también los usaran para su navegación. Los parasitólogos buscaron el aroma de una vesícula biliar, el olorcillo de un ojo. No encontraron nada.

Durante años, Sukhdeo intentó encontrar el secreto por sí mismo. Construyó unas cámaras a base de plexiglás en las que podría colocar un parásito, y posteriormente añadiría diferentes sustancias químicas para ver si nadaba hacia ellas. Al principio mantenía todo su laboratorio a temperatura corporal. Luego inventó un sistema de tubos por los que circularía agua caliente alrededor de su intestino artificial. «Intenté imitar cualquier cosa o situación con las que se encontrarían en el hospedador. Primero probé con las secreciones salivares y luego fui bajando hacia el intestino». Nada de lo que hizo tuvo sentido. No podía conseguir que los parásitos nadaran hacia o se alejaran de ninguna sustancia que ponía en la cámara.

A veces reaccionaban, pero de una forma que carecía completamente de sentido. Tal como dijo Sukhdeo: «Siempre que estos pequeños parásitos encontraban bilis empezaban a moverse a lo loco». Y continuaba: «Eso no era lo que yo quería: quería algo que los atrajera. Al principio se movían hacia delante y hacia atrás unas cincuenta veces por minuto, y si añadíamos bilis, se producía un cambio instantáneo y empezaban a moverse sinusoidalmente».

Sukhdeo continuó buscando la clave de la navegación de los parásitos después de trasladarse a la Universidad de Toronto. Mientras seguía investigando, fue derivando hacia un limbo académico. En Toronto conoció a la que sería su esposa, Suzanne, que también se estaba sacando el doctorado en parasitología bajo la tutela del director de su departamento. Cuando el director desarrolló la enfermedad de Alzheimer, Sukhdeo pasó al mando del laboratorio y se convirtió en el director de su tesis. Si hubiera querido desarrollar una auténtica carrera en parasitología, debió haber estado buscando trabajos en cualquier sitio, pero en lugar de eso, se quedó en Toronto, solicitando más fondos para poder continuar con sus experimentos. Durante seis años se mantuvo a flote en esta especie de punto muerto, pero se dio cuenta de que le permitía la libertad de buscar las respuestas que otros científicos consideraban inalcanzables. «No tenía nada que perder —decía Sukhdeo—. «Podía hacer cualquier cosa que quisiese, y no tenía futuro».

Decidió extender su búsqueda a otras especies, como el trematodo del hígado, *Fasciola hepatica*. Se trataba de un pariente del trematodo de la sangre, con un ciclo vital parecido. Vive en el interior de vacas y otros mamíferos de pasto, y sus huevos salen al exterior del cuerpo de su hospedador mediante las heces. Una vez que el huevo eclosiona, el parásito va en busca de un caracol, en el que crecerán un par de generaciones. La cercaria emerge del caracol y se aleja de él hasta que encuentra cualquier objeto —habitualmente una roca o una planta— y se construye un quiste transparente y resistente. Cuando otro animal de pasto se los come, su cubierta resistente al ácido les permite pasar a través del estómago y llegar a los intestinos. Una vez allí, se liberan y excavan hasta la cavidad abdominal, dirigiéndose finalmente hacia el hígado. Es en este órgano donde crecen hasta su forma adulta: animales de poco más de dos centímetros de longitud con forma de hoja que pueden apiñarse a centenares en el hígado y vivir hasta once años. Los trematodos del hígado pueden a veces infectar a humanos, pero el auténtico peligro que suponen es para el ganado. En los países tropicales, entre el 30 y el 90 por ciento del ganado está infectado por ese trematodo, y las pérdidas que origina rondan los 2.000 millones de dólares cada año. Sin embargo, a pesar del daño masivo que causan y a pesar de décadas de investigación, los científicos no tenían ni idea de cómo se las arreglaban para encontrar el hígado.

Sukhdeo se construyó nuevas cámaras hechas de latón y aluminio y colocó trematodos hepáticos en ellas. Pasó tres años probando diferentes compuestos segregados por el hígado —sustancias químicas que deberían dirigir a los trematodos hacia su hogar definitivo—. Por pura desesperación, localizó a un prominente fisiólogo especialista en hígado para ver si había alguna sustancia atrayente que se le hubiera pasado por alto.

«Estuvo pensando un buen rato y dijo: "¿Sabías, hijo, que alrededor del hígado hay una cápsula llamada cápsula de Glisson?".

»Contesté: "Sí".

»Y dijo: "Bueno, ese es el límite de mi universo"».

Sukhdeo se dio cuenta de que, aunque no conseguía que los trematodos hepáticos nadaran contra corriente ante ningún tipo de señal, ciertas sustancias químicas como la bilis les hacían reaccionar violentamente. Había observado la misma reacción extraña en el *Trichinella* cuando lo expuso a la sustancia pepsina. Y entonces, mientras estaba reflexionando sobre sus datos, se dio cuenta de que había estado afrontando el problema desde el ángulo equivocado todo el tiempo. Estaba estudiando el trematodo o el gusano como criatura libre, no como parásito. Un cuerpo no es un océano apacible. Se trata de un espacio cerrado en el que los fluidos se revuelven y se agitan constantemente. Un aroma liberado en un órgano no puede dispersarse suave y apaciblemente a través de otros órganos. Un olor aéreo se dispersa uniformemente, básicamente hasta el infinito, pero un marcador químico en el interior del cuerpo se encuentra con toda una serie de barreras, rebotando y saturando el espacio, destruyendo cualquier pista que hubiera podido ofrecer.

Sukhdeo me explicaba su logro en su despacho, agitando los brazos sobre la pared. «Para que se forme un gradiente, necesitas un sistema abierto, y no puede sufrir turbulencias. Si coloco una tostada aquí, la olerás y sabrás dónde se encuentra. Si cierro la habitación, enseguida se saturará. El hecho de que esté en un sistema cerrado imposibilita la existencia de un gradiente. Si colocas vísceras en esta habitación, pasará exactamente lo mismo».

El mundo de un parásito es muy diferente al nuestro: tiene sus propias dificultades y oportunidades. Debido a las extrañas condiciones que se encuentran en el interior del cuerpo, Sukhdeo se preguntaba si los parásitos serían capaces de navegar, no en gradientes, sino, simplemente, reaccionando ante diferentes clases de estímulos. Konrad Lorenz había demostrado que los animales libres del mundo exterior se basan en conductas reflejas cuando se encuentran en situaciones previsibles. Si eres un ganso y uno de tus huevos empieza a moverse y está saliéndose del nido, puedes llevar a cabo una serie de acciones automáticas para meterlo de nuevo en el nido: *estira el cuello, gira el cuello hacia atrás, agacha la cabeza*. Eso debería situar el huevo debajo de tu pico para traerlo así de nuevo al nido sin requerir que prestases mucha atención al huevo en sí mismo. Si un biólogo retirase el huevo de un ganso de debajo de su pico en la mitad de esta secuencia, el ganso seguiría girando el cuello hacia atrás.

Sukhdeo se preguntaba si los parásitos confiaban en estos tipos de conductas programadas más que las criaturas libres. En ciertos aspectos, un cuerpo es más predecible que el mundo exterior. Un puma nacido en las Montañas Rocosas tiene que aprenderse la forma de su territorio y volver a aprendérselo de nuevo cuando, por ejemplo, se produce un incendio o un deslizamiento de tierras, o la construcción de un aparcamiento de repente cambia la topografía del lugar. Un parásito puede viajar por el interior de una rata, a sabiendas de que se arrastra a lo largo de una pequeña biosfera que es prácticamente idéntica al interior de cualquier otra rata. El corazón siempre está entre los pulmones, y los ojos delante del cerebro. Reaccionando de determinada forma ante ciertos referentes presentes en su viaje, los parásitos pueden ser transportados allá donde necesiten ir. «Todo lo demás es irrelevante —dice Sukhdeo—. No tienen que perder tiempo generando neuronas con las que poder reconocer todo lo que está ocurriendo».

Desde ese momento, todo el comportamiento extraño del *Trichinella* y de los trematodos hepáticos se asentó sobre unas sencillas fórmulas exitosas. El *Trichinella* se fija fuertemente en su cápsula mientras cae dentro del estómago. Allí encuentra y reconoce una de las sustancias químicas, conocida como pepsina, que disgrega la comida que llega al estómago; y como respuesta a ello, el *Trichinella* empieza a agitarse. «El primer movimiento hace que se rompa el quiste y salgan de él. Se puede ver cómo se retuercen hasta que la cola da un último empujón y ya están completamente fuera, en el interior del estómago». El pedazo de carne en el que estaban alojadas sale del estómago y entra en los intestinos, donde hay un conducto procedente del hígado del que fluye bilis para ayudar en la digestión. Y la bilis es el segundo activador, provocando que cambie su movimiento de agitación por uno más parecido al deslizamiento de una serpiente. Eso les permite salir del trozo de comida y pasar al intestino.

A Sukhdeo se le ocurrió una forma de poner a prueba esta idea. «¿Qué pasaría si pudiera cambiar el lugar de donde procede la bilis? —se preguntaba—. He aprendido un montón sobre cirugía, y podría colocar una cánula con bilis en cualquier lugar que quisiera». En cualquier punto a lo largo de los intestinos donde colocase la fuente de bilis, allí era donde se fijaría el *Trichinella*. «La única razón de que fueran a donde iban era la bilis».

A continuación, Sukhdeo procedió de igual forma con sus trematodos hepáticos, y encontró que también seguían reglas en lugar de gradientes. Debido a que su viaje es mucho más largo que el del *Trichinella*, necesitan tres reglas en lugar de dos. Cuando un quiste hepático llega a los intestinos, es igualmente sensible a la bilis. Cuando nota su presencia, empieza a contraerse —tal como dice Sukhdeo: «se vuelve espástico»—. A medida que se va retorciendo, se libera de su quiste, y los mismos movimientos le conducen a través de la pared blanda de los intestinos hacia la cavidad abdominal. Un trematodo hepático tiene dos ventosas, una bucal y otra ventral. Puede reptar extendiendo su ventosa frontal, fijándola a una superficie, y luego empujando el resto de su cuerpo usando la ventosa ventral a modo de ancla. Los trematodos también pueden enrollarse —de repente todo su cuerpo se contrae en un violento espasmo, y se deshacen de sus dos ventosas—.

Esta clase de movimientos son todo lo que necesitan los trematodos para llegar al hígado. No necesitan una copia de la *Anatomía de Gray* mostrándoles el camino. Cuando salen del intestino delgado, se abren paso hasta la cavidad abdominal, alcanzando finalmente la pared lisa de los músculos abdominales. Al día siguiente, el trematodo empieza a arrastrarse. A salvo de las corrientes de los intestinos, se desliza a lo largo de la pared abdominal sin tener que preocuparse del peligro de ser arrastrado por las corrientes.

Llegados a este punto, un trematodo hepático alcanzará el hígado reptando prácticamente siempre, no importa qué camino haya tomado. Esperaríamos que el trematodo supiera al menos un par de cosas: qué camino es hacia arriba y cuál es hacia abajo, por ejemplo, o el hecho de que el hígado está junto al páncreas, pero no junto a la vesícula. Ni mucho menos. El trematodo saca ventaja del hecho de que la cavidad abdominal es como el interior de una pelota de playa. Aunque se esté arrastrando hacia el fondo, alcanzará el hígado si simplemente continúa deslizándose en línea recta, regresando a la parte superior, donde se aloja el hígado. Esa es la razón por la que Sukhdeo encontró que el 95 por ciento de los trematodos entraban en el hígado por su parte superior, donde se encuentra el diafragma —la cúspide de la cavidad abdominal—. A pesar del hecho de que la parte inferior del hígado es grande y cercana a los intestinos, solo el 5 por ciento penetraba desde ese lado.

A Sukhdeo le costó una década averiguar cómo navegan estos dos parásitos. En la actualidad se ha ganado algo de respeto. Para su sorpresa, se le ofreció un puesto de parasitólogo en Rutgers, a pesar de los años que se había pasado en el limbo. Ahora tiene un laboratorio lleno de estudiantes hambrientos de descifrar la navegación de otros parásitos. Está cavilando cómo utilizar sus descubrimientos para crear un método con el que matar parásitos, mandándoles señales de navegación en el momento erróneo. Y tiene muchos más rompecabezas que resolver. La última vez que hablé con Sukhdeo, estaba trabajando con otro trematodo. También empieza en un caracol, pero cuando emerge de su hospedador, busca un pez en lugar de una oveja. Cuando pasa un pez nadando, el trematodo se engancha a la cola del pez y escarba en su carne. A continuación, va directo a través del músculo hacia la cabeza del pez, y se aposenta dentro del cristalino de su ojo. Como dice Sukhdeo: «Parece ser que todas las ideas que tenía la gente anteriormente eran erróneas, por lo que estamos empezando desde cero».

Sukhdeo se ha ganado el respeto de otros parasitólogos por haber demostrado que los parásitos manifiestan una conducta, que se abren camino a través de la ecología única de los cuerpos de sus hospedadores, y que se pueden desentrañar las reglas que obedecen. No hace mucho, incluso recibió un premio por su trabajo, una placa que le enseña a sus visitas con una mirada perpleja. «Cuando me la dieron, dije: "¿Por qué me dan esto?". He estado en la lista negra muchos años». Hay una pizca de nostalgia cuando habla de cuando se le ignoraba y ridiculizaba. Una vez envió un artículo a una revista que versaba sobre conducta animal y fue rechazado. Cuando preguntó al editor el porqué, el editor volvió a leerlo y lo aceptó, diciendo: «No tenía ni idea de que los parásitos manifestaran conductas. Por favor, disculpe mi chovinismo vertebrado». Y su antiguo supervisor no fue el único parasitólogo que le dijo que estaba cometiendo un error. «En una reunión a la que asistí, estaba diciendo que teníamos que usar conceptos de ecología cuando estuviéramos observando parásitos, y me encontré con un parasitólogo veterano que se puso de pie gritando: "¡Herejía!", babeando de rabia. ¡Un hereje!».

Esa palabra hizo sonreír a Sukhdeo, y en ese momento su perilla pareció especialmente demoníaca. «Fue el punto álgido de mi carrera».

* * *

Una vez que un parásito se las ha arreglado para encontrar el lugar del interior de su hospedador donde vivirá, no se limita a sentarse y disfrutar de la vida. En primer lugar, necesita una manera de quedarse en su nuevo hogar. Como adulto, un trematodo hepático está adaptado solo para la vida en el hígado; si lo ponemos en el corazón o en el pulmón, morirá. Para cada uno de los lugares en los que un parásito ha de vivir, la evolución ha producido el modo en que le sea posible quedarse allí. Por ejemplo, hay copépodos parásitos (una clase de crustáceos) que viven por todo el cuerpo de distintos peces. Hay copépodos que viven en los ojos del tiburón de Groenlandia. Los hay que viven en las escamas de los tiburones mako, y otros que viven en sus arcos branquiales. Hay copépodos que viven en el interior de los hocicos de los tiburones azules. Otros que se adhieren al costado de un pez espada y posteriormente se aferran a su corazón.

Cada uno de estos copépodos tiene un aspecto tan diferente respecto a las demás especies que es muy difícil para cualquiera, excepto para un experto, darse cuenta de que todos ellos evolucionaron a partir de un antepasado común. Lejos de degenerar, estos copépodos han evolucionado, dando lugar a formas extrañas, gracias a las cuales se pueden sujetar fuertemente en los nichos elegidos. Si perdieran su adherencia, flotarían a la deriva hacia una muerte segura. Cada tiburón tiene las escamas dispuestas en una geometría especial, y los copépodos que viven en las escamas se cierran con sus patas alrededor de ellas a la perfección, como una llave y una cerradura. El copépodo que vive en el tiburón de Groenlandia ha modificado una de sus patas en una especie de ancla en forma de seta que introduce en la córnea del ojo.

Incluso para las tenias, viviendo apretujadas en el intestino, el mantenerse en un lugar supone un gran esfuerzo. A medida que se alimentan, la tenia crece a un ritmo espectacular, incrementando su tamaño en un factor que puede llegar a ser de 1,8 millones en dos semanas. No pueden comer de la misma forma en que lo hacen la mayoría de animales, porque no tienen ni boca ni intestino. Su digestión no ocurre en el interior de sus cuerpos, sino en el exterior, en su piel, que consiste en millones de delicadas proyecciones en forma de dedo llenas de sangre, que pueden absorber alimentos. Los intestinos de sus hospedadores están también forrados con proyecciones prácticamente idénticas. Se podría decir que a la tenia no le falta realmente un tracto digestivo: es un intestino vuelto del revés.

Las tenias viven en un ambiente expuesto a mareas cambiantes de comida a medio digerir, sangre y bilis dirigidas por la peristalsis infinita del intestino. Si no hacen nada, la peristalsis expulsará a las tenias de su ambiente y de su hospedador. Algunas especies de tenias se agarran a los intestinos con ganchos y ventosas que poseen en sus cabezas, mientras que otras están constantemente deslizándose hacia donde haya comida. Cuando comemos, la peristalsis se transmite inmediatamente a lo largo de nuestros intestinos, y estas tenias sueltas responden nadando a contracorriente. Alcanzan la comida entrante y siguen nadando hasta que llegan a la zona de máxima concentración. En ese lugar, absorben el alimento a través de su piel, pero cuando están alimentándose, la comida va en dirección descendente, y durante un rato las tenias se dejan llevar por la corriente junto a su festín móvil. En todo momento, la tenia tiene controlado cuánto se ha alejado detectando cómo cambia la peristalsis de su hospedador. Si han ido muy lejos en el sentido en el que avanza la corriente, dejan de comer y nadan en dirección contraria. A medida que la tenia crece hasta alcanzar una longitud espectacular, este método consistente en nadar a contracorriente puede llegar a ser bastante complicado. El problema es que la peristalsis puede hacer que el intestino sufra una rápida ondulación en una zona y ninguna en absoluto en zonas más arriba. De alguna manera, las tenias pueden detectar estas diferencias. Responden haciendo que algunas partes de su cuerpo naden más rápidamente y otras más lentamente.

Los intestinos también son el hogar de los anquilostomas, parásitos que han optado por un juego mucho más peligroso a la hora de comer. Los anquilostomas empiezan sus vidas en suelos húmedos, donde eclosionan de sus huevos y crecen como diminutas larvas. Pueden introducirse en un cuerpo humano a través de dos rutas: una sencilla y otra tortuosa. Si una persona se traga una larva, esta bajará directamente hasta los intestinos. Pero los anquilostomas, al igual que los trematodos sanguíneos, pueden atravesar la piel y, excavando, introducirse en un capilar. Nadan en el interior de las venas hasta llegar al corazón y los pulmones. Cuando su hospedador tose, las larvas son transportadas hacia su garganta y pueden descender al esófago.

Una vez que se han introducido en los intestinos, los anquilostomas crecen hasta su forma adulta, con un tamaño de alrededor de un centímetro y medio. A diferencia de las tenias, los anquilostomas sí que tienen boca —una muy poderosa, rodeada de dientes con forma de puñal y unida a un potente esófago forrado de músculo—. Y, a diferencia de las tenias, no están interesados en la comida medio digerida que fluye a través de los intestinos, sino que lo que les interesa son los propios intestinos. Dirigen su boca hacia el revestimiento intestinal, arrancando la carne. Los parasitólogos aún están debatiendo si los anquilostomas beben la sangre de su hospedador o absorben el tejido intestinal que han hecho pedazos. En cualquier caso, después de un rato se sueltan y nadan hacia otro pedazo de tejido del que alimentarse.

Pero, cuando un anquilostoma hace pedazos un poco de intestino y lo introduce en su boca, la sangre empieza a coagularse. Siempre que un vaso sanguíneo se desgarra, recoge moléculas de las células de los tejidos adyacentes. Algunas de estas moléculas se combinan con compuestos que están flotando en la propia sangre. Estas sustancias químicas activan una cascada de reacciones con otros factores presentes en la sangre, que en última instancia activan unas células especiales llamadas plaquetas. Las plaquetas acuden en bloque al lugar de la herida y se agrupan, mientras que la cascada de reacciones también crea una masa de fibras alrededor de ellas, formando un coágulo rígido que detiene la hemorragia. Para un anquilostoma, la coagulación puede significar morir de hambre, dado que los vasos sanguíneos de su boca se vuelven rígidos.

El parásito responde con una sofisticación tal que los biotecnólogos solo la pueden imitar. Libera moléculas propias que tienen la forma exacta para combinarse con diferentes factores de la cascada de coagulación. Neutralizándolas, el anquilostoma impide que las plaquetas se agreguen y permite que la sangre siga fluyendo hacia el interior de su boca. Una vez que el anquilostoma se ha alimentado en un determinado lugar, los vasos pueden recuperarse y coagularse mientras el parásito se mueve en dirección a otro pedazo nuevo de intestino. Si el anquilostoma usara algún anticoagulante rudimentario que hiciera que los intestinos se inundaran, haría que su hospedador sufriera hemofilia, lo que le haría desangrarse rápidamente hasta morir, y el anquilostoma se quedaría sin su comida. Una compañía biotecnológica ha aislado estas moléculas y en la actualidad está intentando convertirlas en fármacos anticoagulantes.

Para algunos parásitos, no es suficiente con alcanzar su hogar definitivo en el cuerpo del hospedador. Antes de que puedan comer y multiplicarse, se fabrican nuevos hogares para sí mismos, usando los tejidos de su hospedador como madera.

El *Plasmodium*, el parásito causante de la malaria, entra en el torrente sanguíneo a través de la picadura de un mosquito y vive más o menos una semana en una célula hepática. Luego sale y regresa al torrente sanguíneo. Avanza dando tumbos en busca de su siguiente morada, un glóbulo rojo. Es aquí, en el glóbulo rojo, donde el *Plasmodium* se alimenta de hemoglobina, la molécula que transporta el oxígeno que los glóbulos rojos traen de los pulmones. Devorando la mayoría de la hemoglobina de la célula, el *Plasmodium* puede obtener la suficiente energía para poder dividirse en dieciséis nuevas versiones de sí mismo, una multitud de nuevos parásitos que salen de la célula después de dos días, todos ellos buscando en la sangre nuevas células que invadir.

Los glóbulos rojos son, en muchos aspectos, un lugar horrible en el que vivir. Estrictamente hablando, ni siquiera son realmente células; son corpúsculos. Todas las células auténticas transportan genes en el interior de un núcleo y duplican su ADN para poder convertirse en dos nuevas células. Los glóbulos rojos se originan en células situadas en el interior de nuestros huesos. Estas células madre, que es como se conocen, se dividen y adoptan la forma de varios componentes de la sangre, como glóbulos blancos, plaquetas y glóbulos rojos. Pero, mientras otras células reciben sus propias raciones de ADN y proteínas, los glóbulos rojos no reciben nada de nada. Su trabajo es sencillo. Dado que el oxígeno es un átomo potente que puede reaccionar fácilmente —y dañar así a otras moléculas— la hemoglobina lo rodea con sus cuatro cadenas. El glóbulo rojo abandona los pulmones y viaja por el cuerpo, y finalmente libera el oxígeno para ayudar al cuerpo a quemar su combustible para producir energía. Las células son simples contenedores impulsados a lo largo del sistema circulatorio por un corazón palpitante. Si colocamos glóbulos blancos bajo el microscopio, extienden sus lóbulos para arrastrarse a lo largo del portaobjetos. Los glóbulos rojos simplemente se sitúan bajo la lupa.

Dado que su trabajo es tan sencillo, los glóbulos rojos no necesitan mucho metabolismo. Eso significa que solo llevan algunas de las proteínas necesarias para generar energía. No necesitan ni quemar combustible ni bombear agua. Una verdadera célula bombea su combustible y escupe sus desechos al exterior mediante elaborados canales y burbujas que pueden transportar moléculas atravesando su membrana externa. Un glóbulo rojo apenas tiene algunos componentes de todo este equipamiento —un par de canales para el agua y otros productos esenciales—, ya que tanto el oxígeno como el dióxido de carbono pueden difundirse a través de la membrana sin necesidad de ninguna ayuda. Y mientras otras células tienen un intrincado andamiaje en el espacio interior, delimitado por la membrana, para mantener a la célula rígida y resistente, un glóbulo rojo es el contorsionista del circo celular del cuerpo. A lo largo de su vida viaja casi quinientos kilómetros, siendo continuamente sacudido y golpeado por el flujo de la sangre, chocando contra las paredes de los vasos sanguíneos y estrujándose para pasar por delgadísimos capilares, por donde tiene que pasar junto a otros glóbulos rojos en una única fila, comprimido hasta una quinta parte más o menos de su diámetro normal, recuperando su tamaño habitual una vez que sale.

Para poder sobrevivir a este maltrato, el glóbulo rojo tiene una red de proteínas que aseguran su membrana y que están entrelazadas como las fibras de una bolsa de malla. Cada cadena de proteínas que forma la malla está también plegada como un acordeón, permitiéndole estirarse y encogerse para recuperar su forma, como respuesta a la tensión proveniente de cualquier dirección. Pero, por muy flexible que un glóbulo rojo pueda llegar a ser, no puede soportar este maltrato eternamente. A lo largo del tiempo su membrana se va volviendo rígida, y tarda mucho más en estrujarse para pasar por los capilares. Es trabajo del bazo mantener el aporte sanguíneo del cuerpo joven y sano. Cuando los glóbulos rojos pasan a través del bazo, este los inspecciona cuidadosamente. Es capaz de reconocer los signos de decrepitud en la superficie de los glóbulos rojos, como las arrugas de una cara. Solo los glóbulos rojos jóvenes logran salir del bazo; el resto es destruido.

A pesar de todas las desventajas que ofrece un glóbulo rojo, el *Plasmodium* busca esta extraña y vacía morada. Estos parásitos no saben nadar, pero pueden deslizarse por las paredes de los vasos sanguíneos. Para conseguirlo, colocan sus ganchos sobre las paredes del vaso, los recogen hasta el extremo posterior de su cola, y vuelven a colocar ganchos nuevos en su lugar, algo parecido al movimiento de las cadenas de un vehículo oruga. En el extremo del parásito hay sensores que responden solo ante la presencia de glóbulos rojos jóvenes, enganchándose a proteínas de la superficie de la célula. Una vez que el *Plasmodium* se fija a una célula, se acopla a ella y va reorientándose hasta que la parte donde está la cabeza entra en contacto con la membrana del glóbulo rojo, preparándose así para invadirlo.

La cabeza del parásito está rodeada por un conjunto de cámaras parecidas al tambor de un revólver. En cuestión de segundos se produce un ataque a cargo de unas moléculas provenientes de esas cámaras. Algunas de esas moléculas ayudan al parásito a apartar el entramado de la membrana y facilitan así su paso al interior. Los mismos ganchos que actuaron como las cadenas del vehículo oruga mientras deambulaba por las paredes del vaso sanguíneo, ahora se agarran a los bordes de la depresión membranosa e impulsan al parásito a través de ella. El parásito secreta una serie de moléculas, que se unen y forman un manto alrededor del parásito a medida que va entrando. Quince segundos después de la liberación de las proteínas, la parte posterior del *Plasmodium* desaparece en el interior de la depresión, y la malla elástica del glóbulo rojo se recupera fácilmente, cerrándose de nuevo.

Una vez dentro, el parásito ya está en la despensa. El interior de cada glóbulo rojo es un 95 por ciento hemoglobina. El *Plasmodium* tiene una especie de boca en un lado —una entrada que puede abrirse—, y cuando se abre, la membrana exterior de la burbuja donde se encuentra el parásito también lo hace, poniéndolo brevemente en contacto con los contenidos del glóbulo rojo. Una pequeña porción de hemoglobina rezuma en sus fauces, que reaccionan cerrándose. Ahora, la hemoglobina flota en una burbuja en el interior del parásito, que contiene una especie de escalpelos moleculares que van separando las moléculas. El *Plasmodium* realiza una sucesión de cortes con los que logra abrir las subunidades dobladas de la hemoglobina, haciendo que se separen en trozos más pequeños y capturando la energía que estaba retenida en esos enlaces. El corazón de las moléculas de hemoglobina es un compuesto rico en hierro, fuertemente cargado, que resulta venenoso para el parásito. Tiende a alojarse en la membrana del *Plasmodium*, donde su carga interrumpe el flujo normal de otras moléculas entre el exterior y el interior. Pero el *Plasmodium* es capaz de neutralizar el corazón tóxico de su alimento. Coloca una porción en una molécula larga e inerte llamada hemozoína. El resto del compuesto es procesado por las enzimas del parásito, reduciendo así su carga y haciendo que sea incapaz de atravesar la membrana.

Sin embargo, el *Plasmodium* no vive solo de hemoglobina. Necesita aminoácidos para construir sus escalpelos moleculares, y también los necesita para multiplicarse, produciendo dieciséis copias de sí mismo. En esos dos días, la tasa metabólica en el interior de una célula infectada crece unas trescientas cincuenta veces, y el parásito necesita fabricar nuevas proteínas y deshacerse de los desechos que produce mientras crece. Si el *Plasmodium* hubiera infectado una auténtica célula, lo que tendría que hacer sería simplemente secuestrar la bioquímica de su hospedador para realizar esos trabajos, pero en un glóbulo rojo tiene que construir toda la maquinaria desde cero. En otras palabras, el *Plasmodium* tiene que transformar estos simples corpúsculos en auténticas células. Una vez fuera de su burbuja, extiende un conjunto enmarañado de tubos que alcanzan la membrana del propio glóbulo rojo. No está claro si los tubos del *Plasmodium* perforan la membrana del glóbulo rojo o se conectan a los canales que ya están allí. En cualquier caso, el glóbulo rojo parasitado puede empezar a arrastrar hacia su interior los bloques constituyentes que el parásito necesita para crecer.

Atestado de repente con canales y tubos, la superficie del glóbulo rojo empieza a perder su elasticidad, lo cual podría resultar fatal para el parásito, porque, si el bazo descubre que la célula ya no muestra su agilidad juvenil necesaria, la destruirá —junto a cualquier parásito que pueda albergar—. Tan pronto como entra en el glóbulo rojo, el *Plasmodium* libera proteínas que se trasladan a través de los tubos hasta la parte inferior de la membrana celular. Estas moléculas pertenecen a una clase común de proteínas que se encuentran en toda clase de organismos de la Tierra. Conocidas como chaperonas, ayudan a otras proteínas a plegarse y desplegarse correctamente incluso cuando están alteradas por culpa del calor o de un ácido. Sin embargo, en el caso de las proteínas del *Plasmodium*, las chaperonas parece que protegen al glóbulo rojo del propio parásito. Ayudan al esqueleto de la célula a que se estire y se pliegue muy apretado de nuevo, a pesar de la construcción que el parásito está realizando por su cuenta.

En unas cuantas horas, el parásito ha transformado y ha hecho perder al glóbulo rojo su elasticidad, de tal forma que no existe esperanza alguna de que pueda pasar como corpúsculo sano. A continuación, el parásito libera un nuevo conjunto de proteínas en la superficie de la célula. Algunas de ellas se unen en una especie de ovillo bajo la superficie celular, dándole a la membrana un aspecto de piel de gallina.

El parásito perfora entonces esa especie de ovillo con moléculas pegajosas, que podrán sujetarse a los receptores que hay sobre las células de las paredes de los vasos sanguíneos. Cuando estos glóbulos rojos se adhieren a las paredes del vaso se han apartado de la circulación sanguínea. En lugar de escabullirse pasando por el matadero del bazo, el *Plasmodium* lo evita completamente. Sus glóbulos rojos se adhieren a los capilares del cerebro, del hígado y de otros órganos. El *Plasmodium* pasa otro día dividiéndose, hasta que el glóbulo rojo no es más que una piel tensa rodeando un saco abultado de parásitos. Finalmente, la nueva generación del *Plasmodium* sale de la célula y busca nuevos glóbulos rojos que invadir. Atrás ha quedado en la célula muerta una masa de hemoglobina gastada. Durante un tiempo, la célula ha sido el hogar del parásito, una célula que es como ninguna otra del cuerpo humano, pero al final se ha convertido en su basurero.

El *Trichinella* también es un renovador biológico, y en cierto modo es más impresionante que el *Plasmodium*: es un animal pluricelular que puede vivir en el interior de una sola célula. Cuando este gusano emerge de un huevo que eclosiona en el intestino de su hospedador, perfora la pared intestinal y viaja a lo largo del cuerpo por su sistema circulatorio. Sigue el flujo de la corriente y se introduce en los capilares finos, donde abandona la corriente sanguínea y llega hasta los músculos. Se arrastra a lo largo de las prolongadas fibras musculares y penetra en una de las extensas células en forma de huso que las componen. En la década de 1840, cuando los científicos reconocieron por primera vez los quistes del *Trichinella* alojados en los músculos, pensaban que el tejido había degenerado y que el parásito dormía en su interior, esperando simplemente a llegar a su hospedador final. Al principio, la célula muscular invadida parece estar atrofiada. Las proteínas que constituyen el andamiaje de la célula y le confieren su rigidez desaparecen. El ADN propio del músculo pierde su potencial para fabricar nuevas proteínas y, en un par de días después de que el gusano haya penetrado, el músculo pasa de ser fibroso a ser terso y desorganizado.

Pero el parásito solo está demoliendo la célula para después reconstruirla. El *Trichinella* no desactiva los genes de su hospedador —de hecho, empiezan a copiarse ellos mismos hasta que se cuadriplican—. Pero esta gran cantidad de genes sigue las órdenes del *Trichinella*, fabricando proteínas que harán de la célula un hogar apropiado para el parásito. Los científicos pensaron en un tiempo que esta clase de control genético está limitado a los virus, que usan el ADN de sus hospedadores para fabricar copias de sí mismos. Ahora se daban cuenta de que el *Trichinella* es un animal viral.

El *Trichinella* convierte la célula muscular en una placenta para el parásito. Haciendo que la célula muscular sea más floja y flexible, el parásito hace sitio en su superficie para nuevos receptores con los que atrapar alimento. El parásito también fuerza al ADN de la célula a producir bastante colágeno, que forma una cápsula resistente alrededor de la célula. Hace que la célula produzca una molécula señalizadora conocida como factor de crecimiento endotelial vascular. Normalmente, esta molécula manda una señal a los vasos sanguíneos para que desarrollen nuevas ramas, ayudando así a curar heridas o a nutrir tejidos de crecimiento. *Trichinella* utiliza la señal para sus propios intereses:

para tejer una red de capilares a su alrededor, usando la cápsula de colágeno como molde. Gracias a los vasos, llega un nutritivo flujo de sangre, permitiendo al parásito crecer e hincharse en el interior de la célula muscular, la cual se deforma y cruje mientras el gusano se mece adelante y atrás y explora su diminuto hogar.

Los parásitos también pueden reconstruir el interior de plantas tan drásticamente como lo hacen con el de los animales. Puede resultar sorprendente que las plantas tengan realmente algún tipo de parásito, pero suelen estar llenas. Las bacterias y los virus viven felizmente en las plantas, compartiéndolas con los animales, los hongos y los protozoos. (Los tripanosomátidos, unos parientes cercanos de los parásitos que nos producen la enfermedad del sueño, pueden vivir en el interior de las palmeras). Las plantas son incluso hospedadores de otras plantas parásitas que dirigen sus raíces hacia el interior de sus hospedadores. Las plantas parásitas nacen sin, al menos, algunas de las habilidades que una planta necesita poseer para vivir por sí misma. El *Cordylanthus maritimum*, que vive en marismas salinas, es un parásito a tiempo parcial que tiene que robar agua dulce de determinadas plantas, entre ellas la *Salicornia virginica*, que es capaz de deshacerse de la sal; pueden llevar a cabo su propia fotosíntesis y obtener sus propios nutrientes del suelo. El muérdago puede realizar la fotosíntesis, pero no puede obtener por sí mismo ni agua ni minerales desde el suelo. La orobanca no puede hacer nada por sí misma.

Hay también millones de especies de insectos y de otros animales que viven en plantas, pero antes de 1980, pocos ecólogos los veían como parásitos. Se consideraban herbívoros, básicamente como si fueran unas diminutas cabras invertebradas. Pero Peter Price, un ecólogo de la Universidad del Norte de Arizona, señaló que había una diferencia fundamental entre estos animales y los herbívoros. Los herbívoros son a las plantas lo mismo que los depredadores a las presas: un animal que puede alimentarse de muchas especies. Un coyote sería feliz comiéndose un murciélago, un conejo o un gato, mientras que una oveja está igualmente satisfecha con las plantas que come, entrando en un campo y devorando trébol, heno de Fleo o alguna que otra umbelífera. Algunos insectos, como las orugas lanudas, pastan como las ovejas, tomando pequeñas cantidades de plantas individuales de diferentes especies. Pero hay muchos insectos que se limitan a una única planta, al menos en una etapa de su vida. Una oruga que pasa de la fase de huevo a la de crisálida en una única planta de algodoncillo no es muy diferente a una tenia, que puede vivir como adulto solo en los intestinos de un humano. Y muchos insectos que se alimentan de plantas pasan toda su vida sobre una única planta, estructurando sus vidas de acuerdo con las de sus hospedadores.

Una de las demostraciones más clarificadoras de los argumentos de Price son los nematodos que viven en las raíces de las plantas. Estos parásitos son una auténtica plaga, destruyendo el 12 por ciento de todos los cultivos comerciales del mundo. Una clase en particular —los nematodos noduladores de la raíz del género *Meloidogyne*— es también un asombroso reflejo botánico del *Trichinella*. Cada nematodo sale del huevo eclosionado en el suelo y se arrastra hasta la punta de una raíz. Tiene un pico hueco en su boca, que clava en la raíz. Su saliva hace que las células externas se rompan, dejando libre un espacio a través del cual se puede colar el nematodo. Se abre camino a empujones entre las células del interior de la raíz hasta que alcanza el corazón de esta.

Entonces, el nematodo agujerea unas cuantas células de su alrededor, inyectando en ellas un peculiar veneno. Las células empiezan a hacer copias de sus ADN, y los genes de más empiezan a fabricar proteínas frenéticamente. Los genes activados en estas células de la raíz normalmente no estarían activos. El trabajo de una célula radicular es absorber agua y nutrientes del suelo y bombearlos dentro del sistema circulatorio de la planta, constituido por una red de tubos y cavidades que transportan el alimento al resto de la planta. Pero, bajo el hechizo del nematodo, la célula de la raíz empieza a trabajar a la inversa. Empieza a absorber alimento de la planta. Sus paredes celulares se vuelven lo suficientemente permeables para permitir que el flujo de alimento sea cómodo, y en ella brotan unas estructuras a modo de dedos que crecen hacia el interior, donde puede almacenar el alimento. El nematodo escupe moléculas en el interior de la célula alterada, y estas constituyen una especie de pajita intracelular que usa para chupar el alimento que ha sido bombeado, proveniente del resto de la planta. A medida que la célula se va hinchando de comida, amenaza con reventar y dejar toda la raíz agrietada. Para protegerla, el nematodo provoca que las células adyacentes se multipliquen y formen un nódulo radicular robusto para resistir la presión. Al igual que el *Trichinella* habla el lenguaje genético de los animales, los nematodos radiculares han aprendido el lenguaje de las plantas.

* * *

Los parásitos viven en una versión distorsionada del mundo exterior, un lugar con sus propias normas de navegación, de localización del alimento y de construcción de un hogar. Mientras un tejón excava para construirse una madriguera, o un pájaro se entreteje un nido, los parásitos actúan a menudo como arquitectos, lanzando un hechizo bioquímico para hacer que los seres vivos parasitados cambien hacia la forma que ellos desean, una pila de tablones que se arremolinan juntos para formar una casa. Y en el interior de sus hospedadores, los parásitos también tienen su propia y extraña ecología interna.

Los ecólogos estudian cómo millones de especies de la Tierra comparten el mundo, pero en lugar de tener en cuenta todo el planeta de golpe, generalmente se centran en un único ecosistema, ya sea este una pradera, una cuenca ribereña o unas dunas arenosas. Incluso dentro de esos límites, se sienten frustrados porque las fronteras son imprecisas, por ejemplo, por el modo en que las semillas vienen flotando en el aire desde kilómetros o por las irrupciones repentinas de lobos provenientes del otro lado de la montaña. Como resultado de todo esto, los ecólogos han llevado a cabo la mayoría de sus trabajos más importantes en islas, que solo han podido ser colonizadas un par de veces en el curso de millones de años. Las islas son los laboratorios aislados de la naturaleza. En ellos, los ecólogos han resuelto cómo el tamaño de un hábitat dado determina la cantidad de especies que pueden sobrevivir en él. Y han trasladado ese conocimiento al continente, demostrando cómo un ecosistema fragmentado es una especie de archipiélago, un lugar que puede ser golpeado por las extinciones.

Para un parásito, un hospedador es una isla viva. Los hospedadores de más tamaño suelen tener más especies de parásitos viviendo en ellos que los de menor tamaño, al igual que Madagascar tiene más especies que las Seychelles. Pero, al igual que las islas, los hospedadores tienen algunas peculiaridades. Los parásitos pueden encontrar en ellos un gran número de nichos ecológicos, porque un cuerpo tiene muchos lugares diferentes a los que se pueden adaptar. En las agallas de un único pez, por ejemplo, pueden encontrar su propio nicho individual un centenar de especies diferentes de parásitos. Un intestino puede parecer a primera vista un simple cilindro, pero, para un parásito, cada trecho es una combinación única de acidez, de niveles de oxígeno y de alimento. Un parásito puede estar diseñado para vivir sobre la superficie de los intestinos, dentro de la capa que los recubre o en las profundidades de sus proyecciones dactilares. En las entrañas de un pato, pueden vivir catorce especies de gusanos parásitos (su población combinada suele rondar los 22.000 de media), y cada especie establece su hogar en un tramo particular del intestino, a veces, superpuesto con el de sus vecinos, y a veces, no. Los parásitos pueden incluso encontrar un modo de repartirse el ojo humano: una especie de gusano en la retina, otro en la cámara (anterior o posterior), otro en el blanco del ojo y otro en el globo ocular.

En los hospedadores en los que los parásitos pueden encontrar suficientes nichos, no compiten por su isla de carne. Pero cuando todos ellos quieren el mismo nicho, las cosas se ponen feas. Por ejemplo, hay una docena de especies de trematodos que son capaces de infectar un único caracol, pero todos ellos necesitan vivir en su glándula digestiva para sobrevivir. Cuando los parasitólogos abren los caparazones de los caracoles, no suelen encontrar docenas de especies de trematodos en su interior, sino varios individuos de una única especie. Los trematodos deben devorar a su competencia o liberar sustancias químicas que les ponen muy difícil la invasión a los recién llegados. Otros parásitos que viven en el interior de otros animales también pueden competir entre ellos. Cuando los acantocéfalos (gusanos con una probóscide invaginable con espinas) llegan a los intestinos de una rata, echan a las tenias de las regiones más fértiles, exiliándolas a un tramo de los intestinos en los que es mucho más difícil encontrar alimento.

Aunque la conducta más despiadada y menos amigable de todas es la que se puede encontrar entre algunas avispas parásitas que tanto impresionaron a Darwin. No debería resultarnos muy sorprendente, dada la forma tan horrible como tratan las avispas a sus hospedadores. La avispa madre deambula por la campiña, olfateando el aire en busca del aroma de las plantas de las que sus hospedadores —a menudo, orugas, pero a veces, otros insectos como un áfido o una hormiga— se alimentan. Cuando ya está lo suficientemente cerca, huele el aroma de la propia oruga o de sus excrementos. Las avispas parásitas se posan sobre su hospedador e introducen su aguijón en la zona blanda que hay entre las placas del exoesqueleto de la oruga. Sin embargo, su aguijón no es realmente un aguijón, recibe el nombre de ovipositor, y deposita huevos —en algunos casos, solo un puñado, en otros, cientos—. Algunas avispas también inyectan un veneno que paraliza a sus hospedadores, mientras otras permiten que se vayan para alimentarse de hojas y tallos. En cualquier caso, los huevos de avispas eclosionan, y las larvas emergen en el interior de la cavidad corporal de la oruga. Algunas especies se limitan a beber la sangre de la oruga; otras también se agasajan con su carne. Las avispas mantienen a su hospedador vivo todo el tiempo que necesitan para desarrollarse, respetando sus órganos vitales. Después de unos cuantos días o semanas, las larvas de avispa emergen de la oruga, tapando los agujeros por los que han salido y tejiéndose ellas mismas unos capullos que tachonan la superficie del moribundo hospedador. Estos capullos madurarán, dando lugar a avispas adultas que se marcharán volando, y, solo entonces, la oruga perderá el espíritu entomológico que la invade.

Cuando diferentes especies de avispas compiten por la misma oruga, puede estallar una lucha brutal. Las larvas de una nidada pueden acabar atrofiadas y hambrientas si se enfrentan a una competición muy fuerte, y el peligro es peor para las avispas, que necesitan un periodo de tiempo más largo para madurar en las orugas. La avispa *Copidosoma floridanum* necesita un mes entero para madurar en el interior de la palomilla nocturna. Por consiguiente, es un parásito extraordinariamente hostil.

Normalmente, la *Copidosoma* deposita solo dos huevos en su hospedador, uno macho y otro hembra. Y como con cualquier huevo, cada uno de ellos empieza siendo una única célula que se divide, pero entonces se aparta del camino normal que sigue el desarrollo de la mayoría de animales. El grupo de células de la avispa se divide en cientos de grupos más pequeños, cada uno de los cuales se desarrolla, dando lugar a avispas independientes. De repente, un único huevo da lugar a mil doscientos clones. Algunos de los grupos se desarrollan mucho más rápido que los demás, convirtiéndose en larvas perfectamente formadas, solo cuatro días después de que su huevo original fuera depositado. Estas mil doscientas larvas, conocidas como soldados, son hembras alargadas y finas, con colas en forma de huso y mandíbulas afiladas. Vagan a lo largo de la oruga, buscando uno de los tubos que esta utiliza para respirar. Envuelven con sus colas uno de esos tubos de respiración, y, del mismo modo que los caballitos de mar anclados a un arrecife de coral, ellas se balancean en el flujo de la sangre de la oruga.

La labor de estos soldados es sencilla: viven únicamente para matar a otras avispas. Cualquier larva de avispa que pase cerca, tanto si es otra *Copidosoma floridanum* como si es de cualquier otra especie, provoca que un soldado salga de su tubo para arremeter contra la larva, atrapándola entre sus mandíbulas, absorbiendo sus intestinos, y dejando el cuerpo vacío flotando a la deriva. Mientras esta matanza tiene lugar, el resto de los embriones de *Copidosoma* se desarrollan lentamente, y crecen finalmente, dando lugar a mil larvas de avispas más. Estas larvas, llamadas reproductoras, tienen un aspecto muy diferente al de los soldados. Solo tienen un órgano succionador o sifón por boca, y son tan rechonchas y lentas que solo pueden moverse si son transportadas por el flujo de la sangre de la oruga. Las reproductoras serían inútiles ante cualquier ataque, pero, gracias a los soldados, pueden limitarse únicamente a beber los jugos de la oruga mientras los cadáveres marchitos de sus rivales pasan flotando.

Después de un rato, los soldados se vuelven contra sus hermanos —más específicamente contra sus hermanos macho—. Una avispa *Copidosoma* madre pone un huevo macho y otro hembra; después de que se hayan multiplicado, producen una proporción equitativa de ambos sexos. Pero los soldados matan selectivamente a los machos, por lo que la inmensa mayoría de supervivientes son hembras. Los entomólogos documentaron en una ocasión la existencia de dos mil hermanas y un único hermano *Copidosoma* emergiendo de una oruga.

Los soldados se vuelven contra sus propios hermanos por razones evolutivas prácticas. Los machos no hacen nada de nada por el futuro de su descendencia más allá de proporcionar su esperma. Los hospedadores de *Copidosoma* son difíciles de encontrar: están dispersos como islas en el océano separadas por kilómetros, por lo que los machos que surgen de una oruga se aparearán probablemente con éxito, cerca de sus hogares y con sus hermanas. En una situación así, solo son necesarios unos cuantos machos, y más de la cuenta implicaría menos hembras con las que poder aparearse y, por lo tanto, menos descendencia. Matando a los machos reproductivos, las soldados hembra se aseguran de que el hospedador podrá soportar a la mayor cantidad posible de hembras y ayudan a perpetuar los genes que comparten con sus hermanas.

Además de implacables, los soldados son igualmente desinteresados. Nacen sin el equipamiento necesario para escapar de las orugas por sí mismos. Mientras sus hermanos y hermanas reproductivos perforan a su hospedador para salir y construir los capullos, los soldados están atrapados en el interior. Cuando sus hospedadores mueren, ellos siguen la misma suerte.

Realizar ese último viaje —abandonar el hospedador— es el paso más importante en la existencia del parásito. Tiene especial cuidado en estar preparado para cuando llegue el momento correcto, porque, de otra forma, estará condenado a morir con su hospedador. Esa es la razón por la que la gente que necesita hacerse una prueba para saber si padece elefantiasis, como fue el caso de Michael Sukhdeo cuando era un niño, tienen que realizarla de noche. Las filarias adultas viven en los vasos linfáticos, y las crías de gusanos que producen se mueven a lo largo del torrente sanguíneo, pasando la mayor parte de su tiempo en los capilares de los tejidos del interior del cuerpo. Pero la única forma para una cría de gusano de poder crecer hasta su forma adulta es ser absorbidos por la picadura de un mosquito que acude por la noche. De alguna manera, en lo más profundo de nuestro cuerpo, los gusanos pueden adivinar qué hora del día es —puede que detectando el aumento y descenso de la temperatura corporal de su hospedador— y se desplazan a los vasos sanguíneos que están justo debajo de la piel, donde habrá muchas posibilidades de ser succionados por un mosquito. A las dos de la mañana, los gusanos que no han sido succionados por una picadura empiezan a moverse de vuelta al interior de su hospedador para esperar al próximo anochecer.

Los parásitos también pueden usar hormonas como señal para saber cuál es la hora de partir. Las pulgas que habitan la piel de una coneja pueden detectar hormonas en la sangre que beben de su hospedador. Estas hormonas les informan de cuándo está a punto de parir, y responden a esa información precipitándose hacia la parte frontal de su cara. Una vez que ha dado a luz a las crías y las está lamiendo y acariciando con el hocico, las pulgas saltan sobre los recién nacidos. Los conejitos aún no pueden acicalarse solos, y sus madres los limpian una vez al día cuando visitan su madriguera para alimentarlos. Eso convierte a los conejitos en unos hogares maravillosamente tranquilos para las pulgas. Las pulgas se alimentan inmediatamente de las crías, apareándose y depositando huevos. La nueva generación de pulgas crece sobre las crías, pero, cuando detectan que la madre está preñada de nuevo, regresan a ella. Allí esperan para infectar a su nueva camada.

Pasar a un nuevo hospedador puede convertirse en un gran desafío cuando la especie elegida por el parásito es una criatura solitaria. Si, por ejemplo, cavamos en verano unos centímetros en el duro suelo del desierto de Arizona, puede que encontremos un sapo. Se trata de un ejemplar de la especie *Scaphiopus couchi*, y se pasa durmiendo los once meses que dura la sequía cada año. Permanece bajo tierra, sin comer, sin beber. Su corazón apenas late, sus células siguen un ritmo metabólico básico, y almacena sus desechos en su hígado y en su vejiga. En julio o agosto llegan las primeras lluvias, llegan rugiendo los monzones que cuartean el suelo. Durante la primera noche húmeda los sapos vuelven a la vida y salen al exterior. Los sapos se reúnen en estanques, donde los machos ganan a las hembras en una proporción de diez a uno. Atraen a las hembras cantando en coros vaporosos, croando tan apasionadamente que sus gargantas llegan a sangrar. Las hembras se deslizan entre los machos hasta que encuentran una voz que les gusta y se acercan a quien la produce. Él se sitúa sobre ella y permanecen unidos, la hembra soltando un montón de huevos que el macho fertiliza con su esperma. A las cuatro de la mañana el cortejo se ha acabado. Antes de que salga el sol abrasador, los sapos se han vuelto a enterrar unos centímetros en el suelo. Solo cuando el sol se vuelva a poner (y solo si hay suficiente agua) los sapos volverán a la superficie. Cuando se están apareando, los sapos comen lo suficiente para todo lo que les queda de año. Un sapo puede comer la mitad de su peso en termitas en una sola noche. Mientras tanto, su descendencia crece frenéticamente, pasando de estar en el huevo a ser unos diminutos sapitos en solo diez días, ya que la temporada de lluvias solo dura unas semanas. Cuando la lluvia disminuye, los sapos desaparecen bajo tierra, habiendo pasado unos días en el exterior y retornando a sus vidas dedicadas a dormir.

Con tan pocas oportunidades para pasar de un hospedador a otro, un sapo de esta especie podría considerarse una mala elección para un parásito. De hecho, apenas hay parásitos que hayan puesto un pie en estos sapos, y la mayoría de ellos solo causan ligeras infecciones. Pero hay un parásito que disfruta verdaderamente de la vida de este sapo, un gusano llamado *Pseudodiplorchis americanus*. El *Pseudodiplorchis* pertenece a un grupo de parásitos llamados monogéneos, delicados gusanos amorfos que viven casi siempre sobre la piel de peces, y pasan de hospedador a hospedador en la comodidad de la omnipresente agua. Sin embargo, la mitad de esos sapos llevan consigo el monogéneo *Pseudodiplorchis*, y cada sapo porta una media de cinco de ellos.

De todos los lugares posibles, el *Pseudodiplorchis* escoge la vejiga del sapo para pasar su etapa de largo sueño. Mientras el sapo bombea más sales y otros desperdicios en el interior de la vejiga, el parásito sigue con su vida, chupando sangre y apareándose. En el interior de cada hembra de *Pseudodiplorchis*, cientos de huevos maduran hasta convertirse en larvas. Permanecen en su interior durante meses, esperando a que el sapo despierte. Estos parásitos esperarán todo el tiempo que espere el sapo, incluso si las lluvias no aparecen hasta el año siguiente. Cuando las lluvias hacen acto de presencia, el parásito se ve atrapado en su propio diluvio. Después de que el sapo escarbe su camino bajo el suelo, su piel absorbe el agua, la cual fluye a lo largo de su corriente sanguínea, removiendo todos los desechos venenosos que se han acumulado en su cuerpo durante el año, a través de sus riñones y hacia el interior de su vejiga. Este torrente de orina hace que el hábitat del parásito pase de ser un océano salado a una piscina de agua dulce. El *Pseudodiplorchis* se agarra fuertemente mientras dura el torrente y sigue esperando. Espera durante los coros de los machos y las inspecciones de las hembras. Solo cuando su hospedador está sexualmente activo mientras intenta aparearse con otro sapo, una madre *Pseudodiplorchis* hace salir apresuradamente sus cientos de jóvenes crías de la vejiga hacia la charca. Cuando alcanzan el agua, se desprenden de sus finas cápsulas y nadan libres.

Ahora, después de su espera de once meses, los parásitos tienen que darse prisa. Solo disponen de unas pocas horas para encontrar otro hospedador en la charca donde se producen los apareamientos, antes de que los sapos vuelvan a reptar bajo la superficie y el sol salga, friendo a cualquier parásito encallado. Mientras van nadando por la charca, tienen que asegurarse de que no saltarán sobre un ejemplar de una de las otras especies de sapos del desierto que también pueblan la charca. Posiblemente sean algunas secreciones características de la piel de los sapos de la especie *Scaphiopus couchii* las que les guían hacia sus hospedadores. El *Pseudodiplorchis* tiene una habilidad extraordinaria para orientarse en las charcas o estanques. Para muchos parásitos, no es inusual que solo unos pocos de los miles de larvas encuentren al hospedador en el que podrán madurar. El *Pseudodiplorchis* tiene una tasa de éxito del 30 por ciento. Tan pronto como alcanza a su hospedador, una larva de *Pseudodiplorchis* empieza a arrastrarse por el costado del sapo. Salen del agua juntos, subida en el punto más alto que pueda alcanzar. Acaba en la cabeza del sapo y, una vez allí, puede encontrar los orificios nasales y deslizarse hacia su interior.

La carrera continúa: el *Pseudodiplorchis* todavía tiene que introducirse en la vejiga del sapo antes de que la temporada de lluvias finalice. Y una vez dentro del sapo, el *Pseudodiplorchis* se enfrenta a condiciones tan mortíferas como el sol del desierto. Baja por la tráquea del sapo, bebiendo sangre mientras se desplaza, hasta que llega a los pulmones. Allí se quedará durante dos semanas, luchando contra los esfuerzos del sapo por expulsarlo tosiendo, madurando hasta convertirse en un adulto de aproximadamente un cuarto de centímetro de longitud. Abandona los pulmones y se arrastra hasta la boca del sapo, solo para poder pasar al esófago y desde ahí dirigirse hacia los intestinos.

Los ácidos y enzimas que usa el sapo para digerir su alimento deberían disolver un parásito tan delicado. Si extraemos un *Pseudodiplorchis* que acaba de llegar a los pulmones y lo introducimos directamente en los intestinos, el parásito morirá en cuestión de minutos. Pero en las dos semanas que pasa en los pulmones, se puede preparar para el viaje que le espera, almacenando toda una colección de burbujas rellenas de líquido en su piel. Cuando se sumerge en el tracto digestivo del sapo, hace estallar esas burbujas, liberando sustancias químicas que neutralizan los compuestos que intentan digerirlo. Sin embargo, incluso contando con esta protección, el *Pseudodiplorchis* no pierde el tiempo: recorre el tracto digestivo entero en media hora y sigue el camino que le conduce hasta la vejiga. El viaje completo, desde la nariz hasta los pulmones y de ahí hasta la vejiga, le ha supuesto poco más de tres semanas, y, por entonces, su hospedador sapo ha finalizado su apareamiento y su festín anuales, y vuelve bajo tierra.

Esta especie de sapo es uno de los pocos hospedadores que vive una vida tan aislada como la de sus parásitos: pasan juntos un año bajo tierra esperando la oportunidad de ver a sus semejantes de nuevo.

Los parásitos han colonizado los hábitats más hostiles que la naturaleza puede ofrecer, desarrollando adaptaciones hermosamente complejas en el proceso. A este respecto, no son diferentes a sus homólogos que viven libres, algo que horrorizaría a Lankester. Y todavía no he encontrado sitio en este capítulo para hablar sobre la adaptación más extraordinaria que los parásitos han desarrollado: combatir el ataque del sistema inmunológico. Esa lucha exige su propio capítulo.

03
La guerra de los treinta años

Oh, rosa, que estás enferma.
El gusano invisible
que vuela en la noche,
en la tormenta atronadora,

ha encontrado tu lecho
de gozo carmesí,
y su oscuro amor secreto
tu vida destruye.

William Blake,
«La rosa enferma»

Un día, llegó un hombre al Hospital Real de Perth, en Australia, diciendo que se encontraba cansado. Llevaba sintiéndose así los dos últimos años, y ahora, en el verano de 1980, había decidido que era hora de averiguar qué era lo que le estaba pasando. Su salud no era perfecta, pero tampoco era terrible. Había sido un fumador empedernido en su adolescencia y primera juventud, pero, a los cuarenta y cuatro años, su único vicio era un vaso de vino blanco cada noche.

Su médico pudo notar a través de su piel que su hígado estaba hinchado. En una imagen de ultrasonidos, se pudo comprobar que dos de sus tres lóbulos parecían demasiado grandes. Sin embargo, no había signos que implicaran la clase de problemas que el médico hubiera esperado encontrar, como un tumor o una cirrosis. Pero fue solo cuando el medico recibió las heces del hombre que se dio cuenta de lo que estaba ocurriendo: las deposiciones estaban atestadas de huevos espinosos de *Schistosoma mansoni* —trematodos sanguíneos que se encuentran solo en África y en América Latina—.

El médico le pidió que le hiciera un resumen de su vida. Sus primeros años fueron muy duros. Había nacido en Polonia en 1936. El ejército soviético había apresado a su familia durante la Segunda Guerra Mundial y los había encarcelado en un campamento para prisioneros de Siberia. Hacia el final de la guerra lograron escapar, viajando a través de Afganistán y Persia, y acabando en un campamento para refugiados del este de África. Durante seis años, la sabana fue su patio de juegos, hasta 1950, fecha en la que su familia emigró a Australia. Y allí había permanecido desde entonces.

La conclusión es bastante sencilla, aunque sea difícil de creer: la única época de la vida de este hombre en la que estuvo cerca del *Schistosoma mansoni* fue al final de la década de 1940. Cuando nadaba y se bañaba en los lagos de Tanzania, al menos un par de trematodos invadieron su piel y se introdujeron en sus venas; habían viajado con él a Australia y allí empezaron una nueva vida juntos, y los trematodos macho y hembra habían seguido viviendo, tranquilamente entrelazados y bombeando huevos, durante treinta años.

Lo que hace que la longevidad de los trematodos sanguíneos nos parezca más impresionante todavía es que lo consiguieron mientras sufrían todo ese tiempo una amenaza y un ataque constantes. Lankester tenía la impresión de que, una vez que ya estaba en el interior del hospedador, el parásito estaba fuera de peligro. No tenía que hacer nada más que beberse el alimento en el que estaba inmerso, y, de hecho, podía no hacer nada más. Pero escribió su ensayo «Degeneración» en 1879, cuando la inmunología, la ciencia que estudia las defensas del cuerpo, era todavía solo un poco mejor que la alquimia. Los médicos sabían que podían proteger a la gente de la viruela inyectándoles una pequeña porción de una de las erupciones provocadas por la misma enfermedad, pero no tenían ni idea de cómo estaban salvando vidas. Unos pocos años después del ensayo de Lankester, los científicos descubrirían las células depredadoras que deambulan por nuestros cuerpos devorando bacterias. La inmunología había nacido.

Resumir lo que los científicos han aprendido desde entonces acerca del sistema inmunológico sería como intentar reproducir la Capilla Sixtina con una tiza. Es orquestal en su complejidad, con una enorme diversidad de células, todas ellas comunicándose entre sí gracias a un conjunto de señales que podrían componer un diccionario, junto a docenas de clases de moléculas diseñadas para ayudar a las células a decidir qué es lo que debe ser destruido y qué debe ser conservado. Actúa como un cerebro de transmisión sanguínea. Pero aquí, al menos, examinaremos brevemente los métodos más importantes que utilizan nuestros cuerpos para matar parásitos.

El sistema inmunológico ataca a un intruso —por ejemplo, una bacteria que se mete en un corte— mediante una sucesión de oleadas. Una de las primeras oleadas es una colección de moléculas que pertenecen al llamado sistema del complemento. Cuando las moléculas del complemento impactan con la superficie de la bacteria, se acoplan a ella y cambian su forma para poder captar otras moléculas del complemento que pasen por ahí. Las moléculas van creciendo gradualmente en la superficie. Se ensamblan, convirtiéndose en herramientas para la destrucción, como taladros que pueden abrir un agujero en las membranas bacterianas. También actúan como faros, haciendo que las bacterias sean más visibles para las células inmunitarias. Las moléculas del complemento también aterrizan sobre nuestras células, pero no las dañan. Nuestras células están cubiertas por moléculas que pueden abrazar una molécula del complemento y separarla.

También llegan rápidamente al lugar donde se ha producido el corte una serie de moléculas errantes del sistema inmunológico, las más importantes de las cuales son los macrófagos. Tienen algunas formas rudimentarias de reconocer bacterias si se tropiezan con ellas, y pueden absorber a los invasores en su interior e irlos digiriendo lentamente. Al mismo tiempo, los macrófagos también liberan señales que atraen la atención del resto del sistema inmunológico. Algunas de estas señales provocan que la zona infectada se inflame, relajando las paredes de los vasos sanguíneos de las proximidades. Eso permite que otras células y moléculas del sistema inmunológico fluyan hacia este tejido. Las moléculas señalizadoras liberadas por los macrófagos también se enganchan a células inmunitarias que suelen estar flotando en vasos sanguíneos próximos. Conducen a las células a través de la pared del vaso hacia el interior de la infección, como un niño que estira de la mano de su madre arrastrándola por el pasillo de una tienda de juguetes.

Con el tiempo suficiente, el sistema inmunológico puede organizar una nueva oleada de ataques, usando unas células mucho más sofisticadas: las células B y T. La mayoría de nuestras células disponen de una cantidad estándar de receptores en su superficie. Los glóbulos rojos se parecen mucho unos a otros. Pero, cuando se forman las células B y T, mezclan los genes que fabrican los receptores de sus superficies celulares. Las células usan los genes alterados para construir nuevos receptores con formas diferentes a la de cualquier otra célula inmunitaria. Esta mezcla puede producir cientos de miles de millones de formas diferentes, por lo que cada célula B o T es tan distinta como una cara humana.

Dado que son tan diversas, las células B y T pueden acoplarse a una gran cantidad de moléculas distintas, incluyendo las presentes en la superficie de los invasores. (Las moléculas extrañas que desencadenan una respuesta inmunológica se llaman antígenos). No obstante, las células tienen que conocer primero a los antígenos. Se los han de «presentar». Esta tarea es llevada a cabo por los macrófagos y otras células inmunitarias. Mientras engullen una bacteria o sus fragmentos desechados, las células inmunitarias las cortan en pequeños trozos. Posteriormente, trasladan estos antígenos a su superficie, exponiéndolos en una hendidura especial (el complejo mayor de histocompatibilidad, o, abreviado, el CMH). Blandiendo estas conquistas, las células inmunitarias se trasladan a los nódulos linfáticos. Allí se topan con las células T. Si una célula T tiene el tipo correcto de receptor, se puede unir a los antígenos expuestos en el macrófago. Tan pronto como reconoce el antígeno, las células T empiezan a multiplicarse a toda velocidad, dando lugar a un batallón de células idénticas, todas ellas equipadas con el mismo receptor.

Estas células T pueden tomar una de estas tres formas, cada una de las cuales mata a los invasores de un modo diferente. A veces se transforman en células T asesinas, que recorren el cuerpo en busca de células que hayan sido invadidas por patógenos. Reconocen las células infectadas, gracias, de nuevo, al CMH. Al igual que los macrófagos, la mayoría de las células del cuerpo humano pueden mostrar antígenos sobre sus propios receptores del CMH. Si la célula T asesina reconoce estos signos que implican problemas, ordena a la célula infectada que se suicide. El parásito que hay en su interior muere con ella.

En otros casos, las células T activadas coordinan la actividad de otras células inmunológicas para que mejoren su tarea de eliminación. Algunas veces ayudan convirtiéndose en células T inflamatorias. Estas células llegan hasta los macrófagos que están luchando contra la invasión creciente de bacterias. Se unen al antígeno que hay sobre el CMH del macrófago. Esa unión actúa como un desencadenante, haciendo que el macrófago se convierta en un asesino mucho más violento, liberando más venenos. Al mismo tiempo, las células T inflamatorias hacen que el corte se inflame más de lo que los macrófagos pueden manejar por sí mismos. Las células T inflamatorias también acaban con los macrófagos viejos y estimulan la producción de nuevos para que devoren a sus primos de mayor edad. Son como generales hambrientos de batallas: es bueno tenerlos cerca en una guerra, pero no se les puede permitir que pierdan el control. Si los macrófagos producen demasiada inflamación, o liberan demasiados venenos, el sistema inmunológico empezará a destruir el propio cuerpo.

La tercera forma que puede adoptar una célula T es aquella gracias a la cual ayuda a las células B a fabricar anticuerpos. Las células B también poseen la misma diversidad de moléculas de superficie de la que disponen las células T, por lo que también tienen el potencial de engancharse a miles de millones de formas diferentes de antígenos. Después de que una célula B se haya aferrado a un fragmento, una célula T cooperadora puede aparecer y engancharse a él al mismo tiempo. En estas uniones, la célula T puede transmitir señales a la célula B para que empiece a fabricar anticuerpos. Los anticuerpos son una especie de versión libre de un receptor de la célula B, y también están capacitados para engancharse a un antígeno de un invasor.

Una vez que están activadas, las células B diseminan anticuerpos por el organismo, y, dependiendo de qué anticuerpo sea en particular, pueden luchar contra la infección de distintas formas. Pueden agruparse alrededor de una toxina fabricada por bacterias y neutralizarla. Pueden ayudar a las moléculas del complemento a perforar las bacterias para disponer de agujeros más grandes. Pueden aferrarse a las bacterias e interferir en la química que utilizan para invadir las células del cuerpo. Pueden etiquetarlas para hacer que sean objetivos más claros para los macrófagos.

Mientras la mayoría de las células B y T tratan de eliminar todas las bacterias que han entrado por el corte, unas pocas se quedan al margen. Estas son conocidas como las células de memoria; su trabajo consiste en preservar un registro del invasor durante muchos años después de la infección. Si la misma clase de bacteria se introdujera de nuevo en el cuerpo, las células de memoria podrían volver a cambiar y orquestar un rápido y aplastante ataque. Estas células son el secreto de las vacunas. Aunque las células inmunitarias están expuestas solo a un antígeno, son capaces de producir células de memoria. Dado que una vacuna contiene solo una molécula, y no un organismo vivo, no hace enfermar a la persona que la recibe, pero puede preparar al sistema inmunológico para que elimine al patógeno si es que alguna vez se vuelve a encontrar con él.

Las células T, las células B, los macrófagos, las moléculas del complemento, los anticuerpos y todos los demás componentes del sistema inmunológico forman una tupida red que limpia constantemente nuestro cuerpo. Aunque, de vez en cuando, un parásito se cuela y se establece en el interior. Su éxito no se debe únicamente a un descuido, sino a la habilidad del parásito para escapar del sistema inmunológico. Las bacterias y los virus tienen sus propios trucos, pero algunas de las estrategias más fascinantes se encuentran entre los parásitos «clásicos»: los protozoos, trematodos, tenias y otros eucariotas. Pueden eludir al sistema inmunológico, distraerlo, desgastarlo e, incluso, tomar su control, confundiendo sus señales en un estado debilitado o, si es necesario, en uno muy activo. Un signo de la sofisticación de estos parásitos es el hecho de que todavía no existe una vacuna contra ellos, mientras sí que existen muchas contra virus y bacterias. Si Lankester hubiera sabido algo de todo esto, puede que no hubiera otorgado a los parásitos la mala reputación que todavía no se han podido sacar de encima.

* * *

En septiembre de 1909, un fornido joven de Northumberland contrajo la enfermedad del sueño en el nordeste de Rodesia, cerca del río Luangwa. No hubo diagnóstico durante los dos primeros meses, pero poco después viajó de regreso a Inglaterra, y fue tratado por los médicos de la Facultad de Medicina Tropical de Liverpool. Fue admitido en el Hospital Real del Sur el 4 de diciembre, y su médico era el comandante Ronald Ross. Ross era uno de los gigantes de la medicina tropical, que una década antes había desentrañado el ciclo de la malaria: la forma en que el *Plasmodium* pasa de un mosquito a un humano. La sangre del paciente de la enfermedad del sueño hervía de parásitos tripanosomas, miles de criaturas con forma de taladro en cada gota. Sus glándulas estaban hinchadas, y sus piernas llenas de sarpullidos. Se debilitaba por semanas. Ross intentó destruir los parásitos con un compuesto de arsénico, pero tuvo que parar cuando dañó los ojos del paciente. En abril, el paciente estuvo vomitando durante cuatro días y perdió cuatro kilos y medio de peso. Desde entonces se volvió cada vez más somnoliento, aunque reaccionaba esporádicamente. Su hígado aumentó de tamaño, y los vasos sanguíneos de su cerebro se congestionaron.

Ross empezó a probar otros tratamientos. Inoculó a una rata la sangre de su paciente, permitiendo que el parásito se multiplicara y, entonces, extrajo un poco de la sangre del roedor. La calentó para matar a los tripanosomas y, posteriormente, inyectó esta vacuna rudimentaria de nuevo al paciente. No hubo mejoría. En mayo, el esfínter anal de su paciente se paralizó y Ross estaba seguro de que iba a morir, pero una semana más tarde mejoró notable y repentinamente. Pasaron solo unos días antes de que volviera a empeorar, cayera enfermo de neumonía y falleciera. En la autopsia, Ross no pudo encontrar ni un solo tripanosoma.

Unos años antes, Ross había ideado un método rápido para detectar parásitos sanguíneos, y lo había usado los tres últimos meses del paciente. Durante ese proceso obtuvo el primer retrato día a día de la enfermedad del sueño. En un informe sobre su paciente lo presentó como un «gráfico extraordinario». El gráfico mostraba la existencia clara de un ritmo: durante unos pocos días los tripanosomas se disparaban, multiplicándose hasta quince veces. Entonces, de repente, la cifra se desplomaba hasta llegar a una cantidad apenas detectable. El ciclo duró alrededor de una semana, y vino acompañado de fiebre y de recuentos cambiantes de glóbulos blancos. El paciente no había sido atacado por una única acometida de parásitos: en su interior habían estallado y muerto una serie de brotes.

Ross observó en su paciente «una lucha entre las facultades defensivas del cuerpo infectado y las facultades agresivas de los tripanosomas». Lo que no pudo determinar fue la naturaleza exacta de esa lucha. Tras otros noventa años de estudio, los científicos no son capaces todavía de fabricar una vacuna contra la enfermedad del sueño, pero, al menos, sí que comprenden cómo cabalgan sobre la onda erizada que muestra el gráfico del seguimiento de su actividad hasta que el hospedador muere. Sus tácticas engañosas, ofreciendo falsos reclamos, resultan agotadoras.

Si pudiéramos volar al estilo de *Viaje alucinante* sobre un tripanosoma, lo que veríamos resultaría aburrido. Sería como volar sobre los monótonos maizales de Iowa: millones de tallos tan pegados unos juntos a otros que apenas queda espacio entre ellos. Volar sobre el siguiente tripanosoma no supone ningún alivio, ya que los tallos son idénticos al primero. De hecho, si sobrevoláramos cualquiera de los millones y millones de tripanosomas presentes en un hospedador humano en cualquier momento dado, veríamos seguramente el mismo aspecto.

Para un sistema inmunológico humano, matar a estos parásitos debería ser pan comido. Si el sistema inmunológico aprende a reconocer una sola de las moléculas que forman estos «tallos de maíz», puede atacar a prácticamente cualquier parásito presente en el cuerpo. Y, de hecho, cuando las células B del hospedador empiezan a producir anticuerpos a medida de los tallos de maíz,

los tripanosomas empiezan a morir. Pero no del todo. Justo cuando parece que los tripanosomas están a punto de desaparecer en la oscuridad, sus números tocan fondo y empiezan a aumentar. El panorama ha cambiado. Si ahora voláramos sobre los tripanosomas, no veríamos un campo de maíz, sino de trigo —ahora se ve completamente descolorido, pero se trata de una clase de extensión completamente diferente—.
Este rápido cambio ocurre gracias al modo único en que los genes de los tripanosomas están dispuestos. Las instrucciones para fabricar la molécula que forma el revestimiento del tripanosoma están en un único gen. Habitualmente, cuando un tripanosoma se divide, el nuevo parásito usa el mismo gen para fabricar el mismo revestimiento. Pero en una de cada diez mil divisiones más o menos, un tripanosoma retira repentinamente el gen, extrayéndolo de su posición en el ADN del parásito. Entonces, echa mano de una reserva de miles de genes fabricantes de revestimientos, selecciona uno y lo pega en la posición que ocupaba el gen original. El gen nuevo empieza a fabricar la superficie molecular: una molécula que es parecida a la anterior, pero no idéntica.

El sistema inmunológico, concentrado como estaba en el primer revestimiento, necesita un tiempo para reconocer el segundo y fabricar anticuerpos para él. Durante ese tiempo, los tripanosomas que portan ese nuevo revestimiento están a salvo, y se pueden multiplicar frenéticamente. Una vez que el sistema inmunológico se ha puesto al día y está atacando a los tripanosomas con un nuevo anticuerpo, otro tripanosoma ha instalado un tercer gen y está fabricando un tercer revestimiento. La persecución puede durar meses, o incluso años, los tripanosomas quitándose sus revestimientos y poniéndose otros nuevos cientos de veces. Con tantas clases diferentes de fragmentos de tripanosomas acumulándose en el torrente sanguíneo, el sistema inmunológico del hospedador sufre una sobreestimulación crónica, atacando a su propio cuerpo hasta que la víctima muere.

Esta estrategia engañosa de distracción funciona solo porque el parásito puede sumergirse en este depósito de genes productores de revestimientos. Pero estos genes no pueden ser llamados a acudir desde su banquillo en cualquier orden aleatorio. Digamos que la primera generación de tripanosomas que se introduce en el cuerpo de una persona fuera a ponerse todos sus genes constructores de revestimientos. El sistema inmunológico fabricaría anticuerpos para todos ellos y pararía la infección de golpe. Y si una nueva generación de parásitos optara por un gen para un revestimiento antiguo, el sistema inmunológico todavía tendría algún anticuerpo sobrante con el que poder luchar. En lugar de eso, los tripanosomas usan cuidadosamente sus posibles genes en un orden predeterminado. Si cogemos dos clones del mismo tripanosoma e infectamos a dos ratones con ellos, sus descendientes cambiarán los mismos genes en el mismo orden. De esa manera, el parásito puede alargar su infección durante meses.

Ronald Ross es recordado en la actualidad por su trabajo sobre la malaria más que sobre la enfermedad del sueño. A pesar de que nunca pudo descubrir mucho sobre la forma en que el *Plasmodium* lucha contra el sistema inmunológico humano. Los tripanosomas logran evitarlo con sus ciclos de auge y caída, pero el *Plasmodium* es más sutil. La mayor parte del tiempo que pasa en el cuerpo, el parásito va pasando de una guarida a la siguiente. Cuando entra por primera vez en un humano, gracias a la picadura de un mosquito, puede llegar al hígado en media hora, lo que a menudo es lo suficientemente rápido para evitar que se entere el sistema inmunológico. El parásito se cuela en el interior de una célula hepática para madurar, y es aquí donde llama la atención del cuerpo. Las células hepáticas captan proteínas que se han separado del *Plasmodium* y están flotando en el interior de la célula, las cortan y las trasladan a sus superficies, donde las exponen en sus moléculas del CMH. El sistema inmunológico del hospedador reconoce estos antígenos y empieza a organizar un ataque contra las células hepáticas enfermas. Pero el ataque necesita su tiempo —el tiempo suficiente para que el parásito se divida, produciendo cuarenta mil copias en una semana, salga del hígado y busque células sanguíneas—. Cuando el sistema inmunológico está preparado para destruir las células hepáticas infectadas, esas células se han convertido en cáscaras vacías.

Mientras tanto, los parásitos están invadiendo glóbulos rojos y han llevado a cabo las reformas necesarias en su nuevo hogar.

El *Plasmodium* tiene que hacer muchos esfuerzos debido a la falta de genes y proteínas en la célula, pero la falta de estos elementos en estas células también tiene sus ventajas: este es un buen lugar para esconderse. Debido a su falta de genes, no pueden fabricar moléculas del CMH, por lo que no tienen forma alguna de mostrar al sistema inmunológico qué es lo que hay en su interior. Durante un tiempo, el *Plasmodium* puede disfrutar de un camuflaje perfecto en el interior de la célula. A medida que el parásito se divide y llena la célula, tiene que empezar a soportar la membrana con sus propias proteínas. Para evitar ser destruido en el bazo, fabrica nodos en la superficie de la célula, cada uno con diminutos anclajes con los que se podrá adherir a las paredes de los vasos sanguíneos. Estos anclajes plantean también un peligro propio: conllevan el riesgo de atraer la atención del sistema inmunológico. Se pueden fabricar anticuerpos contra ellos, y se puede crear todo un ejército de células T asesinas que reconozcan los signos de estas células infectadas.

Ya que estos anclajes pueden ser reconocidos por el sistema inmunológico, los científicos han pasado mucho tiempo estudiándolos con la esperanza de fabricar una vacuna contra la malaria. En la década de 1990 fueron capaces por primera vez de secuenciar los genes que portan las instrucciones para los anclajes. Descubrieron que solo hace falta un gen para fabricarlos, pero que hay más de cien genes diferentes en el ADN del *Plasmodium* que pueden hacerlo. Y mientras cualquier tipo de anclaje puede enganchar el glóbulo rojo con la pared del vaso sanguíneo, cada uno de ellos tiene una forma única.

Cuando el *Plasmodium* invade un glóbulo rojo, activa muchos de estos genes constructores de anclajes a la vez, pero el parásito selecciona solo una clase para colocarlo en su superficie. De este modo, el glóbulo rojo quedará cubierto solo con ese estilo de anclaje en particular. Cuando la célula se rompe, emergen de su interior dieciséis nuevos parásitos que casi siempre utilizarán el mismo gen para fabricar el mismo anclaje. Pero, de vez en cuando, un parásito cambiará de gen y fabricará nuevos anclajes, que resultan irreconocibles para el sistema inmunológico. Y ese es el modo en que el *Plasmodium* se las arregla para esconderse a plena vista: cuando el sistema inmunológico ha reconocido sus anclajes, el parásito ya está fabricando unos nuevos. En otras palabras, la malaria usa una estrategia engañosa, distrayendo al organismo con un falso reclamo, muy parecida a la usada en la enfermedad del sueño. Aunque Ronald Ross lo desconocía, sus pacientes que luchaban contra la enfermedad del sueño y los que lo hacían contra la malaria estaban perdiendo al mismo juego agotador.

El *Plasmodium* es solo uno de los muchos parásitos que viven en el interior de nuestras células. Algunos pueden vivir en cualquier clase de célula, mientras que otros escogen solo un tipo. Algunos incluso se especializan en las células más peligrosas de todas, los macrófagos, cuyo trabajo es matar y devorar parásitos. En esta última categoría está el protozoo *Leishmania*. Hay una docena de especies de este parásito, y todas ellas pasan de una persona a otra gracias a las picaduras de unos insectos llamados flebotomos. Cada especie causa una enfermedad concreta. El *Leishmania major* causa la úlcera oriental —ampollas molestas que se curan por sí mismas, igual que una úlcera—. El *Leishmania brasiliensis*, que causa espundia, en la que el parásito roe el tejido blando de la cabeza de la víctima hasta que esta se queda sin rostro.

El *Leishmania* no tiene que introducirse por la fuerza en su hospedador macrófago de la forma en que el *Plasmodium* se introduce en los glóbulos rojos. Es más como un espía enemigo que llama a la puerta de la comisaría de policía y pide ser arrestado. Cuando el parásito es inyectado durante la picada de un flebotomo, atrae a moléculas del complemento, que intentan perforar en su membrana y atraer a los macrófagos para que las devoren. El *Leishmania* puede hacer que el complemento deje de perforar en él, pero no destruye la molécula. Permite que el complemento lleve a cabo su otra labor: actuar como un faro. Un macrófago se arrastra sobre el parásito, detecta el complemento y abre un agujero en su membrana para engullir el *Leishmania*.

El macrófago engulle al parásito en una burbuja que se hunde en su interior. Habitualmente, esto se convertiría en una cámara mortífera para el parásito. El macrófago fusionaría esa burbuja con otra llena de una especie de escalpelos moleculares, que usaría para desmontar el *Leishmania*. Pero, de alguna manera —los científicos todavía no saben cómo—, el *Leishmania* impide que las burbujas se fusionen. Su propia burbuja, ya a salvo de ser atacada, se convierte en un hogar confortable donde el parásito puede prosperar.

El *Leishmania* no solo altera el macrófago concreto en cuyo interior se ha aposentado, sino que cambia todo el sistema inmunológico del cuerpo. Cuando las células T jóvenes se encuentran con antígenos por primera vez y se adhieren a ellos, se pueden convertir en células T cooperadoras. La clase de cooperador en la que se vayan a convertir —de la clase inflamatoria o de la clase que ayuda a las células B a fabricar anticuerpos— depende del equilibrio de ciertas señales que flotan por el cuerpo. Al principio, ambas clases de células T empiezan a multiplicarse, pero, a medida que lo van haciendo, interfieren unas con otras. En muchas infecciones, esta lucha inclina la balanza en favor de una u otra clase de células T. El ganador inicia su guerra contra el parásito.

El *Leishmania* ha averiguado cómo arreglar esta pelea. Evidentemente, la mejor forma de destruir al parásito sería fabricar montones de células T inflamatorias. Estas células ayudarían al macrófago a matar los parásitos que ha engullido. Y, de hecho, eso es lo que parece que ocurre en el interior de las personas que logran repeler la invasión de *Leishmania*. Los parasitólogos han llevado a cabo experimentos en los que infectaron ratones con *Leishmania* y drenaron las células inflamatorias T fabricadas por el ratón que sobrevivió a la enfermedad. A continuación, los parasitólogos inyectaron esas células T en ratones a los que se les había despojado genéticamente de gran parte de su sistema inmunológico. La inyección permitió a los ratones indefensos combatir al parásito.

Pero, a menudo, nuestros cuerpos no pueden levantar la defensa adecuada, y ese fallo parece ser que es obra del *Leishmania*. Instalado en el interior de su hospedador macrófago, fuerza a la célula a liberar las señales que inclinan al sistema inmunológico en favor de las células T que ayudan en la fabricación de anticuerpos. Dado que el *Leishmania* está a salvo escondido en el interior de los macrófagos, los anticuerpos no pueden alcanzarlos. Y de esta manera la enfermedad sigue sin ser controlada.

El *Plasmodium* y el *Leishmania* son muy selectivos en lo que respecta al lugar donde vivir, son capaces de vivir solo en ciertos tipos de células. Muchos protozoos parásitos son igualmente exigentes, pero hay unos pocos que pueden invadir prácticamente lo que sea. Una de esas especies es el *Toxoplasma gondii*, una criatura que vive en una inmerecida oscuridad. Poca gente ha oído hablar del *Toxoplasma*, aun cuando existen bastantes posibilidades de que tengan miles de ellos en sus cerebros. Un tercio de la población del mundo está infectada por este parásito; en algunas partes de Europa casi todo el mundo es hospedador suyo.

Aunque miles de millones de humanos sean portadores del *Toxoplasma*, en realidad no somos el hospedador natural de este parásito. Habitualmente, su ciclo implica a los gatos, tanto domésticos como salvajes, y los animales de los que se alimentan. El gato libera ooquistes parecidos a huevos en sus heces, y estos ooquistes pueden esperar en el suelo durante años, hasta que sean recogidos, por ejemplo, por un pájaro, una rata o una gacela. En su nuevo hospedador, los ooquistes eclosionan y el protozoo se mueve por el interior del cuerpo en busca de una célula en la que establecerse.

El *Toxoplasma* es un pariente cercano del *Plasmodium*, el protozoo que causa la malaria, y también está equipado con la misma maquinaria especial alrededor de su extremo, con la que se abre paso hacia el interior de la célula. Pero, mientras el *Plasmodium* puede vivir únicamente en células hepáticas y luego, en glóbulos rojos, el *Toxoplasma* no se preocupa demasiado a la hora de elegir destino. Le sirve prácticamente cualquier tipo de célula.

Una vez que el *Toxoplasma* ha invadido la célula, empieza a alimentarse y reproducirse. Después de que se haya dividido, dando 128 copias nuevas, rasga la célula, y los nuevos parásitos salen apresuradamente, preparados para invadir nuevas células. Después de unos días, el parásito cambia de estrategia. En lugar de invadir células, forma quistes, cada uno de los cuales esconde un par de cientos de individuos de *Toxoplasma*. De vez en cuando, uno de los quistes se abrirá y los parásitos que contiene invadirán células y producirán nuevos *Toxoplasma*. Pero sus descendientes se ponen inmediatamente a fabricar quistes y se esconden en su interior. Allí permanecerán durante años, hasta que su hospedador sea ingerido por un gato. Una vez que ya estén en el interior de su hospedador final, volverán a despertarse. Empiezan dividiéndose. Nacen formas sexuales masculinas y femeninas. Se aparean y forman ooquistes, y el ciclo vuelve a empezar.

Si una persona ingiere huevos de *Toxoplasma*, ya sea en unos granos de tierra o con la carne de un animal infectado, el parásito seguirá el mismo curso de acontecimientos, primero rápido y luego lento. Los humanos apenas se dan cuenta de lo que está pasando durante una invasión de *Toxoplasma*; como máximo notarán una especie de gripe ligera. Una vez que el parásito se ha retirado a su quiste, una persona sana no se da cuenta en absoluto de su presencia. Podría parecer que el *Toxoplasma*, con su comportamiento pausado y silencioso, no justificase el ser incluido en el mismo grupo de parásitos que incluye a los tripanosomas y al *Plasmodium*. Pero la verdad es que el *Toxoplasma* manipula el sistema inmunológico de su hospedador tan elegantemente como lo hacen esas otras especies. Si el parásito se multiplicara alocadamente, triturando todas las células del cuerpo de su hospedador, se encontraría pronto en el interior de un cadáver y no en un hospedador vivo. Y esa no sería la clase de presa que le gustaría capturar a un gato. El *Toxoplasma* quiere mantener a su hospedador intermedio vivo, por lo que usa el sistema inmunológico de su hospedador para mantenerlo bajo control.

El *Toxoplasma* lleva a cabo esta labor con una estrategia completamente opuesta a la del *Leishmania*. El *Leishmania* presiona al sistema inmunológico para que fabrique células T que ayuden en la fabricación de anticuerpos. Pero el *Toxoplasma* libera una molécula que inclina la balanza en favor de las células T inflamatorias. Las células T inflamatorias incrementan enormemente su número, convirtiendo a los macrófagos en asesinos que cazan a los protozoos y los hacen estallar. Solo los *Toxoplasma* que se han escondido en el interior de los quistes resistentes pueden sobrevivir al ataque. De vez en cuando, algunos parásitos rompen el quiste y salen al exterior, soltando un nuevo aporte de sus moléculas estimulantes, que reavivarán el sistema inmunológico como si fueran una vacuna de refuerzo. Despiertos de nuevo, los macrófagos del hospedador conducen de nuevo a los parásitos al interior de sus quistes. Y de esta manera, gracias a la manipulación efectuada por el *Toxoplasma*, sus hospedadores se mantienen sanos y capaces de luchar contra la enfermedad mientras los parásitos están alojados confortablemente en sus quistes, esperando llegar a la tierra prometida situada en el interior de un gato.

El *Toxoplasma* se convierte en una amenaza para los humanos solo cuando los cómodos arreglos que ha elaborado fallan. Un feto, por ejemplo, no tiene un sistema inmunológico propio. Está protegido únicamente por los anticuerpos que ha fabricado su madre y que han atravesado la placenta. Las células T de la madre tienen prohibido cruzar e introducirse en el feto, porque en ese caso actuarían como si el feto fuera un parásito gigante y lo matarían. Los anticuerpos maternales realizan un buen trabajo contra el virus de la gripe o la bacteria *Escherichia coli*, pero no pueden protegerlo contra el *Toxoplasma*. Para ello, el feto necesitaría células T inflamatorias para que lo condujeran hacia el interior de sus quistes. El resultado es que es muy peligroso para una mujer infectarse con *Toxoplasma* durante el embarazo. Si el parásito se las arregla para pasar de la madre al feto, se reproducirá alocadamente. Intentará hacer que el sistema inmunológico se retenga, pero en el interior del feto nadie oye sus llamadas. Simplemente prolifera hasta que causa un daño cerebral masivo y, a menudo, letal.

En la década de 1980, el *Toxoplasma* se convirtió en un asesino accidental de otro grupo de hospedadores humanos: la gente que padecía sida. El virus que causa la inmunodeficiencia humana, o VIH, la causa del sida, invade las células T inflamatorias, usándolas para la reproducción y matándolas durante el proceso. Cuando el *Toxoplasma* sale de su quiste y se divide, en una persona que padece sida, espera una fuerte respuesta inmunológica que le conduzca de regreso a su escondite. Pero con apenas alguna célula T inflamatoria que aún le quede, su hospedador está tan indefenso como un feto. El parásito se multiplica alocadamente, causando la mayor parte del daño en el cerebro. El hospedador sufre delirios y, en ocasiones, muere.

Durante más de una década, los médicos no podían hacer prácticamente nada para parar la masacre que provocaba el *Toxoplasma* en las víctimas del sida. Pero en la década de 1990, los científicos desarrollaron fármacos que podían, por primera vez, ralentizar la replicación del VIH y traer de vuelta las células T inflamatorias. En los relativamente pocos que podían permitirse estos fármacos, el *Toxoplasma* había vuelto gustosamente a su guarida, conducido por un equipo sano de células T. Pero los millones de pacientes que no pueden permitirse estos fármacos continúan enfrentándose a la locura causada por este reticente parásito.

* * *

Sobrevivir al sistema inmunológico es realmente difícil para un parásito unicelular, pero, al menos, cuenta con la ventaja del tamaño. Se puede esconder en el interior de las células o en los recodos de los conductos linfáticos. No se puede decir lo mismo de los animales parásitos. Estas criaturas pluricelulares atraviesan el radar del sistema inmunológico como enormes dirigibles. Son tan obvios como un pulmón trasplantado. Y, sin un continuo aporte de fármacos inmunosupresores que frenen el sistema inmunológico, un pulmón trasplantado morirá por su ataque. Y, sin embargo, los animales parásitos, algunos con una longitud de dieciocho metros, pueden vivir durante años en el interior de nuestros cuerpos, dándose un festín y criando a cientos de miles de descendientes.

Prosperan porque tienen muchas maneras de engañar a nuestro sistema inmunológico. Un ejemplo extraordinario es la tenia o solitaria *Taenia solium*. Antes de que los huevos de la tenia se conviertan en las largas cintas que son cuando están en nuestro cuerpo, necesitan pasar primero un tiempo en un hospedador intermedio, generalmente, un cerdo. El cerdo se traga los huevos con su comida, y los parásitos eclosionan una vez que ya están en los intestinos. Usan enzimas para excavar un agujero en los intestinos, buscando la manera de poder salir. Una vez que han llegado a un capilar, se desplazan por la corriente sanguínea a lo largo del cuerpo, hasta un músculo o un órgano. Allí desembarcan y se establecen, creciendo en forma de canicas. Pueden esperar en estos quistes a su hospedador definitivo durante años.

Si los cerdos fueran el único lugar donde la tenia pasa sus años como quiste, probablemente no sabríamos nada sobre cómo sobrevive al sistema inmunológico. Pero a veces los huevos de *Taenia solium* acaban en humanos. (Una persona con una tenia plenamente desarrollada en su interior puede llevar huevos adheridos a sus manos y, por ejemplo, cocinar para otras personas). Los huevos actúan como si estuvieran en el interior de un cerdo: eclosionan, y las larvas siguen los mismos pasos, saliendo de los intestinos y buscando un hogar en algún lugar del cuerpo (a menudo, los ojos o el cerebro). A continuación, forman un quiste, y, dependiendo del lugar en el que se han establecido, pueden ser inofensivos o mortales. Si una tenia presiona sobre los vasos sanguíneos, puede matar el tejido; si produce inflamación en el cerebro, puede desencadenar convulsiones epilépticas. Si encuentra un lugar más seguro, puede pasar inadvertida durante años. Pero, a diferencia del *Toxoplasma*, que básicamente se queda dormido en su quiste, la *Taenia* sigue activa en el interior de su caparazón. Succiona carbohidratos y aminoácidos a través de pequeños poros que atraviesan la pared del quiste, y así crece.

El sistema inmunológico de un hospedador se percata de la llegada de un huevo de tenia y produce anticuerpos contra él, pero mientras se organiza para llevar a cabo un ataque, el huevo ha desaparecido: la larva se ha escapado y ha formado un quiste propio. Las células inmunológicas se agrupan alrededor del quiste y fabrican una pared externa de colágeno, y poco más pueden hacer. Mientras el quiste consume alimento, también libera más de doce clases de moléculas, cada una de las cuales aturde al sistema inmunológico. El complemento se sitúa sobre los quistes, pero la tenia libera una sustancia química que se une a la molécula e impide que se combine y forme los elementos que perforan la membrana. Las células inmunológicas hacen estallar el quiste con moléculas muy reactivas que pueden matar el tejido, pero la tenia libera otras sustancias químicas que las desarman. Y al igual que el *Leishmania*, las tenias pueden, de alguna manera, bloquear las señales que pondrían normalmente en marcha un ejército de células T inflamatorias. En lugar de eso, estimulan al sistema inmunológico a que fabrique anticuerpos. Hay pruebas que sugieren las razones por las que las tenias se esfuerzan en hacer esto. Cuando los anticuerpos se adhieren a los quistes, la tenia los arrastra hacia el interior del caparazón y se los come. La tenia crece, en otras palabras, alimentándose de los esfuerzos inútiles del sistema inmunológico.

Aunque, al igual que el *Toxoplasma*, la tenia no quiere matar a su hospedador intermedio. Solo cuando el quiste empieza a quebrarse, cuando ya pierde la esperanza de llegar a su hospedador definitivo, es cuando se vuelve peligrosa. La tenia ya no puede fabricar las sustancias químicas que usa para desviar el sistema inmunológico hacia la producción de anticuerpos. Ahora, el sistema inmunológico empieza a fabricar células T inflamatorias adaptadas a la tenia, que permiten que los macrófagos y otras células inmunológicas entren en acción. Con un objetivo tan grande, las células inmunológicas tienen una actividad frenética. Lanzan un ataque violento que hace que los tejidos circundantes del quiste se hinchen, causando a veces tanta presión que pueden matar a una persona. No es el parásito el que mata al hospedador, sino que es el hospedador mismo el que lo hace.

En el trematodo sanguíneo, ese pasajero que viajó desde África a Australia, ese Matusalén de treinta años, se puede encontrar un conocimiento incluso más profundo del sistema inmunológico humano. Cuando los trematodos jóvenes penetran por primera vez en la piel, llaman la atención del sistema inmunológico. Las células inmunológicas se las arreglan para matar algunos trematodos pronto. Puede que mientras el parásito lucha a través de la piel o mientras se abre paso a través de los pulmones. Pero una vez que se han deshecho de su revestimiento de agua dulce, los trematodos rápidamente se fabrican otro que el sistema inmunológico nunca llega a descifrar del todo.

La razón por la que su revestimiento es tan confuso es porque está fabricado parcialmente a partir del propio hospedador del trematodo. Se puede observar su engaño en funcionamiento con un experimento sencillo. Cuando los parasitólogos extraen un par de trematodos de un ratón y los introducen en un mono, los parásitos están ilesos y pronto empiezan a producir huevos de nuevo. No tienen tanta suerte si los científicos inyectan previamente en el mono antígenos provenientes de la sangre del ratón. La inyección actúa como una vacuna, entrenando al sistema inmunológico del mono a reconocer y destruir los antígenos de la sangre del ratón. Si los trematodos son trasplantados del ratón al mono vacunado, el sistema inmunológico del mono los aniquila. En otras palabras, los trematodos son tan parecidos a su hospedador ratón que el sistema inmunológico del mono los trata como si fueran un órgano trasplantado de un ratón. A pesar de que los parásitos de este experimento murieron, se demuestra cuán brillante es su disfraz. Los científicos no están seguros sobre cómo se encubren los parásitos, pero parece ser que su recubrimiento está compuesto parcialmente de moléculas que tachonan nuestras propias células sanguíneas. Puede ser que cuando los trematodos pasan cerca de los glóbulos rojos o son atacados por los glóbulos blancos, arranquen algunas moléculas de su hospedador y las adosen a su propia superficie. De esta manera, a los ojos del sistema inmunitario no son más que sombras rojas en un río rojo.

Estas proteínas no son lo único que roban de nuestros cuerpos los trematodos sanguíneos. Las moléculas del complemento se establecen en la superficie de nuestras propias células de la misma manera en que lo hacen sobre las de los parásitos. Si se les permitiera llevar a cabo su labor de situar faros para los macrófagos, nuestro sistema inmunológico destruiría nuestros propios cuerpos. Para evitarlo, nuestras células producen compuestos como el factor acelerador del decaimiento (abreviado DAF, del inglés *decay accelerating factor*), que disgrega las moléculas del complemento. Los trematodos sanguíneos pueden destruir las moléculas del complemento que aterrizan en sus superficies, y los parasitólogos han aislado la enzima que usan. Resulta que es el DAF.

No está claro si es que el parásito lo roba de las células del hospedador o contiene un gen para fabricar la enzima. Es posible que en algún punto del distante pasado, un virus que infectó a los humanos capturara el gen que fabrica el DAF y que luego pasara a un trematodo sanguíneo, añadiendo el ADN que tomó prestado a su nuevo hospedador. En cualquier caso, la molécula hace sentir a los trematodos perfectamente cómodos en nuestras venas.

En 1995, los parasitólogos que estudiaban trematodos sanguíneos descubrieron una paradoja en las costas del lago Victoria. Estudiaban a keniatas que trabajaban de lavacoches a cambio de poder vivir junto al lago. Trabajando en aguas poco profundas, a veces se contagiaban de esquistosomiasis, una enfermedad causada por trematodos sanguíneos. En esa zona también es muy alta la frecuencia de casos de sida, por lo que un buen número de los lavacoches padecían ambas enfermedades. El VIH destruye las células T inflamatorias, los generales hambrientos de batallas que dirigen a los macrófagos contra los parásitos. Cuando estas células T mueren, parásitos como el *Toxoplasma* causan estragos entre la gente que padece sida. Sin embargo, los parásitos sanguíneos tienen malos resultados junto al VIH. En los lavacoches del lago Victoria que padecían tanto sida como esquistosomiasis, los parásitos sanguíneos ponían muchos menos huevos que los que parasitaban a personas que solo padecían esquistosomiasis.

La paradoja de los lavacoches surge del hecho de que los trematodos sanguíneos necesitan usar el sistema inmunológico humano para poder sacar sus huevos del hospedador. Sin un sistema inmunológico, no se pueden reproducir. Una vez que una hembra de trematodo sanguíneo pone sus huevos en las paredes de una vena, empiezan a secretar un cóctel de sustancias químicas que manipulan a los macrófagos cercanos. Bajo el hechizo de los huevos, los macrófagos producen moléculas señalizadoras, la más importante de las cuales se llama factor de necrosis tumoral alfa (O TNF-α, del inglés *tumor necrosis factor alpha*). El TNF-α es particularmente bueno provocando inflamación, haciendo que las paredes de la vena se relajen y atrayendo más células inmunológicas. Las células inmunológicas intentan matar el huevo rociándolo con venenos, pero el huevo está protegido por su caparazón resistente. Todo lo que las células inmunológicas pueden hacer es envolverlo entre todas, tejiendo un escudo denso de colágeno a su alrededor.

Las células inmunológicas crean esta cápsula (llamada granuloma) con la esperanza de deshacerse del objeto extraño que hay en su interior. Si, por ejemplo, una astilla se introduce en mi pulgar, las células formarán un granuloma a su alrededor, que luego será transportado hacia la superficie de la piel y será así eliminado del cuerpo. Lo mismo ocurre con un granuloma que se forma alrededor de un huevo de trematodo alojado en la pared de una vena. El granuloma se mueve a lo largo de la pared de la vena y, luego, a través de la pared de los intestinos. Esto es exactamente lo que el parásito necesita que ocurra, porque tiene que salir del cuerpo de su hospedador y eclosionar en el agua. El parásito, en otras palabras, usa los glóbulos blancos como porteadores que lo llevan a través de una barrera infranqueable. Una vez que está en el otro lado, las células inmunológicas del granuloma se disuelven en los jugos digestivos de los intestinos, pero, gracias a su caparazón, resisten, el huevo sobrevive y finalmente es expulsado del cuerpo. Esta es, pues, la paradoja de los lavacoches del lago Victoria: el sida les ha privado de las células inmunológicas que necesitan los trematodos sanguíneos para sacar al exterior a sus hijos.

Es una forma elegante de multiplicarse, pero una que no resulta muy eficiente. El flujo de la sangre en las venas donde vive el trematodo sanguíneo va desde los intestinos hacia el hígado. Como consecuencia de ello, arrastra a la mitad de los huevos antes de que puedan salir. Acaban en el hígado, donde forman granulomas. Pero en el hígado, los granulomas no le hacen ningún bien al parásito, y pueden acabar matando al hospedador. Los parasitólogos sospechan que los trematodos sanguíneos deben de mantener los daños que causan a sus hospedadores bajo control limitando sus propios números. Al igual que con sus huevos, los trematodos sanguíneos adultos también provocan que el cuerpo produzca TNF-α. La molécula no les causa mucho daño a los adultos, pero es letal para las larvas jóvenes que acaban de invadir el cuerpo de una persona y no han tenido la oportunidad de construir sus defensas. Como consecuencia de ello, una persona que ya albergue parásitos sanguíneos tiene muchas menos posibilidades de ser infectada por otro grupo. Según parece, los trematodos sanguíneos ayudan al sistema inmunológico a atacar a los rezagados de su propia especie para evitar así que el hospedador esté superpoblado.

Lo que resulta más impresionante de un trematodo sanguíneo no es a cuánta gente deja lisiada o mata, sino cómo se las arregla para prosperar en la inmensa mayoría de sus hospedadores, causándoles solo una ligera molestia. Son, de hecho, guardianes egoístas.

* * *

Solo los vertebrados tienen la clase de sistema inmunológico que hemos descrito hasta este momento, con sus células B y T que se adaptan constantemente. Los animales invertebrados —cualquier criatura desde una estrella de mar a una langosta, una lombriz, una libélula o una medusa— se separaron de nuestros antepasados hace más de setecientos millones de años y desarrollaron poderosas defensas por su cuenta. Los insectos, por ejemplo, entierran a los intrusos en una capa de células que rezuma venenos. Finalmente, las células forman un cierre hermético sofocante alrededor del parásito. Los parásitos que se especializan en invertebrados se han adaptado a sus peculiares sistemas inmunitarios, con subterfugios tan ingeniosos como cualquiera de los que usan en humanos.

Uno de los casos mejor estudiados es el de la avispa parásita *Cotesia congregata*. Esta avispa del tamaño de un mosquito usa al gusano del tabaco como hospedador, una oruga verde de aspecto tubular con ganchos negros en sus pies y una punta naranja sobresaliendo de la parte final de atrás de su cuerpo como si fuera un cuerno. Los científicos han estudiado al hospedador y al parásito minuciosamente porque el gusano del tabaco se convierte en una plaga, devorando no solo tabaco, sino tomates y otras verduras. También es tan grande que los científicos simplemente la machacan sobre un portaobjetos para ver qué es lo que hay en su interior.

El ataque de una avispa *Cotesia* es tan rápido que es muy poco probable que la podamos atrapar. Aterriza sobre un gusano cornudo, trepa un poco por su costado, y pincha con su jeringa que introduce los huevos en el hospedador. El gusano cornudo puede retorcerse un poco para intentar desprenderse de la avispa, pero es en vano. Los huevos de la avispa eclosionan en el interior del gusano cornudo como larvas con forma de cigarro. Sorben la sangre de su hospedador mientras respiran a través de unos globos de tejido de aspecto plateado en sus extremos traseros. El gusano del tabaco (también gusano cornudo del tabaco) posee un sistema inmunitario muy activo, y, a pesar de ello, la joven avispa sigue con lo suyo sin ser molestada. Pero no son las propias larvas las que detienen el sistema inmunitario. Para ello, necesitan un regalo de su madre.

La avispa madre inyecta los huevos como parte de una mezcla espesa. Los huevos dependen de esa sopa para su supervivencia: si extraemos los huevos, eliminamos la mezcla y, a continuación, los introducimos directamente en la oruga, el sistema inmunitario ataca a toda velocidad y los momifica. El parásito sobrevive gracias a millones de virus que están nadando en esa sopa. Estos virus no se parecen mucho a los que nos son familiares —la clase de virus, por ejemplo, que causa un resfriado—. El virus que causa un resfriado pasa de hospedador a hospedador, invadiendo las células del revestimiento de la nariz y la garganta, apropiándose a continuación de las proteínas propias de las células, haciendo que fabriquen nuevas copias del virus. Otros virus, como el VIH, llegan a incrustar sus genes en el ADN de la célula del hospedador y realizan copias de sí mismos desde allí. Hay algunos que llegan incluso más lejos: sus hospedadores nacen con el ADN del virus ya incluido en sus propios genes y lo transmiten a sus hijos.

Los virus de las avispas parásitas son bastante extraños. Las avispas nacen con el código genético del virus disperso por varios de sus cromosomas. En los machos, las instrucciones permanecen en esta forma dispersa. Pero tan pronto como una hembra empieza a mostrar su forma adulta en su crisálida, el virus se despierta. En determinadas células de su ovario, las piezas del genoma del virus son recortadas del ADN de la avispa y ensambladas, como capítulos sueltos que se van juntando en un libro completo que es el virus. Estos genes dirigen la formación de los virus reales —en otras palabras, cadenas de ADN encapsuladas en una cubierta proteica— y estos virus empiezan a cargarse en el interior del núcleo de las células del ovario. Cuando el núcleo está lleno al completo, toda la célula estalla, y millones de virus flotan libres por el ovario de la avispa. Pero no hacen enfermar a la avispa hembra. En realidad, la avispa los usa como arma contra el gusano del tabaco. Cuando inyecta los virus en la oruga junto a sus huevos, los virus empiezan a invadir las células del hospedador en cuestión de minutos. Se apropian del ADN del hospedador, forzando a las células a fabricar nuevas y extrañas proteínas que normalmente nunca se ven en el interior de un gusano cornudo, y que fluyen por la cavidad corporal de la oruga. Estas proteínas destruyen el sistema inmunológico del gusano cornudo. Las células empiezan a adherirse unas a otras en lugar de alrededor de los parásitos, y luego estallan. El hospedador se queda inmunológicamente indefenso, como una persona que padece sida en su estado más avanzado (el cual también está causado por un virus que hace estallar las células inmunológicas). Gracias al virus, los huevos de la avispa pueden eclosionar y empezar a crecer sin ningún tipo de oposición por parte de su hospedador.

Pero, a diferencia de una persona infectada con sida, el gusano cornudo se recupera del virus de la avispa después de unos pocos días. Por entonces, las larvas de la avispa parece que ya pueden manejar el sistema inmunológico por su cuenta, sin la ayuda de su madre. Engañan a su hospedador de forma parecida a como nos engañan los trematodos sanguíneos, tomando prestadas las proteínas propias del insecto o imitándolas.

Puede parecer perverso que el virus realice el trabajo sucio para otro organismo, incluso llegando a destruir el sistema inmunológico solo para exterminarse a sí mismo. Pero en el interior de cada uno de los huevos que los virus protegen, hay instrucciones para fabricar nuevos virus que sobrevivirán si algunos virus atacan al hospedador. Aunque, al mismo tiempo, sería erróneo pensar en un virus como en un organismo aislado con sus propios propósitos evolutivos. La verdad puede ser incluso más perversa, dado que el ADN del virus se parece a algunos de los genes propios de la avispa. El parecido puede ser hereditario: puede ser que el virus descienda de un fragmento del ADN de la avispa que mutó en una forma que escapó de los métodos habituales por los que los genes se copian y almacenan. Puede que no sea estrictamente correcto llamar virus a los virus —puede que representen una nueva forma que tienen las avispas de empaquetar su propio ADN—. (Un científico sugirió llamar a los virus secreciones genéticas). Si ese es el caso, las avispas parásitas se las arreglan para insertar sus propios genes en las células de otro animal con la intención de transformarlo en un lugar donde las avispas puedan vivir mejor.

Podría parecer que estas avispas pertenecen a otro planeta, pero demuestran realmente una cualidad universal de los parásitos aquí en la Tierra: los parásitos encuentran la forma de luchar contra los sistemas inmunológicos, adaptándose con precisión a las peculiaridades de sus hospedadores. El que acaben matando a su hospedador o dejándolo vivo depende de lo que les vaya mejor para multiplicarse.

04
Un terror concreto

Aún no sabes a lo que te estás enfrentando, ¿o sí? Al organismo perfecto. Su perfección estructural solo es igualada por su hostilidad… Admiro su pureza; no le afecta ni la consciencia, ni los remordimientos, ni las fantasías de moralidad.

Ash a Ripley en *Alien, el octavo pasajero* (1979)

Ray Lankester no sentía nada más que desprecio por el *Sacculina*, el percebe que degenera hasta ser prácticamente una planta. Estaba horrorizado por la forma en que había descendido por la escalera de la evolución, un símbolo de todas las cosas retrógradas y perezosas. Resulta extraño, pues, que ahora el *Sacculina* se haya convertido en un emblema de lo sofisticado que puede llegar a ser un parásito.

El error de Lankester no proviene únicamente de una aversión hacia todos los parásitos; los biólogos de su tiempo no tenían muchos conocimientos sobre el *Sacculina*. Es cierto que estos parásitos empiezan su vida como larvas que nadan libremente. Bajo un microscopio parecen lágrimas equipadas con unas patas con las que aletean y un par de ocelos oscuros. Los biólogos de la época de Lankester pensaban que el *Sacculina* era hermafrodita, pero, de hecho, aparece en sus dos formas sexuales. La larva hembra es la primera que coloniza el cangrejo. Tiene órganos sensoriales en sus patas que pueden captar el olor de un hospedador, e irá bailando por el agua hasta que aterrice en su caparazón. Repta por una pata mientras el cangrejo se contrae por la incomodidad que ello le supone o puede que por el equivalente al pánico en los crustáceos. Llega hasta una articulación de la pata, donde el duro exoesqueleto deja un resquicio de tejido más blando. Una vez allí, busca los pequeños pelos que surgen de la pata del cangrejo, cada uno de ellos anclado en su propio agujero. Pincha con una especie de daga larga y hueca a través de uno de esos agujeros, y lanza a través de él una gota compuesta por unas pocas células. La inyección, que dura solo unos pocos segundos, es una variación de la muda que los crustáceos e insectos atraviesan para poder crecer. Una cigarra posada sobre un árbol separa una fina cáscara exterior del resto de su cuerpo, y luego empuja para salir de ese caparazón. Emerge con un nuevo exoesqueleto, que es blando el tiempo suficiente para poder extenderse mientras el insecto pega un estirón. Sin embargo, en el caso de la hembra de *Sacculina*, la mayoría de su cuerpo se convierte en la cáscara que deja atrás. La parte que sigue viva se parece más a una babosa microscópica que a un percebe.

La babosa (cuya existencia no fue descubierta hasta el año 1995) se sumerge en las profundidades de su hospedador. Con el tiempo se establece en la parte inferior del cangrejo y crece, formando una protuberancia en su caparazón y extendiendo las raíces que tanto horrorizaron a Lankester. Los biólogos todavía llaman raíces a estas cosas, pero poco tienen que ver con lo que podemos encontrar bajo un árbol. Están cubiertas por una especie de delgados dedos carnosos, algo parecido al recubrimiento de nuestros intestinos o a la piel de una tenia. A diferencia del exoesqueleto de un crustáceo típico, este nunca muda. En lugar de eso, las raíces absorben nutrientes disueltos en la sangre del cangrejo. El cangrejo sigue vivo durante todo este tiempo; no se puede diferenciar de otros cangrejos sanos mientras deambula entre las olas; comiendo almejas y mejillones. Su sistema inmunológico no puede luchar contra el *Sacculina*, y, a pesar de ello, puede seguir con su vida con el parásito ocupando todo su cuerpo, y las raíces envolviendo incluso sus pedúnculos oculares.

La protuberancia del *Sacculina* hembra crece formando un bulto. Su capa externa se va deteriorando, revelando lentamente una entrada en la parte superior. Permanecerá en esta fase durante el resto de su vida a no ser que una larva macho la encuentre. El macho aterrizará sobre el cangrejo y se desplazará a lo largo de su cuerpo hasta que alcance el bulto. Cuando llega a la parte más alta, descubre la diminuta abertura. Es demasiado pequeña para que pueda introducirse en ella, por lo tanto, al igual que anteriormente hizo la hembra, se deshace de la mayor parte de su cuerpo, inyectando lo que puede considerarse un vestigio de lo que era en el agujero. Lo que queda de este macho —una masa pardo rojizo espinosa con forma de torpedo y con una longitud de una cienmilésima de pulgada— se desliza en un canal palpitante, que lo conduce hacia el interior del cuerpo de la hembra. Se deshace de su revestimiento espinoso mientras se desplaza, y en diez horas llega al fondo del canal. Allí se fusiona con la hembra y empieza a fabricar esperma. Hay dos pozos como estos en cada *Sacculina* hembra, por lo que lleva consigo dos machos durante toda su vida. Estos fecundan continuamente los huevos, y cada pocas semanas, produce miles de nuevas larvas de *Sacculina*.

El cangrejo empieza a transformarse en una nueva clase de criatura, una que existe solo para servir al parásito. Ya no puede hacer ninguna cosa que pudiera estorbar el crecimiento de *Sacculina*. Deja de mudar y de crecer, ya que ambas actividades desviarían energía necesaria para el parásito. Los cangrejos pueden escapar de sus depredadores amputándose una pinza que posteriormente volverá a crecer. Los cangrejos parasitados por *Sacculina* pueden perder una pinza, pero no pueden hacer crecer una nueva en su lugar. Y mientras otros cangrejos se aparean y producen una nueva generación, los cangrejos que son parasitados lo único que hacen es comer y comer. Han sido castrados. El parásito es el responsable de todos estos cambios.

A pesar de haber sido castrado, el cangrejo no pierde su impulso maternal. Simplemente dirige su afecto hacia el parásito. Una hembra sana porta sus huevos fecundados en una bolsa situada en su parte inferior, y a medida que estos maduran, la madre limpia cuidadosamente la bolsa, raspando las algas y hongos que se puedan haber adherido. Cuando las larvas del cangrejo eclosionan y necesitan escapar, su madre busca una roca alta en la que posarse, y allí se mece para soltar los huevos de la bolsa en la corriente del océano, agitando sus pinzas en el agua para incrementar la corriente. El bulto que forma el *Sacculina* sobre el cangrejo está situado justamente donde estaría la bolsa de huevos del cangrejo, y la hembra trata el bulto creado por el parásito como si fuera su propia bolsa de huevos. Lo acaricia para mantenerlo limpio mientras las larvas crecen, y cuando están preparadas para emerger, las ayuda a liberarse en pulsos, disparando nubes densas de parásitos. A medida que expulsa estas nubes, agita sus pinzas para ayudarlas a dispersarse. Los cangrejos macho tampoco están a salvo del poder del *Sacculina*. Los machos suelen desarrollar un abdomen estrecho, pero los abdómenes de los machos infectados crecen tanto como los de las hembras, siendo lo suficientemente amplios para acomodar una bolsa de huevos o una protuberancia de *Sacculina*. Un cangrejo macho incluso llega a actuar como si transportara la bolsa de huevos de una hembra, limpiándola mientras las larvas de parásito crecen, balanceándose luego en el agua para soltarlas.

Solo el hecho de vivir en el interior de otro organismo —localizándolo, desplazándose por su interior, encontrando alimento y apareándose en su interior, alterando las células de su alrededor, burlando sus defensas— es un extraordinario logro evolutivo. Pero parásitos como el *Sacculina* hacen más; controlan a sus hospedadores, transformándose, de hecho, en su nuevo cerebro, y convirtiéndolos en criaturas nuevas. Es como si el hospedador solo fuera un títere, y el parásito fuera la mano que lo maneja.

Este arte de manejar títeres toma diferentes formas, dependiendo del parásito del que estemos hablando y de lo que necesita de su hospedador en esa etapa particular de su vida. Cuando un parásito se ha establecido en un lugar confortable de su hospedador, conseguir alimento es la primera orden del día. Una vez que el gusano del tabaco se ha quedado indefenso a causa de los virus de la avispa parásita *Cotesia congregata*, los huevos de la avispa están preparados para eclosionar y crecer. En lugar de simplemente absorber pasivamente el alimento de su alrededor, la avispa cambia el modo en que su hospedador come y digiere su comida. Cuantas más avispas haya en el interior de un hospedador dado, más crecerá este —hasta el doble de su tamaño habitual—. Y cuando la oruga come una hoja, la avispa altera la forma en la que la descompone. Normalmente, un gusano cornudo convertiría una parte de la hoja en grasa, una forma estable de energía que puede almacenar para la época en que ayune en el interior de su capullo. Pero cuando está infectado por las avispas, el gusano cornudo convierte su alimento en azúcar, una fuente inmediata de energía que el parásito usa para su rápido crecimiento.

Un parásito vive en una competición delicada con su hospedador por la propia carne y sangre de este. Cualquier energía que el hospedador use para sí mismo podría ir destinada al crecimiento del parásito. Sin embargo, sería una estupidez que un parásito cortara el acceso de energía a un órgano vital como el cerebro, dado que el hospedador ya no estaría capacitado para volver a encontrar comida nunca más. Por lo tanto, el parásito elimina las cosas menos importantes. Del mismo modo que la *Cotesia congregata* priva a la oruga de su almacenamiento de grasa, también neutraliza sus órganos sexuales. Las orugas macho nacen con grandes testículos, y canalizan un montón de energía procedente de los alimentos que comen para fortalecerlos aún más. Sin embargo, cuando una avispa parásita vive en el interior de un macho, los testículos se van marchitando cada vez más. La castración es una estrategia que han desarrollado un buen número de parásitos de forma independiente —el *Sacculina* se lo hace a los cangrejos, y los trematodos sanguíneos se lo hacen a los caracoles que invaden—. Incapaces de usar energía para fabricar huevos o testículos, para encontrar una pareja, o para criar a sus hijos, un hospedador se convierte, genéticamente hablando, en un zombi: un muerto viviente sirviendo a un amo.

Incluso las flores se pueden convertir en zombis por culpa de sus parásitos. Un hongo llamado *Puccina monoica* vive en el interior de algunas plantas de mostaza que crecen en las laderas de las montañas de Colorado. El hongo extiende sus zarcillos por todo el tallo de la planta de mostaza, alimentándose de los nutrientes que la flor extrae del cielo y del suelo. Para poder reproducirse, necesita tener un contacto sexual con un *Puccina* del interior de otra planta de mostaza. Para conseguirlo, el hongo detiene el crecimiento de las diminutas y delicadas flores de la planta y la fuerza a formar una especie de racimos con sus hojas creando unas brillantes imitaciones amarillas de sus flores. Estas falsificaciones son prácticamente exactas a cualquier otra flor que se pueda encontrar en las montañas, no solo bajo la luz visible, sino, también, bajo luz ultravioleta. Atraen a las abejas, que se podrán alimentar de una sustancia dulce y pegajosa que el hongo obliga a producir a la planta en las imitaciones de flores. El esperma y los órganos sexuales femeninos del hongo están en ellas, por lo que las abejas pueden fecundar los hongos mientras vuelan de una planta de mostaza a otra. Pero la planta propiamente dicha sigue siendo estéril.

No importa lo cómodo que esté el parásito alterando a su hospedador, más tarde o más temprano tendrá que abandonarlo. Algunos parásitos pasan al siguiente hospedador necesario para la siguiente etapa de su ciclo de vida, otros viven como adultos libres, y en muchos casos, el parásito orquesta una salida cuidadosa. Permitir que el hospedador siga con su vida normal puede significar la muerte para muchos parásitos. El gusano del tabaco suele mudar cinco veces para luego descender desde su planta hasta el suelo. Cava un par de centímetros en el suelo y forma su capullo, donde permanece hasta que emerge como polilla. Sin embargo, cuando estos gusanos son parasitados por la avispa *Cotesia congregata*, toman un camino diferente. Mudan solo dos veces, y nunca sienten la llamada para abandonar su planta. En lugar de eso, siguen masticando hojas, criando a sus parásitos hasta que las avispas están preparadas para salir. Entonces, el gusano se ralentiza, pierde su apetito y deja de comer. Parece ser que las avispas son las responsables de la anorexia, porque un gusano sano devoraría felizmente docenas de capullos de avispas.

Otra especie de avispa llega incluso más lejos, convirtiendo a su hospedador —la oruga del gusano de la col— en un guardaespaldas. Cuando las larvas de la avispa han madurado, paralizan al gusano de la col y se abren camino fuera de su abdomen. Luego tejen sus capullos debajo de la hoja. Sin embargo, incluso después de que las avispas hayan devorado los intestinos de la oruga y la hayan llenado de agujeros para escapar, el gusano de la col se recupera. No se arrastra; en lugar de eso, teje una red alrededor de las avispas para protegerlas de otros parásitos y se enrolla sobre sí mismo en la parte superior. Si algo perturbara a la oruga mientras monta guardia, esta arremetería contra la amenaza, mordiendo y escupiendo líquidos nocivos —en otras palabras, protegiendo los capullos—. Solo cuando las avispas emergen de sus capullos finaliza su deber con ellas, entonces se deja caer y muere.

Mientras que las avispas pueden vivir en tierra firme una vez que han abandonado a sus hospedadores, muchos otros parásitos necesitan llegar al agua. Hay, por ejemplo, nematodos parásitos, que viven como adultos libres en arroyos, donde se aparean y depositan sus huevos. Cuando eclosiona su descendencia, atacan a la larva de una efímera que vive cerca de ellos. Los nematodos atraviesan el exoesqueleto de la efímera y se hacen un ovillo en el interior de la cavidad corporal. Allí crecen mientras crece la efímera, absorbiendo su alimento. Las efímeras pasan una prolongada adolescencia de insecto en el agua, antes de que se transformen en unas criaturas delicadas, de alas largas. Los machos surgen del agua y forman grandes nubes que atraen a las hembras. Los nematodos surgen de manera invisible también en esas nubes en el interior de sus hospedadores.

Las efímeras macho y hembra se encuentran en ese enjambre. Abrazados, caen sobre la hierba y los juncos que hay a lo largo del arroyo, y se aparean. Se pueden diferenciar los sexos no solo por sus genitales (los machos tienen unos pequeños cercos que les sirven de ayuda en la copulación), sino también por otras partes del cuerpo, como por ejemplo los ojos: la hembra tiene ojos pequeños que apuntan hacia ambos lados, mientras que los del macho abultan tanto que llegan hasta la parte superior de su cabeza. Una vez que se han apareado, los machos ya han cumplido con lo que tenían que hacer en esta vida. Se alejan del arroyo volando perezosamente para encontrar un lugar en el que morir. Las hembras, mientras tanto, se abren camino corriente arriba para encontrar una roca prominente. Se arrastran debajo de ella y suben y bajan el abdomen para facilitar la puesta de sus huevos. Si la hembra transporta un nematodo en su interior, el parásito rompe el abdomen para escaparse y excava en la grava para encontrar un compañero de su especie, matando a su hospedador y abandonándolo.

La estrategia del nematodo tiene un fallo grande bastante obvio: si da la casualidad de que se ha colado dentro de una efímera macho, acabará en un pedazo de hierba. En lugar de volver al agua, morirá con su hospedador. El nematodo tiene una solución, una que recuerda al *Sacculina*: convierte al macho en una cuasihembra. Cuando un macho de efímera que esté infectado madura, nunca forma sus genitales con cercos, o ni siquiera sus grandes ojos. El nematodo consigue no solo que tenga un aspecto parecido al de una hembra, sino que además actúe como tal. En lugar de alejarse volando, se deja caer sobre el arroyo, llegando incluso tan lejos que intenta depositar unos huevos imaginarios mientras el parásito rompe su cuerpo y sale al exterior.

El nematodo necesita regresar al arroyo por dos razones: para pasar a la siguiente fase de su vida, y para estar en un lugar donde su descendencia sea capaz de encontrar por ella misma una efímera que invadir. Llegar al siguiente hospedador es una ferviente pasión común entre los parásitos, porque no existe otra alternativa: «Vive libre y morirás» es su lema. Un ejemplo espectacular de esto es el que nos proporciona un hongo que vive dentro de la mosca doméstica. Cuando las esporas del hongo contactan con una mosca, se pegan a su cuerpo y excavan una especie de zarcillos en el interior del cuerpo de la mosca. El hongo se dispersa así a lo largo del cuerpo de la mosca con unas raíces parecidas a las de *Sacculina*, con las que chupa los nutrientes de la sangre del hospedador, haciendo que el abdomen de la mosca se hinche a medida que el parásito crece. Durante unos pocos días la mosca sigue llevando una vida normal, volando desde el líquido derramado de un refresco a una deposición de vaca, usando su probóscide para absorber alimento. Pero más tarde o más temprano sentirá un impulso incontrolable de encontrar un lugar elevado, ya sea una brizna de hierba o la parte superior de una puerta de cristal. Extiende su probóscide, pero en este caso la usa como anclaje, pegándose a su nueva percha.

La mosca encoge sus patas delanteras, alejando así su abdomen de la superficie. Agita sus alas durante unos pocos minutos antes de detenerlas en posición vertical. Mientras tanto, el hongo saca sus zarcillos por las patas y el vientre de la mosca. En las puntas de los zarcillos hay unos pequeños bultos con esporas que cuentan con unos sistemas que actúan de resortes. En esta extraña posición, la mosca muere, y el hongo sale catapultado fuera del cadáver. Cada detalle de esta postura mortal —la altura, los ángulos de las alas y el abdomen— coloca al hongo en una posición ideal para dispersar sus esporas al viento, derramándolas sobre moscas que pasen por debajo de esa posición.

Y si esto fuera poco, a los logros de estos hongos hay que añadir que las moscas infectadas mueren siempre de este modo tan dramático justo antes del anochecer. Si el hongo madura hasta el punto de que ya puede fabricar esporas en mitad de la noche, no lo hace: detiene el proceso, esperando a que llegue el amanecer. Es el hongo, y no la mosca, el que decide no solo cómo morirá, sino cuándo —justo antes del anochecer—. Solo en ese momento el aire es lo suficientemente fresco y húmedo para que las esporas se desarrollen sobre otra mosca, y solo entonces hay moscas sanas dejando ya de volar ante la cercanía de la noche y desplazándose hacia el suelo, donde se convierten en objetivos fáciles.

Los parásitos como este hongo usan a sus hospedadores para poder llegar a otros hospedadores de la misma especie. Pero para muchos otros parásitos, el juego es más complicado: tienen que pasar por toda una serie de animales diferentes. En ocasiones obligan a su hospedador actual a que se desplace a las cercanías de su próximo hospedador. A lo largo de la costa de Delaware vive un trematodo que tiene como primer hospedador un caracol que vive en el fango y como segundo al cangrejo violinista.. El único problema es que los caracoles viven en el agua y los cangrejos, en la orilla. Pero cuando los caracoles son infectados por el trematodo, cambian su conducta. Crecen inquietos; deambulan por la tierra o por bancos de arena durante la bajamar y permanecen allí cuando los caracoles sanos continúan en el agua. Derraman los trematodos sobre la arena, situando así a los parásitos tan cerca de los cangrejos violinistas que pueden introducirse en ellos con suma facilidad. Es tan sencillo como coger un taxi en una estación de autobuses.

Hay otra especie de trematodo que se puede encontrar en las praderas de Europa y Asia, y en algunos casos, también en América del Norte y Australia. Conocido como *Dicrocoelium dendriticum*, este trematodo con forma de lanceta tiene a las vacas y a otros animales de pasto como hospedadores cuando son adultos, y sus huevos son expulsados por las vacas junto a sus excrementos. Los caracoles hambrientos ingieren los huevos, que posteriormente eclosionarán en sus intestinos. Perforan la pared del intestino del caracol y se establecen en la glándula digestiva. Allí, los trematodos producen una generación de cercarias, que se abren camino hasta la superficie del crustáceo. El caracol intenta defenderse de los parásitos bloqueándolos con paredes de babas. La baba se enrolla alrededor de las cercarias, y el caracol las suelta y las deja atrás sobre la hierba.

Y entonces aparece una hormiga. Para una hormiga, una bola de baba es realmente deliciosa. Junto a la baba, la hormiga se traga igualmente cientos de esos trematodos con forma de lanceta. Los parásitos se deslizan hasta su intestino, y luego deambulan un rato por su cuerpo, llegando finalmente al grupo de nervios que controlan las mandíbulas de la hormiga. Los parásitos viajan todos juntos, pero después de visitar los nervios, se dispersan. La mayoría de los trematodos se dirigen de nuevo al abdomen, donde forman quistes, pero uno o dos se quedan en la cabeza de la hormiga.

Allí realizan algo de vudú parasítico a sus hospedadores. A medida que se acerca el anochecer y el aire refresca, las hormigas se encuentran alejadas de sus compañeras, sobre el extremo de una brizna de hierba. Al igual que las moscas infectadas con un hongo, las hormigas se agarran al extremo de la hierba. Pero este trematodo tiene un objetivo bien diferente al que tenía el hongo. El hongo utiliza a su hospedador como catapulta para diseminar sus esporas sobre otros insectos. El trematodo del que estamos hablando puede seguir viviendo solamente si puede introducirse en el interior de su hospedador final, un mamífero. Agarrada al extremo de una brizna de hierba, la hormiga infectada tiene muchas probabilidades de ser comida por una vaca o por cualquier otro animal que esté pastando en la zona. Cuando la hormiga cae en el estómago de la vaca, los trematodos estallan y se abren camino hasta el hígado de la vaca, donde vivirán como adultos.

Pero el trematodo *Dicrocoelium dendriticum*, al igual que el hongo, es muy consciente del paso del tiempo. Si la hormiga pasa toda la noche sin ser comida y el sol sale, el trematodo afloja la presión que ejerce sobre la hormiga. Esta deja el extremo de la brizna de hierba, regresa al suelo y pasa el día actuando de nuevo como un insecto normal. Si el hospedador se cociera por estar expuesto al calor del sol directo, el parásito moriría con él. Cuando regresa el atardecer, manda de nuevo a la hormiga al extremo de una brizna de hierba para ver si esta vez hay suerte.

La mayoría de parásitos no intentan este tipo de estrategias con humanos, pero unos pocos la llevan a cabo con éxito. El gusano de Guinea pasa su primera etapa doblado en el interior de un copépodo que nada en el agua. Una persona que beba de esa agua se traga el copépodo, y cuando se disuelve por el ácido del estómago, el gusano de Guinea escapa. Se escurre en el interior de los intestinos y excava saliendo a la cavidad abdominal. Desde allí deambula por el tejido conectivo hasta que encuentra un compañero. El macho de cinco centímetros y la hembra de sesenta se aparean y, a continuación, el macho busca un lugar en el que morir. La hembra repta por la piel hasta que alcanza una pierna. Cuando se está trasladando, sus huevos fecundados empiezan a desarrollarse, y cuando ya ha alcanzado su destino, los huevos han eclosionado y han abarrotado su útero con una multitud de crías bulliciosas.

Estas crías necesitan introducirse en un copépodo si quieren convertirse en adultos, por lo que conducen a su hospedador humano hacia el agua. Presionan contra el útero de su madre con tanta intensidad que asoma parcialmente fuera de su cuerpo, derramándose así algunas larvas al exterior. Los gusanos de Guinea adultos domestican el sistema inmunológico humano para poder desplazarse a lo largo de nuestros cuerpos sin sufrir daño alguno, pero las crías hacen justamente lo contrario. Provocan una rápida reacción que hace que las células inmunológicas acudan inmediatamente al lugar donde están, haciendo que la piel de alrededor se inflame y se formen ampollas. Para una víctima, la forma más fácil de aliviar un poco esa terrible quemazón en la zona herida es echarse agua fría sobre ella o, más fácil aún, introducir la pierna en un estanque. Las crías que ya habían escapado de su madre dentro de la ampolla responden al contacto con el agua nadando libremente. La madre responde igualmente al contacto con el agua dejando salir más crías. No se hernia como lo hizo antes: esta vez deja que sus crías escapen por una ruta más extraña: su boca. Por cada chapoteo, medio millón de crías de gusanos de Guinea son vomitadas a través del esófago. Las contracciones la sacan de la herida poco a poco hasta que tanto ella como su prole han abandonado al hospedador —la madre, para morir, y las crías para buscar en el agua un nuevo copépodo en el que introducirse y hacerse una especie de ovillo en su interior—.

Esta manipulación funciona mucho mejor cuando los humanos y los copépodos están condicionados por la escasez de suministros de agua, porque eso provoca que aumenten las probabilidades de que una persona vierta las larvas de los gusanos de Guinea en un lugar cercano a su próximo hospedador. No es de extrañar que la dracunculosis, la enfermedad causada por el gusano de Guinea, sea especialmente dañina en los desiertos, donde la gente se agolpa alrededor de los oasis.

El gusano de Guinea pertenece a la clase de parásitos que se contentan con esperar en su primer hospedador hasta que es tragado accidentalmente por el siguiente. Otros parásitos no confían tanto en la suerte. Sus hospedadores suelen estar relacionados, generalmente porque uno se come al otro. Los insectos que pican buscan humanos y otros vertebrados para beber su sangre, y no es casualidad que estén llenos de parásitos que esperan introducirse en nuestro interior. La malaria y la filariasis son propagadas por los mosquitos; la enfermedad del sueño, por las moscas tsétsé; el kala azar (o leishmaniasis visceral) por los flebotomos; y la ceguera de los ríos, por las moscas negras. (Las bacterias y los virus también se pueden meter en el mismo saco, propagando la peste bubónica, el dengue y otras enfermedades). Estos parásitos nadan en la herida causada por el insecto y luego viven en nuestra piel o en nuestro torrente sanguíneo, donde tendrán muchas probabilidades de ser succionados por la picada del siguiente insecto que pase por allí. Pero estar en el lugar correcto no es suficiente para la mayoría de ellos: cambian la conducta de los insectos para hacer que dispersen los parásitos más rápidamente.

Beber sangre no es una tarea sencilla. Cuando un mosquito aterriza sobre nuestro brazo, tiene que atravesar las capas externas de nuestra piel con su probóscide y luego ir moviéndola en el interior para localizar un vaso sanguíneo. Cuanto más tarde, más posibilidades tiene de ser aplastado y acabar siendo solo una mancha de sangre en nuestro brazo. Y una vez que el mosquito entra en contacto con la sangre, nuestro cuerpo responde coagulando la herida. Las plaquetas rodean la probóscide del mosquito, liberando sustancias químicas que forman unas masas pegajosas que captan más plaquetas. A medida que el mosquito intenta beber, su cóctel fluido de sangre se convierte en un batido espeso. Para conseguir más tiempo, los mosquitos añaden sustancias químicas a su saliva que luchan contra la coagulación. Una de ellas, la apirasa, degrada el pegamento fabricado por las plaquetas; otras sustancias ensanchan los vasos sanguíneos para que pueda llegar más sangre.

Los riesgos que acarrea el beber sangre para los mosquitos, hacen que estos eviten obstinarse. Si encuentran que la succión de la sangre de un hospedador está siendo complicada, vuelan rápidamente hacia otro pedazo de piel. Pero si ese hospedador tiene malaria, los parásitos de su interior harán que este resulte más atractivo. La malaria interfiere con las plaquetas de su hospedador, provocando que realicen mal su tarea de coagulación. Cuando un mosquito alcanza la sangre de una persona con malaria, encontrará que le es más fácil de beber y le resultará más cómodo absorberla, y junto a ella irán los parásitos.

Una vez que ha entrado en un mosquito, el *Plasmodium* necesita tiempo antes de que pueda viajar hasta otro humano. Necesita desplazarse hasta el intestino del mosquito, aparearse con otros parásitos *Plasmodium* y reproducirse. De este modo se forman más de diez mil ooquinetos en diez días. Se desarrollan, dando lugar a esporozoítos, que migran hacia la glándula salivar y, una vez allí, ya están preparados para entrar en un humano. Pero hasta este punto, al mosquito no le ha comportado ningún bien comerse al parásito. El riesgo de ser chafado mientras pica al hospedador no se ha visto compensado con ningún beneficio. Así que el *Plasmodium* hace todo lo que puede para desalentar a su hospedador de que se alimente. Un mosquito con ooquinetos en su interior desistirá más fácilmente de intentar alimentarse de sangre que uno que esté libre de parásitos.

Sin embargo, una vez que el parásito ha alcanzado la boca del mosquito, necesita que este empiece a picar tan pronto como sea posible. El *Plasmodium* se desplaza a las glándulas salivares, situándose en un lóbulo que es responsable de la fabricación de la molécula anticoagulante apirasa. Allí se encarga de cortar el aporte de apirasa que recibe el mosquito, para que cuando introduzca su probóscide en un nuevo hospedador tenga más dificultades para mantener el flujo de sangre. Tendrá que visitar más hospedadores para beber la misma cantidad de sangre. Al mismo tiempo, el *Plasmodium* hace que el mosquito tenga más apetito, obligándole así a beber más sangre y a visitar más hospedadores para saciarse. El resultado de todo esto es que un mosquito enfermo tiene el doble de probabilidades de beber sangre de dos personas diferentes en una misma noche que un mosquito sano. El mosquito enfermo, llevando más sangre a más hospedadores, se convierte en un modo más efectivo de propagar la malaria.

El *Plasmodium* hace que un depredador —un mosquito— entre en contacto con su presa —nosotros—. Los parásitos también pueden usar la estrategia contraria, viviendo primero en la presa y esperando hasta que el depredador se la coma. Algunos parásitos están dispuestos a esperar a que su hospedador intermedio sea devorado. Pero hay muchos que no son tan pacientes. Un trematodo llamado *Leucochloridium paradoxum* tiene como primer hospedador a un caracol, pero utiliza como hospedador final a unos pájaros que se alimentan de insectos, aunque los caracoles no están en su dieta. Los trematodos captan la atención de los pájaros situándose en los tentáculos oculares del caracol. Gracias a sus bandas marrones o verdes, los parásitos son visibles a través de los tentáculos transparentes, y a los pájaros les parecen orugas. El pájaro ataca al caracol y acaba con nada menos que un atracón de parásitos.

Otros parásitos pueden cambiar el aspecto de la piel de su hospedador para que este sea un objetivo más visible. Algunas especies de tenias viven en los intestinos del pez espinoso durante un par de semanas, y cuando quieren introducirse en un ave, hacen que el color del pez sea naranja o blanco. También pueden alterar la conducta del pez para captar la atención de las aves. Habitualmente, los espinosos se mantienen alejados de las aves acuáticas a las que les gusta comérselos. Intentan permanecer a cierta profundidad lejos de la superficie del agua, y si una garza introduce su cabeza en el agua, salen disparados como una flecha, dejando pasar la oportunidad de comer cerca de la superficie. Pero cuando están infectados por tenias, son más ligeros, por lo que no pueden evitar nadar cerca de la superficie, y también son más valientes persiguiendo su alimento, aunque haya un ave peligrosamente cerca.

A veces no es suficiente para el parásito hacer que su hospedador sea vulnerable a los ataques; a veces manda a su hospedador directo hacia el peligro. Ese es el caso de los gusanos de cabeza espinosa. Muchas especies de estos parásitos empiezan dentro de los invertebrados que viven en lagos y ríos. Luego pasan a su fase adulta en el interior de algunos pájaros, donde dirigen esas cabezas espinosas hacia el revestimiento de los intestinos. Un pequeño crustáceo llamado *Gammarus lacustris* se alimenta cerca de la superficie de estanques y ríos, pero tan pronto como aparece su depredador —un pato—, escapa huyendo de la luz para no ser visto, sumergiéndose a mayor profundidad. Sin embargo, cuando un gusano de cabeza espinosa parasita un *Gammarus*, este hace exactamente lo opuesto. Si aparece un pato, el *Gammarus* siente una firme atracción hacia la luz; por lo que se mueve hacia la superficie del agua. Cuando la alcanza, deambula por ella hasta que encuentra una roca o una planta. Una vez que la encuentra y se sube a ella, cierra la boca sobre esta, en una pose con la que prácticamente se está ofreciendo al pato.

El *Toxoplasma*, el protozoo que albergan miles de millones de cerebros humanos, parece una criatura de carácter dulce que nunca intentaría controlar la mente de su hospedador. Después de todo, se esconde a salvo en sus quistes y declina matar a sus hospedadores. Pero su docilidad solo es una parte de su cálculo inconsciente de cómo aumentar sus posibilidades de introducirse en su hospedador definitivo. El *Toxoplasma* necesita moverse entre los gatos y sus presas y retornar a los gatos para completar su ciclo vital, y una rata muerta no atraería a muchos gatos. Pero resulta que el *Toxoplasma* hace todo lo que puede para ayudar a los gatos a cazar a sus presas.

Durante varios años, los científicos de la Universidad de Oxford han estado estudiando los efectos del *Toxoplasma* en la conducta de las ratas. Construyeron un recinto al aire libre de casi dos por dos metros y usaron ladrillos para convertirlo en un laberinto de caminos y celdas. En cada esquina del recinto pusieron una caja donde poder anidar, junto a un recipiente con comida y agua. En cada caja añadieron un par de gotas de un olor concreto. En una añadieron el aroma de un lecho de paja fresca, en otra, el de un nido de ratas, en una tercera, el aroma de orina de conejo, y en otra, el de orina de gato. Cuando colocaron ratas sanas sueltas en el recinto, los animales dieron vueltas alrededor, curioseando e investigando los nidos. Pero cuando llegaron al que tenía el olor de gato, salieron a toda velocidad y no volvieron a pasar por esa esquina. No fue una sorpresa: el olor de un gato desencadena un cambio repentino en la química de los cerebros de las ratas que produce una ansiedad intensa. (Cuando los investigadores probaron fármacos contra la ansiedad en las ratas, usaron un ligero olor de orina de gato para asustarlas). El ataque de ansiedad hace que las ratas sanas rehúyan ese olor y su desconfianza las suele incapacitar como objetos de otras investigaciones posteriores. Es mejor quedarse quieto y seguir vivo.

A continuación, los investigadores colocaron ratas portadoras de *Toxoplasma* en el recinto. Las ratas que portan el parásito son prácticamente indistinguibles de las sanas. Pueden competir por una pareja al igual que las otras y no tienen problemas a la hora de alimentarse. La única diferencia que encontraron los investigadores es que tienen más probabilidades de que las maten. El olor a gato en el recinto no les producía ansiedad, y siguieron con lo suyo como si nada les perturbase. Exploraban alrededor de la zona con ese olor al menos con la misma frecuencia con que lo hacían en cualquier otro lugar del recinto. En algunos casos, incluso tenían un especial interés en ese lugar y volvían a él una y otra vez.

Convirtiendo a las ratas en roedores kamikazes, el *Toxoplasma* probablemente incrementa sus posibilidades de llegar hasta un gato. Si por error se introdujera en un humano en lugar de en una rata, tendría pocas posibilidades de realizar el viaje deseado, pero hay algunas pruebas que sugieren que, aun así, todavía intenta manipular a su hospedador. Los psicólogos han encontrado que el *Toxoplasma* cambia la personalidad de sus hospedadores humanos, produciendo cambios diferentes en hombres y mujeres. Los hombres se vuelven menos dispuestos a someterse a los estándares morales de una comunidad, se preocupan menos por los posibles castigos que recibirán si rompen las reglas de la sociedad, y desconfían más del resto de la gente. Las mujeres se vuelven más extrovertidas y cariñosas. Ambos cambios parece que derriban el miedo que podría mantener a un hospedador fuera de peligro. No son suficientes como para hacer que la gente que los alberga se tire a los leones, pero sí que son un recordatorio muy personal de las formas en que los parásitos intentan tomar el control de su destino.

Los científicos han tenido conocimiento de esta clase de transformaciones durante más de setenta años, pero no creían que fueran auténticas manipulaciones. Los parásitos no podrían planear cambios concretos en sus hospedadores claramente superiores. Solo podrían causar daños aleatorios y puede que, por casualidad, el daño causado modifique a sus hospedadores. Solo en la década de 1960 los científicos empezaron a pensar seriamente en que era posible que un parásito pudiera manejar la fisiología de su hospedador, o incluso su conducta. Y acto seguido surgió toda una serie de casos que parecían corroborar justamente eso.

La mayoría de los casos procedían de parásitos eucariotas, aunque determinadas bacterias y virus pueden actuar algunas veces también como titiriteros. Un estornudo transporta a los virus causantes del resfriado hacia nuevos hospedadores; el virus del Ébola parece aprovecharse de nuestro respeto hacia los moribundos y hacia los muertos haciendo que sus víctimas sangren a chorros, consiguiendo que las personas que manejan sus cuerpos también se infecten. Pero si nos fijamos en los casos documentados de manipuladores, las bacterias y los virus suponen un porcentaje mínimo. La razón podría ser que sus necesidades son bastante básicas: raramente necesitan usar más de una especie como hospedador, y pueden pasar de un hospedador a otro gracias a sus contactos habituales —el sexo, un apretón de manos o la picadura de una garrapata—. Puede que entre las bacterias y los virus haya un montón de manipuladores esperando ser descubiertos. Puede que aún estén escondidos gracias al hecho de que la mayoría de las personas que estudian virus y bacterias piensan principalmente en términos de enfermedades, síntomas y curas. No suelen pensar como parasitólogos, que tratan a sus objetos de estudio más como seres vivos que tienen que sobrevivir en sus hospedadores y trasladarse a otros nuevos.

El gran peligro a la hora de estudiar las manipulaciones de los parásitos es ver estrategias ingeniosas donde no las hay. Algunos cambios que causan en determinados hospedadores puede que no sean más que un simple daño. Y si una persona puede decir que un parásito ha cambiado el color de un pez, eso no significa realmente nada. Lo que importa es si el cambio hace que a un ave acuática le sea más fácil comérselo. La única forma de demostrar que una manipulación es auténtica es llevando a cabo experimentos, y los primeros que demostraron la existencia de manipulaciones reales con efectos significativos fueron realizados en la década de 1980 por Janice Moore, una parasitóloga de la Universidad del Estado de Colorado. Los parásitos que eligió fueron de una especie de gusanos de cabeza espinosa que viven en su fase larvaria dentro de bichos bola (o cochinillas de la humedad) que viven sobre el suelo forestal, y como adultos, en estorninos, y expulsan sus huevos al exterior con las deposiciones de los pájaros, para pasar de ahí a más bichos bola.

Moore construyó cámaras a partir de moldes de pírex para tartas para analizar la conducta de los bichos bola infectados. En un experimento quería comprobar cómo responden los bichos bola a la humedad. Colocó un molde sobre otro para crear un espacio cerrado. Luego dividió el espacio en dos cámaras gracias a una barrera de cristal, dejando una abertura estrecha entre ellas, que cubrió con un pedazo de malla de nailon. Hizo que una de las cámaras fuera húmeda, vertiendo en ella dicromato de potasio —una sustancia química que reacciona con el aire formando agua—. En el otro lado vertió agua salina, que hace que el aire se seque extrayendo agua de él. Luego colocó un par de docenas de bichos bola dentro de la casa que había construido con moldes para tartas, y esperó a ver qué cámara, la húmeda o la seca, era la que elegían. Más tarde los diseccionó y miró en su interior para comprobar si portaban larvas de gusanos de cabeza espinosa.

En otro experimento construyó un pequeño refugio para los bichos bola con una baldosa apoyada sobre cuatro guijarros en medio de un molde para tartas. Quería ver si se escondían debajo de él o se paseaban por el exterior. Y en un tercer experimento, vertió gravilla coloreada en un molde para tartas —una mitad blanca, la otra, negra— para ver si los bichos bola se sentían atraídos por un fondo claro o por uno oscuro.

Los bichos bola viven en suelos forestales húmedos, donde pueden esconderse de los pájaros que se los comerían. Si los sacas de allí, vuelven a toda prisa. Son atraídos por suelos que sean húmedos, con poca luz y colores oscuros. Los bichos bola sanos que Moore estudió, se comportaban siguiendo este patrón en sus moldes para tartas. Se quedaban en la cámara húmeda y evitaban la seca; se escondían debajo del refugio que construyó para ellos; y escogieron la gravilla oscura en lugar de la clara. Pero los bichos bola que llevaban consigo gusanos de cabeza espinosa se podían encontrar vagando por la zona seca de la cámara con mucha más frecuencia que los sanos. Un parásito haría que su hospedador se arrastrara por la gravilla blanca más frecuentemente, y sería mucho menos probable que se escondiera debajo del refugio. Los bichos bola parasitados ya no podían reconocer estas pistas vitales, y se convirtieron en presas más fáciles para los pájaros.

Pero en lugar de imaginar qué era lo que podría hacer que la vida de los pájaros fuera más fácil, Moore dejó que se lo contaran ellos mismos. Permitió que los bichos bola deambularan por una jaula en la que guardaba estorninos. Los pájaros se comieron los bichos bola, y descubrió que preferían los que estaban infectados en lugar de los sanos. En otro experimento, colocó cajas nido para los estorninos, y estos acudieron y criaron polluelos en ellas. Podían cazar en los campos de los alrededores en busca de alimento —incluyendo bichos bola— y traerlo de vuelta a la caja nido. Moore ató limpiapipas con nudos flojos alrededor de los cuellos de los estorninos, cerrando las gargantas lo justo para que no pudieran tragarse el alimento. Moore pudo recoger los bichos bola que habían traído los pájaros adultos, cogiendo los que tenían en sus bocas y los que había en el nido. Los diseccionó en busca de parásitos y encontró que aparecían en el nido muchos más bichos bola con parásitos de los que debería haber. En un lugar cualquiera, menos de un 1 por ciento de los bichos bola contenía gusanos de cabeza espinosa, pero el 30 por ciento de los que Moore recogió del nido estaba infectado.

A los experimentos de Moore les siguieron otros ensayos cuidadosos, y en muchos casos los parásitos en cuestión mejoraron su éxito alterando a sus hospedadores. Una vez que los parasitólogos demostraron que estas manipulaciones eran reales, empezaron a preguntarse cómo las llevaban a cabo. Probablemente, cada parásito utiliza su mecanismo especial, algunos de los cuales pueden ser bastante sencillos. Cuando las tenias crecen en el interior de los peces espinosos, llenando toda su cavidad corporal y absorbiendo la mayoría del alimento que sus hospedadores comen, probablemente hacen que el pez esté hambriento. El hambre empuja a los espinosos a tomar más riesgos a la hora de obtener alimentos, por ejemplo, no huyendo cuando hay un ave acuática cerca. Para la tenia, peligro significa liberación.

Sin embargo, a menudo los mecanismos son bastante más sofisticados. Los parásitos han dominado el vocabulario de los neurotransmisores y hormonas de sus hospedadores. Los parasitólogos están bastante seguros de que esto es así, incluso sin haber encontrado una molécula especial que pueda alterar a un hospedador de un modo concreto. Los cuerpos y los cerebros de los animales son tan ruidosos en lo que respecta a señales que los científicos no han podido interceptar una breve transmisión proveniente de los parásitos. Aun así, los parasitólogos pueden decirnos, indirectamente, mucho sobre las moléculas de los parásitos, de la misma forma que podemos saber cosas de un hombre por su sombra.

Recordemos por un momento al pobre *Gammarus*, enviado a toda velocidad hacia la superficie de un estanque por el gusano de cabeza espinosa, donde se aferrará a una roca hasta que un pato se lo coma. Está claro que algo no funciona en su sistema nervioso, porque la misma sensación que mandaría a un *Gammarus* sano hacia el fondo de un río produce la reacción opuesta en uno enfermo. Los biólogos han extraído las neuronas de un *Gammarus* infectado con gusanos de cabeza espinosa. Las han teñido con compuestos que hacen que las neuronas se iluminen si contienen determinados neurotransmisores. Cuando han buscado la presencia de un neurotransmisor llamado serotonina, las neuronas se han encendido como árboles de Navidad.

Podemos encontrar serotonina en prácticamente cualquier animal que observemos. En los humanos y en otros mamíferos, parece que se encarga de estabilizar el cerebro. Cuando los niveles de serotonina caen, la gente se vuelve más obsesiva, deprimida y violenta. (El Prozac está diseñado para hacer frente a la depresión aumentando la serotonina). La serotonina también juega un papel en los cerebros de los invertebrados, aunque los científicos no están seguros de cuál es concretamente esa función. Sí saben que pasa algo interesante cuando inyectan serotonina en el *Gammarus*. Si un *Gammarus* sano recibe una inyección de serotonina, a menudo intenta agarrarse a algo y lo hace con fuerza.

¿Por qué la serotonina haría que el *Gammarus* se aferre así? Puede que tenga algo que ver con el sexo. Cuando el *Gammarus* se aparea, el macho se agarra a la hembra con sus patas y empuja su abdomen hacia abajo sobre ella. La montará así durante días, esperando a que ella mude. Cuando lo hace, pone los huevos en una bolsa bajo su vientre. El macho fecunda los huevos y continúa agarrándola, protegiéndola de otros machos que quieran aparearse con ella.

La postura del macho en el apareamiento es exactamente igual a la que los gusanos de cabeza espinosa fuerzan al *Gammarus* a adoptar. Y si los parasitólogos inyectan un fármaco a los *Gammarus* infectados que bloquee los efectos de la serotonina, dejan de agarrarse durante unas horas. Puede que el gusano de cabeza espinosa secrete una molécula activadora de la serotonina. Podría ser que el parásito desencadenara una secuencia de señales que hicieran que el *Gammarus* creyese que se está apareando, haciendo incluso que la hembra adoptara el papel del macho en el apareamiento.

Cuando los parasitólogos descifren toda la historia de los manipuladores parásitos, resultará ser mucho más complicada que todo esto. Es poco probable que los parásitos usen una única molécula para controlar a sus hospedadores; vienen equipados con un almacén lleno de fármacos preparados para ser dispensados en distintos momentos de la vida del parásito cuando este necesite cosas diferentes. Ese es el panorama que surge cuando los científicos han aunado esfuerzos para estudiar el ciclo completo de un parásito en particular, como es el caso de la tenia *Hymenolepis diminuta*. Los adultos de *Hymenolepis* viven y se aparean dentro de los intestinos de las ratas, donde crecen hasta tener una longitud de cuarenta y cinco centímetros. Sus huevos acaban junto a los excrementos de la rata, que son devorados con regularidad por escarabajos. Una vez dentro de estos, la membrana de los huevos de la tenia se disuelve, revelando una criatura esférica con tres pares de ganchos. Utiliza esos ganchos para salir del intestino del escarabajo e introducirse en su sistema circulatorio, donde crece en poco más de una semana hasta tener forma de cola corta. Allí espera a que el escarabajo sea comido por una rata, donde alcanzará su forma adulta final. El ciclo entero suele tener lugar en silos para cereales o en almacenes de harina, donde los escarabajos devoran la comida, las ratas se comen a los escarabajos, y luego las ratas dejan sus excrementos en el grano.

Las tenias empiezan a manipular a los escarabajos antes incluso de estar en su interior. Los escarabajos son atraídos hacia los excrementos que contienen huevos por un aroma que al parecer es irresistible para los insectos. Si un escarabajo se encontrara con excrementos de una rata sana y con excrementos de una rata parasitada, sería más probable que eligiera el montón que contiene los huevos de tenia. Si capturamos la fragancia del estiércol infectado y lo conservamos en un líquido, una gota de ese perfume hará que los escarabajos vengan corriendo. Nadie sabe si los mismos huevos producen el aroma, o si es una de las sustancias químicas producidas por las tenias adultas en el interior de las ratas, o si el parásito cambia de alguna manera la digestión de la rata para que el propio hospedador sea el que la fabrique. Sea cual fuere el caso, es suficiente para seducir a los escarabajos para que se coman una tenia, puede que incluso para que sean comidos por una rata.

Una vez que se halla en el interior del escarabajo, la tenia usa más sustancias químicas para esterilizarlo. Al igual que muchos otros insectos, un escarabajo almacena reservas de energía en una estructura llamada cuerpo graso, que está dispuesta a lo largo de su espalda. Las hembras de escarabajo usan parte de este material para construir las yemas de sus huevos. Para llevar las reservas a los huevos, tienen que mandar una señal hormonal al cuerpo graso. Este responde fabricando un ingrediente de la yema llamado vitelogenina. La vitelogenina abandona el cuerpo graso y fluye a través del escarabajo hasta que llega al ovario, donde están los huevos. Un huevo de escarabajo está rodeado por un séquito de células colaboradoras que dejan solo algunas grietas entre ellas. De hecho, las grietas son tan pocas y tan pequeñas que es muy difícil que cualquier cosa pase a través de ellas y llegue al huevo. Pero cuando las hormonas correctas se adhieren a estas células colaboradoras, hacen que se encojan, abriendo espacios entre ellas. Con las hormonas suficientes, la vitelogenina puede llegar hasta el huevo y transformarse en yema.

La tenia puede destruir esta cadena de acontecimientos en distintos eslabones. Fabrica una molécula que se introduce en el cuerpo graso y ralentiza las células que están fabricando vitelogenina. Algo de vitelogenina sale del cuerpo graso, pero muy poca llega a alcanzar el huevo. Parece ser que la tenia fabrica otra molécula que se puede acoplar a los receptores de las células colaboradoras en los ovarios. Tapa los receptores para evitar que la hormona se acople y hacer que las células colaboradoras se encojan. Las células colaboradoras siguen hinchadas, por lo que la vitelogenina no puede introducirse en el huevo. El efecto de estas moléculas es evitar que el escarabajo desvíe lo que podría considerarse una excelente comida para las tenias hacia sus propios huevos.

Una vez que ha madurado en el interior del escarabajo, la tenia está preparada para encontrar una rata. Sin duda, el escarabajo no estaría de acuerdo, por lo que el parásito tiene que abrir otro cajón de fármacos. Algunos de ellos —probablemente opiáceos que mitigan los sentimientos de dolor y miedo— hacen que el escarabajo sea menos meticuloso a la hora de esconderse. Si lo colocamos sobre un montón de harina, el escarabajo se pondrá a vagar por la superficie en lugar de excavar y esconderse. La tenia lo ha hecho perezoso, lento a la hora de escapar de un ataque. Aun así, un escarabajo infectado hace lo que puede para defenderse si una rata lo atrapa entre sus mandíbulas. Un escarabajo de la harina viene equipado con un par de glándulas en su abdomen que usa para liberar una sustancia fétida, así es probable que la rata que sujeta al escarabajo en su boca lo escupa. Pero una vez que la tenia alcanza la madurez, bloquea la glándula, impidiendo que fabrique su veneno. Cuando un escarabajo infectado intenta defenderse, ya no le sabe tan mal a la rata; por lo que es mucho más probable que se lo coma en lugar de comerse a un colega sano. De principio a fin, el escarabajo es guiado y dirigido por su parásito.

* * *

Si sales de la autopista de Ventura a la altura de la ciudad de Carpintería, California, y conduces un breve trecho hasta el océano, pasando por un almacén de ositos de peluche y una serie de vías férreas, llegarás a un lugar cerrado con una cerca metálica. Más allá, hay una pequeña extensión que cubre cientos de acres de exuberantes plantas bajas como salicornias. Esta es la marisma salina de Carpintería. Un día despejado de verano, un ecólogo llamado Kevin Lafferty abrió la puerta de la cerca y me dejó entrar. Quería mostrarme cómo funciona una marisma. Lafferty iba vestido con un traje de baño y una camiseta deteriorada con un dibujo de un león fluorescente; iba en chancletas, arrastrando los pies por el camino de tierra, con un par de botines para hacer submarinismo en una mano. Pasé unos días en compañía de Lafferty, y durante toda mi visita no le vi vestirse con nada más formal. Su cara era juvenil y su pelo del color del trigo. Había surfeado en estas playas desde que vino a la Universidad de California en Santa Bárbara en 1981. Viéndolo sobre una ola sería difícil imaginar que se trata de un profesor de biología en lugar de un estudiante universitario.

Me habló de la marisma mientras caminábamos en dirección al mar por un camino de tierra elevado. «Necesitas alguna clase de espacio interior por debajo del nivel del mar para que se pueda formar una marisma. Puedes tener un río que corte un canal y el mar podrá entrar con la marea alta. Esa es la versión estándar de la costa este. O puedes tener actividad tectónica que sea la causa del hundimiento». Gesticulaba en dirección a tierra adentro, hacia arriba de las montañas de Santa Ynez, que se elevaban por detrás de la autopista, envueltas en la niebla como si llevaran puesta una bufanda. «Toda la franja costera de California es una complicada mezcla de actividad tectónica más cambios en el nivel del mar. Se cree que la cuenca de aquí ha sido rellenada por el océano porque esta ha disminuido». El área está ahora más o menos treinta centímetros por debajo del nivel del mar, por lo que los sedimentos transportados por los riachuelos de Santa Mónica y Franklin se depositan en esta cuenca en lugar de llegar hasta el mar. Cada día la marea alta se mete en la marisma, derramándose por encima de las orillas de los riachuelos e inundando este lugar hasta la misma cerca metálica. Como decía Lafferty: «Si el nivel del mar se mantuviera constante y no hubiera ninguna actividad tectónica, en cien años esta sería una tierra seca. Pero si la tierra está continuamente hundiéndose, entonces el sedimento no puede aferrarse». Las fuerzas opuestas de acumulación de sedimentos, entrada de agua dulce y el flujo y reflujo del agua de mar han construido este extenso territorio encharcado atravesado por canales.

Cada día, durante la marea baja, el suelo se calienta bajo el sol, evaporándose su agua y reteniendo la sal. El suelo es en algunas zonas más salado que el agua de mar. En estas condiciones no puede sobrevivir ningún árbol. Las salicornias, por ejemplo, bombean el agua salobre del suelo y almacenan la sal en sus frutos, usando el agua dulce que ha quedado. A lo largo de las ciénagas desnudas que rodean los canales de la marisma, las algas crecen ofreciendo un color verde mate. Las algas pueden parecer apagadas, pero realmente están disfrutando de unas condiciones perfectas. El barro está lleno de nitrógeno, fósforo y otros nutrientes que han sido arrastrados desde las montañas. Dado que las ciénagas descubiertas están expuestas continuamente a las mareas, las algas reciben más luz solar de la que recibirían si estuvieran siempre sumergidas. Con la marea baja las algas fotosintetizan alegremente. Escondidos a lo largo de las orillas hay miles de sombreros de cumpleaños en miniatura: las conchas cónicas de los caracoles cuerno del Pacífico que se alimentan de esas algas. Como me dijo Lafferty: «Es como si cortaran un césped de crecimiento rápido».

La gran cantidad de invertebrados que podemos encontrar aquí, como las almejas *Leukoma staminea* y los erizos conocidos como galletas de mar, constituye una buena fuente de alimento para los vertebrados. Algunos peces, como gobios y algún fundúlido, viven en los estuarios todo el año, apiñados durante la marea baja para luego alimentarse durante la marea alta, momento en el que se les unen rayas y tiburones curiosos que llegan deambulando desde el mar. Los únicos peces que veo hoy son fundúlidos. Van dando vueltas, girándose de vez en cuando y exponiendo el destello brillante de sus vientres. A lo largo de las orillas de los canales se pueden ver grandes hoyos, del tamaño de un puño. Cuando el sol de la mañana cae sobre ellos, salen lentamente de su interior unos cangrejos de costa que abren los caracoles como si fueran nueces, y cangrejos violinista, que levantan lentamente sus pinzas gigantes como si estuvieran saludando al nuevo día. No hay muchos depredadores mamíferos en este lugar —el crecimiento de ciudades como Carpintería ha ahuyentado a pumas y osos, dejando solo mapaches, comadrejas y gatos domésticos—. Pero la marisma salobre sigue siendo un paraíso para los pájaros —pagazas, playeros aliblancos, chorlitos, chorlos mayores de patas amarillas, zarapitos, agujetas grises—, todos ellos recorriendo la zona y dándose un festín.

Lafferty observa todo esto, a los que comen y a los que son comidos, esta transmutación de la luz solar en las diferentes formas de vida, y no lo ve de la misma forma en que lo harían otros ecólogos. Un zarapito saca una almeja de su agujero, y lo que dice Lafferty es: «Se acaba de infectar». Mira la orilla llena de caracoles y afirma: «Más del 40 por ciento de estos caracoles está infectado. Son solo parásitos disfrazados. Vagones llenos de biomasa de parásitos». Señala hacia la constelación blanquinosa de excrementos de pájaros a lo largo de la orilla: «Son solo paquetes con huevos de trematodos». Oye todo lo que me ha estado diciendo y se encoge de hombros. «Tengo una perspectiva bastante retorcida».

Cuando Lafferty empezó a estudiar en la Universidad de Santa Bárbara en 1986, su perspectiva todavía no estaba distorsionada. Si alguien le hubiera pedido que analizara esta marisma salobre, habría estudiado las cosas que podía ver. Habría medido cuántas algas pueden comer los caracoles, habría contado el número de huevos que una hembra de fundúlido puede poner en un año, y habría anotado el número de almejas que un pájaro se puede comer en un día. Ahora se da cuenta de que se habría perdido el auténtico drama de este ecosistema porque habría ignorado a los parásitos. No habría sido nada inusual. Durante décadas, los ecólogos han vadeado pantanos, remado en lagos y atravesado bosques para poder ver dos cosas: la competencia por las necesidades de la vida, como la comida y el agua, y la lucha para no ser ingerido. Estudiaban la densidad de plantas y animales, su distribución por edades, la diversidad de especies y dibujaban complejos diagramas de la red trófica. Pero en esos diagramas nunca aparecían los parásitos. Los ecólogos no negaban la existencia de los parásitos, pero los veían como simples polizones diminutos. La vida podía entenderse como si estuviera libre de enfermedades. «A muchos ecólogos no les gusta pensar en parásitos —dice Lafferty—. Su visión del organismo acaba en la parte más externa de él».

Pocos ecólogos se han molestado en apoyar esta indiferencia con datos. No les importa que los animales estén habitualmente invadidos por varias clases diferentes de parásitos. Por otro lado, los parasitólogos también han sido negligentes. Han observado hasta la saciedad a los parásitos en los laboratorios, pero no tenían ni idea de qué efectos tenían en el mundo real.

Y resulta que esos efectos pueden ser enormes. Solo en la última década, por ejemplo, los biólogos marinos han descubierto que los océanos están repletos de virus. Han sabido durante mucho tiempo que los virus pueden infectar prácticamente a cualquier forma de vida marina, desde las ballenas hasta las bacterias. Pero pensaban que no había muchos virus, o que eran demasiado frágiles como para causar grandes daños. En realidad, los virus son resistentes y abundantes. Diez mil millones de virus viven en cada litro de las aguas superficiales marinas. Sus objetivos favoritos son las bacterias y el fitoplancton, dado que son los hospedadores más abundantes en el mar. También son el último eslabón en la cadena alimenticia oceánica, siendo devorados por bacterias depredadoras y protozoos, que a su vez son ingeridos por animales. Los biólogos marinos se dan cuenta ahora de que este eslabón fundamental está muy enfermo. Los virus matan a la mitad de las bacterias del océano. Cuando muere una bacteria, estalla produciendo una diminuta lluvia orgánica. Otras bacterias recogen sus restos, en muchos casos solo para ser abiertas por otro virus. Una gran parte de la biomasa del océano está encerrada en estos ciclos bacteria-virus-bacteria, y no puede introducirse en el resto de la cadena alimenticia marina. Si los virus desaparecieran del mar, este se llenaría de peces y ballenas.

En la tierra, los parásitos son ecológicamente igual de poderosos. Durante décadas, los ecólogos que han trabajado en las llanuras del Serengueti pensaban que las grandes manadas de ñus y de otros mamíferos que se alimentan en esos pastos estaban controladas por dos factores: la comida que las podía mantener y los depredadores que reducían su población. Sin embargo, durante la mayor parte del siglo fue en realidad un virus el más determinante. Conocida como la peste bovina, esta enfermedad llegó a Kenia y a Tanzania cuando se importó ganado infectado desde el Cuerno de África alrededor de 1890. Saltó del ganado a los animales salvajes y rebajó la población de herbívoros, al igual que la de los depredadores, y la mantuvo baja durante décadas. Solo cuando se empezó a vacunar al ganado en la década de 1960 los mamíferos del Serengueti renacieron.

Los parásitos ni siquiera tienen por qué matar a sus hospedadores para causar un gran impacto. Un parásito puede reducir la ventaja competitiva de una especie de tal manera que no pueda expulsar a un competidor, haciendo que sea posible que las dos especies vivan una al lado de la otra. El ciervo porta un nematodo que no le causa daño, pero cuando se introduce en un alce, se desplaza hasta su columna vertebral y hace que este vaya deambulando a trompicones, como si estuviera borracho, antes de morir. Sin ese parásito, el ciervo no podría competir con el alce. Y biólogos como Lafferty han demostrado que el modo en que los parásitos manipulan a sus hospedadores también puede tener un gran efecto en el equilibrio de la naturaleza.

Mientras estudiaba en la universidad, Lafferty pensaba que tenía un conocimiento bastante acertado de la ecología de la costa de California, donde había buceado desde la escuela secundaria (se pagó la universidad raspando mejillones de las plataformas petrolíferas). No fue hasta que acudió a un curso de parasitología que su punto de vista cambió. Su profesor, Armand Kuris, le dejó atónito al mostrarle cómo se podían encontrar parásitos en cualquier lugar del mar. «Todos esos animales que conocía y amaba como buceador, ahora, al abrirlos, estaban llenos de parásitos. Me di cuenta de que la biología marina se había olvidado de un protagonista muy importante».

Lafferty empezó a estudiar los parásitos de la marisma salobre de Carpintería. Allí hay muchos entre los que escoger —hay una docena de trematodos que pueden infectar, en concreto, al caracol cuerno del Pacífico—, pero Lafferty escogió el más común de todos, el *Euhaplorchis californiensis*. Las aves sueltan huevos de *Euhaplorchis* con sus excrementos, que son ingeridos por los caracoles. El huevo eclosiona, y el trematodo castra al caracol, produciendo un par de generaciones antes de que las cercarias salgan nadando de su hospedador. Las cercarias exploran la marisma en busca de su próximo hospedador, un fundúlido de California. Se adhieren a sus branquias y se abren camino hasta sus finos vasos sanguíneos; se arrastran hacia el interior del pez, encontrando un nervio que siguen hasta llegar al cerebro. No penetran en el cerebro del pez, pero forman una especie de alfombra delgada sobre él, parecida a una capa de caviar. Allí, los parásitos esperan a que el pez sea ingerido por un ave playera. Cuando llegan a su estómago, salen de la cabeza del pez y se desplazan por el intestino del ave, robando su comida desde dentro y diseminando huevos en sus excrementos para que se propaguen por las marismas y estanques.

Lafferty quería entender qué efecto tenía este ciclo sobre la ecología de la marisma. ¿Parecería Carpintería la misma si no hubiera trematodos? Empezó su recorrido del ciclo del parásito en la etapa del caracol. La relación entre el trematodo y el caracol es extraña. No es una relación típica de depredador-presa. Cuando un lince mata a una liebre, los brotes tiernos que se hubiera comido la liebre son ingeridos por los supervivientes, que pueden utilizar la energía obtenida para criar a nuevas liebres. Pero los trematodos de Carpintería no llegan a matar a sus caracoles. En un sentido genético, los caracoles están, de hecho, muertos, porque ya no pueden reproducirse. Pero siguen viviendo, alimentándose de algas para alimentar a su vez a los trematodos que viven en su interior. Si los caracoles estuvieran realmente muertos, las algas que comen podrían servir para alimentar a los caracoles supervivientes. En lugar de eso, los caracoles portadores de trematodos compiten directamente con los caracoles que no están infectados.

Lafferty diseñó un experimento para comprobar cómo se llevaba a cabo esa competencia. «Lo que hago es fabricar unas jaulas que tienen una malla para que el agua pueda entrar y salir, pero que no permite que los caracoles se escapen. La parte superior está abierta para que puedan pasar los rayos del sol y permitir así el crecimiento de las algas en el fondo. Luego llevo los caracoles al laboratorio y averiguo cuáles están infectados, cuáles no lo están y de qué tamaño son, y asigno los caracoles a jaulas concretas basándome en si están infectados o no y en el tamaño que tienen. Por lo tanto, las jaulas eran idénticas, exceptuando un factor que era el que las diferenciaba. Todas las jaulas estaban situadas en un área del tamaño de un escritorio, y el experimento estaba replicado en ocho lugares diferentes de la marisma salobre».

Lafferty estudió cómo les iba a los caracoles no infectados sin la presencia de caracoles infectados compitiendo con ellos. Crecían más rápido, depositaban más huevos y podían prosperar en condiciones de hacinamiento. Los resultados mostraron a Lafferty que, en la naturaleza, los parásitos competían tan intensamente que los caracoles sanos no podían reproducirse lo suficientemente rápido para tener ventaja en la marisma salobre. De hecho, si nos deshiciéramos del trematodo, el número total de caracoles sería prácticamente el doble. Y si esto ocurriera en el mundo real, y no en el laboratorio, esa explosión demográfica se expandiría como una ola a lo largo de una gran parte del ecosistema de la marisma, aclarando la alfombra de algas y facilitando que prosperen los depredadores de los caracoles, por ejemplo, los cangrejos.

Después de que Lafferty terminara su doctorado en 1991, continuó trabajando con Kuris. Empezó siguiendo a los trematodos desde los caracoles hasta los peces. Cuando Lafferty empezó a trabajar con parásitos, no se sabía nada sobre los efectos que tenían en sus hospedadores fundúlidos. Cuando recogía peces con una red y los diseccionaba, encontraba que la mayoría de ellos portaban parásitos sobre sus cerebros. Una vez que entraban, parecía que no causaban mucho daño al pez —este ni siquiera manifestaba una respuesta inmunológica—. Mientras estaba con Lafferty en la marisma, observando los canales, realmente no podía asegurar qué fundúlidos tenían parásitos y cuáles estaban sanos. Pero Lafferty sospechaba que los trematodos no eran pasajeros pasivos. Al igual que muchos otros parásitos, debían de estar tomando el control de sus destinos. «Observando estos peces, no percibí nada que me impresionara. Pero cuanto más me familiarizaba con todo lo que hacen para modificar la conducta de sus hospedadores, más obvio me parecía todo lo que debían de estar haciendo —decía Lafferty—. Están en una posición muy buena para hacer algo. Piensa en una simple molécula de Prozac. Para los trematodos es sencillo secretar algún neurotransmisor».

Lafferty encargó a su estudiante Kimo Morris que intentara averiguar si los trematodos afectaban o no a los fundúlidos. Lafferty recogió cuarenta y dos peces, los llevó al laboratorio y los soltó en un acuario de doscientos ochenta litros. Morris observó a los peces con detenimiento durante días. Elegía uno y lo miraba fijamente durante media hora, registrando cada movimiento que hacía. Cuando acababa, extraía el pez del acuario y lo diseccionaba para ver si su cerebro estaba o no estaba cubierto de parásitos. Y a continuación hacía lo mismo con otro ejemplar.

Lo que estaba escondido para el ojo humano se veía claramente en los datos. Mientras los peces buscaban una presa, alternaban entre dar vueltas y atacar directa y rápidamente. Pero de vez en cuando, Morris se daba cuenta de que algún pez se movía convulsamente, dando sacudidas y, por lo tanto, mostrando su vientre de vez en cuando en el momento en que nadaba de lado o pasaba cerca de la superficie. Estas eran conductas muy arriesgadas para un pez si un ave acuática estuviera explorando el agua. Y la observación de Morris reveló que los peces que contenían parásitos tenían cuatro veces más probabilidades de realizar esos movimientos convulsos, esas sacudidas, el poner a la vista su vientre y acercarse a la superficie que sus compañeros sanos. Desde entonces, Lafferty ha estado trabajando con un biólogo molecular para averiguar cómo consiguen los parásitos que sus hospedadores «bailen» de esta manera. Han encontrado que los trematodos bombean poderosas señales moleculares, conocidas como factores de crecimiento de fibroblastos, que pueden interferir con el crecimiento de los nervios. Podrían ser algo así como el Prozac del parásito.

Lafferty decidió averiguar qué efecto tenía esta manipulación sobre la ecología de la marisma. «Una vez que vimos que la conducta era diferente, era obvio que a continuación debíamos hacer experimentos de campo». Lafferty quería comprobar si lo que Morris había percibido como conducta inusual podía significar que el pez tendría más posibilidades de ser ingerido por un ave marina —y no un ave encerrada en una jaula del laboratorio, sino una que tuviera la libertad de irse a otra marisma si así le apetecía—. Morris y él colocaron una especie de gallineros descubiertos y abiertos por el lado que daba a la costa, para que los peces no pudieran escapar, pero las aves pudieran aterrizar fácilmente en ellos o simplemente entrar vadeando desde la orilla. Llenaron ambos gallineros con una mezcla de peces convulsos infectados y otros sanos, y cubrieron uno con una red para protegerlo de las aves marinas.

Durante dos días observaron los gallineros, sin saber si las aves marinas se fijarían en ellos. Entonces, una gran garceta entró vadeando desde la orilla en el gallinero abierto, dando pasos lentos, como si estuviera reflexionando profundamente. Se paró en el agua lodosa y luego lanzó su pico contra el agua un par de veces, extrayendo finalmente uno de los fundúlidos.

Después de tres semanas, Lafferty y Morris sacaron los peces de los gallineros que habían montado. Los trajeron de vuelta al laboratorio para ver el interior de sus cráneos. Los resultados fueron incluso más severos que los que Morris había extraído de sus observaciones previas en el estanque del laboratorio: las aves no habían elegido cuatro veces más a los temblorosos peces infectados, sino treinta veces más. O su ojo era más agudo que el de Morris, o puede que fueran mucho más holgazanes.

Pero ¿por qué las aves marinas escogían tantos peces enfermos que les garantizaban prácticamente con toda seguridad un parásito intestinal? Los trematodos causaban un efecto negativo en las aves, pero uno relativamente pequeño. Después de todo, al parásito le interesa que el ave esté lo suficientemente sana como para que pueda volar, y transportar así al trematodo a otras marismas salobres para poder colonizarlas. Si el ave evitara escrupulosamente a los peces enfermos, estaría sana, pero también hambrienta. Los parásitos consiguen que haya disponible mucha comida para ellas, por lo que los beneficios superan con creces a los costes.

Armand Kuris estaba impresionado con lo que su estudiante había encontrado. «Lo que me dejó boquiabierto fue el cálculo conservador de que incrementaban la susceptibilidad a la depredación treinta veces. *Treinta veces*. Por lo que doy un paso atrás y observo a los pájaros que están revoloteando en el exterior y pienso: ¿podríamos tener esos pájaros de ahí fuera si para ellos fuera treinta veces más difícil obtener comida? Eso fue lo que me hizo pasar de creer que la modificación de la conducta era solo una gran historia a pensar que es una muy poderosa —puede que funcione en gran parte de la ecología de las aves acuáticas—. ¿Hay algo más que afecte a las aves aparte de esto?».

Esta clase de poder no se limita a las marismas salobres de la costa californiana. A 3.200 kilómetros de distancia de las marismas salobres de Carpintería, la ecóloga Greta Aeby ha estado buceando a lo largo de los arrecifes de coral de Hawái. Los corales son en realidad colonias de animales, pólipos blandos sobre un esqueleto calcáreo duro. El pólipo puede estirarse hacia el agua marina para filtrar el alimento o para desovar, y luego se retrae en el interior de su armadura. Un trematodo marino llamado *Podocotyloides stenometra* empieza su vida en el interior de almejas que viven en los alrededores del arrecife; a continuación, invade los pólipos de coral en lo que es la siguiente etapa de su ciclo. Una vez allí necesita introducirse en los intestinos del pez mariposa, que frecuenta los corales para alimentarse. El pez mariposa se tiene que esforzar mucho para poder morder la poca carne que expone el pólipo por encima de su exoesqueleto marrón.

Un parásito no puede hacer que coral baile como los peces fundúlidos para atraer la atención de su próximo hospedador. Pero Aeby ha descubierto que el *Podocotyloides* se las arregla para realizar algunos cambios en el pólipo que son igual de efectivos. Cuando un trematodo se introduce en el coral, el pólipo se hincha y cambia su color habitual marrón a un rosa brillante. Al mismo tiempo hace crecer una red de espinas de carbonato cálcico que impiden que se repliegue. Como resultado de esto, el pólipo hinchado y brillante acaba colgando en el exterior, convirtiéndose en presa fácil para un pez mariposa que pase por allí. De hecho, cuando Aeby colocó peces mariposa en un tanque con corales sanos e infectados, el 80 por ciento de sus mordiscos iban dirigidos hacia el coral enfermo. En media hora, un pez podía tragarse 340 trematodos.

Pero Aeby vio que las alianzas que se daban en su ecosistema eran diferentes a las que Lafferty había descubierto en las marismas salobres. Cuando un fundúlido traspasa un trematodo a un ave marina, el pez muere en el proceso. Pero los corales están formados por colonias de clones, y cuando un pólipo individual infectado con un trematodo muere, es reemplazado por otro nuevo y sano. Un pólipo infectado no puede alimentarse o reproducirse, y permitir que un trematodo se pudra en su interior es una carga para la colonia, ya que ralentiza su crecimiento. Si un pez mariposa poda el coral, este podrá tener un rendimiento igual al de un coral sano. El poder desprenderse de pólipos enfermos es una ventaja para el coral, lo que puede significar que el coral esté también contribuyendo al color o a la formación de las espinas para que al pez mariposa le sea más fácil localizarlo. Lafferty encontró un caso en el que un parásito y el pájaro que era su hospedador final eran aliados; en el caso del que hablamos, Aeby ha encontrado uno en el que el hospedador intermedio y el parásito trabajan juntos.

Descubrir el funcionamiento de los parásitos en los ecosistemas puede ser algo parecido a observar aterrado cómo se desarrolla un atraco a un banco y luego mirar al otro lado de la calle y darse cuenta de que hay todo un equipo de rodaje con sus cámaras y micrófonos. Las aves son guiadas hacia su alimento, y los peces escogen unos corales determinados, todo ello gracias a que los trematodos hacen atractiva de alguna manera a la presa. Descubrir todos estos efectos es un trabajo realmente duro, por eso solo se han podido documentar unos pocos casos. Solemos pensar que los depredadores mantienen sana una manada de presas eliminando a los más lentos. Eso no es lo que ocurre en la marisma salobre de Lafferty, o incluso entre esos iconos de la relación depredador-presa, el lobo y el alce.

El lobo es el hospedador final de una de las tenias más pequeñas del mundo, la *Echinococcus granulosus*. Lejos de parecer una cinta larga, es afortunada si mide medio centímetro de largo en su forma adulta. A su hospedador final no le causa gran daño, pero sus huevos pueden ser muy perjudiciales. Son ingeridos por herbívoros como el alce, en los que se van transformando lentamente en quistes en los que se alojan treinta individuos. Seguirán creciendo si no hay ningún hueso que lo impida. Cuando accidentalmente acaban dentro de alguna persona, se sabe que han podido llegar a crecer tanto que contuvieran quince litros de fluido y millones de crías de tenia.

Uno de los lugares favoritos de la tenia para formar quistes son los pulmones. Un alce puede contener varios en los suyos, cada uno de ellos desgarrando sus bronquios y vasos sanguíneos. Como consecuencia de ello, cuando los lobos acechan una manada de alces, hay más probabilidades de que ataquen a alguno lento y jadeante y lo maten. Es incluso posible que estas tenias del alce sean capaces de crear el mismo tipo de olor usado por las tenias de las ratas para atraer a los escarabajos. En lugar de dejar el olor en los excrementos, las tenias de los alces podrían liberar su aroma con cada respiración de su hospedador. En cualquier caso, el resultado es que la tenia atrae al lobo hacia el alce para que, de esta forma, pueda introducirse en el primero. El debilitamiento de la manada es una ilusión, no es obra del depredador, pero sí un efecto secundario del viaje de una tenia en su ciclo vital.

* * *

Cuando iba de camino a ver a Lafferty, me paré una noche en un hotel en Riverside, California. Originalmente había sido una misión española. Después de deshacer mi equipaje, di un paseo por las ermitas antiguas, exploré los pasadizos escondidos rodeados de viñas y palmeras, y atravesé un silencioso patio de piedra. Volví a mi habitación sintiéndome completamente solo. Puse la televisión para que me hiciera compañía. Daban un episodio de *Expediente X*. Hasta donde pude entender, un hombre del FBI se había vuelto repentinamente sombrío y triste, y no devolvía ninguna llamada telefónica. Cuando, por fin, otro agente lo localizó y se enfrentó a él, el hombre, apesadumbrado, lo lanzó al suelo y atrajo su cara cerca de la suya, abriendo la boca. Acompañada de sonidos chirriantes, una criatura con aspecto de escorpión salía reptando de su boca y se introducía en la boca del otro agente.

Después de eso ya no me sentí tan solo. Algunos guionistas de televisión deben de tener también parásitos en sus mentes. Caí en la cuenta de que los parásitos eran la base de un montón de novelas de ciencia ficción, de películas y de series de televisión. Y me llamó la atención el hecho de que estos parásitos eran peligrosos porque podían manipular a sus hospedadores, justo como hacen en la vida real. Cuando regresé a casa empecé a alquilar películas de video. Les pedí a mis amigos que me dijeran otros títulos de películas que debía ver, y de libros para leer. Resultó ser un maratón espantoso. El título más antiguo que pude encontrar fue el de una novela de Robert Heinlein de 1951, *Amos de títeres*. Una nave espacial llena de alienígenas viaja desde Titán, la luna de Saturno, y aterriza cerca de Kansas City. Pero los alienígenas que transporta no son los bípedos sin pelo habituales de la década de 1950; son criaturas pulsátiles parecidas a medusas que se pegan a las columnas vertebrales de las personas. Escondidas debajo de la ropa de sus hospedadores, acceden a sus cerebros y los fuerzan a que les ayuden a propagar los parásitos por todo el planeta. La lucha contra ellos es un poco ridícula, con el Gobierno obligando a todo el mundo a que camine prácticamente desnudo para asegurarse de que nadie porta un alienígena. La humanidad se salva cuando el Ejército encuentra finalmente un virus que es capaz de matar a los parásitos, y el libro acaba con una flota de naves espaciales que abandonan la Tierra en dirección a Titán para exterminar a los parásitos para siempre. Es un libro, digamos, peculiar —el único que he leído que acaba con el grito de batalla «¡muerte y destrucción!»—.

Amos de títeres fue adaptado al cine en 1994 con una película bastante mediocre, pero su esencia —el argumento basado en humanos que albergan parásitos gigantes— se ha convertido en todo un clásico de Hollywood. Los parásitos son una parte de nuestro lenguaje dramático, como ya lo eran en las comedias griegas. Cualquier éxito de cine puede basar su argumento en unos parásitos sin que nadie se preocupe de que pueda parecer demasiado esotérico. Una de las películas más importantes de 1998, *The Faculty*, tiene lugar en un instituto en el que parásitos de otro planeta han ocupado los cuerpos y las mentes de profesores y estudiantes. De estas cosas parecidas a trematodos brotan tentáculos y zarcillos, y los introducen en sus nuevos hospedadores a través de sus bocas u oídos. Sus hospedadores pasan de ser profesores extenuados y chicos enfurruñados y violentos a ser ciudadanos honrados de ojos vidriosos que intentan propagar el parásito infectando a nuevos hospedadores. Serán varias clases de perdedores del instituto —traficantes de drogas, frikis y marginados— los que tengan que salvar al mundo de esta invasión.

Los parásitos lograron su primer gran éxito en la gran pantalla casi veinte años antes, con la película de 1979, *Alien, el octavo pasajero*. Una nave espacial que transporta minerales se detiene en un planeta sin vida para investigar un accidente. La tripulación descubre una nave alienígena que ha sido destruida en un ataque despiadado, y cerca de ella encuentran un conjunto de huevos. Un miembro de la tripulación, un hombre llamado Kane, se acerca a observar detalladamente uno de los huevos, y una especie de cangrejo gigante sale repentinamente del huevo, adhiriéndose a su cara y envolviendo su cuello con una cola. Sus compañeros lo llevan de regreso a la nave, vivo pero comatoso. Cuando el médico de la nave intenta retirar aquella cosa de su cara, esta aprieta aún más su cola alrededor del cuello de Kane. Al día siguiente la cosa ha desaparecido, y da la impresión de que Kane está bien. Se levanta y come vorazmente, normal en todos los aspectos. Por supuesto, ningún monstruo de película desaparece sin más. Este ha estado devorando los intestinos de Kane, quien poco después se pone las manos sobre el estómago, retorciéndose y gritando, y, de repente, un pequeño alienígena de cabeza protuberante perfora su piel y salta al exterior. Lo mismo que era la avispa parásita para la oruga, es este alienígena para los humanos.

Es posible que *Alien, el octavo pasajero* haya hecho que Hollywood sea un éxito seguro para los parásitos, pero una gran parte del trabajo preliminar ya había sido realizado cuatro años antes en una película de bajo presupuesto y vista por muy pocos, dirigida por David Cronenberg, llamada *Vinieron de dentro de...* Esta tiene lugar en la torre Starlight, un impecable edificio de gran altura situado en una isla en las afueras de Montreal. «Navegue por la vida, tranquila y cómodamente», dice una relajante voz en *off* en un anuncio del edificio. Pero la tranquilidad y comodidad de este lugar aislado es destruida por un parásito de diseño. Es el trabajo de un tal doctor Hobbs. En un principio el doctor Hobbs se proponía crear parásitos que pudieran hacer el papel de órganos trasplantados. Un parásito podría estar conectado al sistema circulatorio de una persona y, por ejemplo, filtrar sangre como hace un riñón, mientras se queda solo un poco de sangre para mantenerse vivo. Pero el doctor Hobbs también tenía un plan secreto: había decidido que el hombre es un animal que piensa demasiado, y quería convertir el mundo en una orgía gigante. Con ese fin, diseña una criatura que sería una combinación de un afrodisiaco y una enfermedad venérea: un parásito que haría que sus hospedadores fueran sexualmente insaciables y que se propagaría con el acto sexual.

Lo implanta en una mujer joven con la que había tenido una aventura, una mujer que vive en la torre Starlight. Ella duerme con otros hombres del edificio y propaga el parásito. Un gusano rechoncho del tamaño de un pie de niño, que vive en los intestinos de las personas y pasa de boca en boca con un beso. Transforma a las personas en monstruos sexuales, atacándose unos a otros en los apartamentos, las lavanderías, los ascensores. Violación, incesto y toda clase de depravaciones se dan por doquier.

El médico de la torre Starlight se pasa una gran parte de la película intentando evitar la propagación del parásito. En una ocasión tiene que disparar a un hombre que estaba atacando a su enfermera (y novia), y escapan al sótano. Mientras se ocultan allí, la enfermera le cuenta que la noche anterior tuvo un sueño en el que ella estaba haciendo el amor con un anciano. El anciano le explicaba que todo en la vida es erótico, todo es sexual, «esa enfermedad es fruto del amor que se tienen dos criaturas extraterrestres». Después de lo cual intenta besar al médico, con un parásito agazapado en su boca preparado para saltar. Él la deja inconsciente de un golpe. Intenta escapar del edificio, pero hordas de hospedadores infectados lo rodean y lo conducen a la piscina del edificio. Su enfermera está allí, y finalmente le da un beso mortal. Más avanzada la noche, todos los residentes salen conduciendo de sus garajes y abandonan la isla, para propagar el parásito y el caos que conlleva a lo largo y ancho de la ciudad.

Mientras veía estas películas, me di cuenta de lo fácil que es trasladar la realidad biológica a una película de terror. La criatura de *Alien* no es ninguna sorpresa para un entomólogo que estudie las avispas parásitas. Puede que Heinlein no supiera que los parásitos pueden tomar el control de la conducta de sus hospedadores, pero sí que captó la esencia de ese control. Puede parecer absurdo que los parásitos de *Vinieron de dentro de...* puedan propagarse haciendo que las personas tengan relaciones sexuales, pero no es más absurdo que lo que hacen realmente los parásitos. El hongo del que hemos hablado anteriormente, que infecta a moscas y les hace subir a una brizna de hierba al atardecer, también usa un segundo truco para propagarse. Hace que el cadáver de su hospedador sea un imán sexual. Hay algo en la mosca —algo que ha traído el hongo— que la hace irresistible para las moscas macho no infectadas. Intentan aparearse con ella, prefiriéndola a las moscas vivas. Mientras tantean el cadáver, se cubren de esporas. Cuando mueren, ellos mismos pasan a ser irresistibles. ¿Cuándo hará alguien su película?

Desde luego, estos parásitos son algo más que simples parásitos. En *Vinieron de dentro de...*, Cronenberg los usa para poner de manifiesto la tensión sexual enterrada bajo la insulsa vida moderna. En *The Faculty*, los parásitos representan la pasmosa conformidad de la vida estudiantil, a la que solo se oponen los marginados. Y en *Amos de títeres*, escrito durante el macartismo de la década de 1950, los parásitos son el comunismo: se esconden entre la gente común, se propagan silenciosamente a lo largo de los Estados Unidos, y tienen que ser destruidos de la forma que sea necesaria. En un momento dado, el narrador dice: «Me pregunto por qué los titanes [el nombre que da el narrador a los alienígenas] no atacaron en primer lugar a Rusia; el estalinismo parecía hecho a su medida. Pensándolo bien, quizá ya lo habían hecho. Mi duda es cuál sería la diferencia de haber sido así; la gente que vive detrás del telón de acero tiene su mente esclavizada y dirigida por parásitos desde hace tres generaciones».

Pero todas estas obras tienen algo en común: se basan en un profundo miedo universal a los parásitos. Este terror es nuevo, y por esa razón es interesante. Hubo un tiempo en el que los parásitos eran tratados con desprecio, cuando representaban a los elementos débiles, indeseables de la sociedad, que se interponían en el camino de su progreso. Ahora los parásitos han pasado de ser débiles a fuertes, y el miedo ha sustituido al desprecio. Los psiquiatras han reconocido una condición a la que llaman parasitosis ilusoria —terror a ser atacado por parásitos—. Las metáforas antiguas sobre parásitos, las usadas por gente como Hitler y Drummond, eran extraordinariamente precisas en su biología. Y, a juzgar por películas como *Alien* y *The Faculty*, lo mismo pasa con las metáforas nuevas. No se trata solo del miedo a ser asesinado; es el miedo a ser controlado desde dentro por algo que no sea nuestra propia mente, ser usado para cumplir el propósito de otros. Es el miedo a convertirse en un escarabajo de la harina controlado por una tenia.

Este terror concreto a los parásitos tiene sus raíces en cómo vemos actualmente nuestra relación con el mundo natural. Antes del siglo XIX, el pensamiento occidental veía a los humanos diferentes al resto de formas vivientes, creados por Dios con un alma divina en la primera semana del Génesis. Pasó a ser difícil mantener esa línea divisoria a medida que los científicos comparaban nuestros cuerpos con los de los simios y encontraban que las diferencias eran bastante menores. Y luego Darwin explicó el porqué: los humanos y los simios están relacionados por un antepasado común, y lo mismo pasa con todos los seres vivos. El siglo XX ha llevado esa comprensión hasta el detalle más fino, desde los huesos y órganos hasta las células y proteínas. Nuestro ADN se diferencia del de un chimpancé en pequeños matices. Y al igual que un chimpancé, o una tortuga o una lamprea, tenemos cerebros que consisten en neuronas conectadas unas con otras y neurotransmisores fluyendo. Estos descubrimientos pueden dar cierto consuelo si se miran de una manera determinada: pertenecemos a este planeta tanto como un roble o un arrecife de coral; y deberíamos aprender a llevarnos mejor con el resto de la familia de la vida.

Pero si lo miramos desde otro punto de vista, puede dar miedo. Copérnico sacó a la Tierra del centro del universo, y ahora tenemos que aceptar el hecho de que vivimos sobre un grano acuoso en un vacío abrumador. Biólogos como Darwin hicieron algo parecido, sacando a la humanidad de su lugar privilegiado en el mundo viviente —un copernicanismo biológico—. Seguimos viviendo como si estuviéramos por encima de los demás animales, pero sabemos que nosotros también somos colecciones de células que trabajan conjuntamente, que están armonizadas, no gracias a un ángel, sino gracias a señales químicas. Si un organismo puede controlar esas señales —un organismo como un parásito—, entonces puede controlarnos a nosotros. Los parásitos nos ven fríamente —como comida, o puede que como vehículos—. Cuando un alienígena sale rompiendo el pecho de un actor de cine, rasga violentamente nuestras pretensiones de ser algo más que criaturas brillantes. Es la propia naturaleza la que irrumpe repentinamente, y eso nos aterroriza.

05
El gran paso hacia el interior

¿De dónde, pensáis, surgieron reyes y parásitos?

Percy Bysshe Shelley,
La reina Mab: un poema filosófico (1813)

Hay secretos de mil millones de años de antigüedad en la Universidad de Pensilvania, pero están a buen recaudo en el laboratorio de un biólogo llamado David Roos. La luz del sol del suave cielo de Filadelfia entra por las grandes ventanas del laboratorio, donde los estudiantes de Roos están colocando matraces que contienen líquidos de color cereza bajo microscopios, tecleando datos en ordenadores, usando pipetas y tubos de ensayo, y trabajando en salas de incubadoras, o en cámaras refrigeradas o termostatizadas. Por encima de ellos, la luz solar riega las enredaderas y las plantas de aloe de las estanterías. Las plantas absorben la luz del sol estival, con cada fotón cayendo sobre una estructura microscópica con forma de gota llamada cloroplasto. Básicamente, un cloroplasto es una fábrica de energía solar. Usa la energía de la luz para fabricar nuevas moléculas a partir de materias primas, como dióxido de carbono y agua. Las nuevas moléculas se extraen de los cloroplastos y son usadas por las plantas para echar nuevas raíces, o para crecer a lo largo de la estantería. Por debajo de ellas, los estudiantes de Roos trabajan frenéticamente, descubriendo la bioquímica de un parásito y publicando artículos científicos, como si en su interior el sol también estuviera dirigiendo una especie de fotosíntesis intelectual. En un momento como este, en un lugar como este, ¿quién tiene tiempo de pensar en historia antigua?

David Roos dirige el laboratorio desde una oficina situada en su centro. Se trata de un hombre joven de pelo negro rizado y con un incisivo astillado. Habla tranquilamente, sus respuestas se apoyan en párrafos y páginas que hacen referencias continuas al tema que está tratando, sin apenas una pausa para organizar sus pensamientos. El día soleado en que fui a visitarle, me estaba explicando qué fue lo que le llevó a estudiar el parásito que él tenía a millares en su propio cerebro: el *Toxoplasma gondii*. En las paredes había retratos a carbón de figuras humanas, un recuerdo de los días de Roos como estudiante de arte. Eso vino después de un periodo en el que se dedicó a la programación de ordenadores —«Pensé que no iba a ir a la universidad, dado que me estaba divirtiendo tanto y ganando mucho dinero como programador, pero eso pasó bastante rápidamente»— y antes de que se pasara a la biología. Cuando empezó a estudiar biología, sopesó la idea de trabajar con parásitos. «No hay pregunta más interesante biológicamente hablando que la que se cuestiona cómo puede un organismo vivir a costa de otro, especialmente dentro de otra célula. Pero como estudiante de posgrado eché un vistazo por varios sitios y hablé con un par de laboratorios, y los sistemas me parecían muy arcaicos».

Con esto, Roos quiso decir que los parasitólogos tenían más dificultades con la cría de los individuos de estudio que otros biólogos. Por ejemplo, un montón de científicos que estudian cómo se desarrollan los animales a partir de huevos fecundados pueden estudiar la mosca de la fruta. Si encuentran una mutación interesante en una mosca, saben cómo crear una línea de ellas en la que todos los individuos porten la misma mutación; tienen las herramientas para aislar el gen mutado, para desconectarlo o reemplazarlo con una versión diferente. Con estas herramientas, los biólogos pueden elaborar toda una red de interacciones que convierten una simple célula en un insecto. Pero los parasitólogos tienen que luchar incluso para poder mantener vivos a los parásitos en el laboratorio, y criar cadenas interesantes de individuos es a menudo imposible. Los biólogos de la mosca de la fruta tienen una enorme caja de herramientas a su disposición. Los parasitólogos se han quedado con un martillo roto y un serrucho sin dientes.

Esa frustración no atrajo a Roos, así que se fue a hacer su doctorado sobre virus, y más adelante sobre células de mamíferos. Su trabajo dio sus frutos, brindándole un trabajo en Pensilvania, pero su aspiración era estudiar algo nuevo. Aprendió que durante los años en los que había estado alejado de los parásitos, otros investigadores habían tenido un primer éxito utilizándolos como se hace con las moscas de la fruta. Había un parásito que parecía particularmente prometedor: el *Toxoplasma*. Puede que no tuviera el caché de su pariente cercano *Plasmodium* —el parásito que causa la malaria, una criatura sofisticada que puede convertir una inhóspita célula sanguínea en un hogar en cuestión de horas—, pero parecía que se adaptaba bien a la vida en el laboratorio. Tal vez pudiera funcionar como modelo para la malaria, dado que muchas de sus proteínas funcionaban de formas parecidas. «Pensé, puede que ingenuamente, que una de las razones por las que la gente no trabajaba con *Toxoplasma* en el pasado era que se trataba de una criatura muy aburrida. Como a cualquier otro, a los biólogos nos gusta trabajar en temas atractivos. Pero puede que si este organismo es tan aburrido —lo que significa más o menos que es como cualquier cosa con la que estamos familiarizados— no requeriría reinventar la rueda para poder desarrollar las herramientas genéticas necesarias».

Roos empezó a construir esas herramientas, y encontró que el éxito era desconcertantemente sencillo. «Algunas personas creen que somos muy hábiles en nuestro laboratorio, pero la verdad es que trabajamos con un organismo fácil». Su laboratorio aprendió cómo llenar el parásito de mutaciones, cómo cambiar un gen por otro nuevo, cómo observar al parásito más claramente que antes. En unos pocos años ya podían usar sus herramientas para responder a preguntas como, por ejemplo, ¿cómo invade el *Toxoplasma* las células?, o ¿por qué algunos fármacos matan al *Toxoplasma* y al *Plasmodium*, mientras los parásitos se las arreglan para resistir el ataque de otros?

En 1993, Roos empezó a estudiar un fármaco que mata ambos parásitos, llamado clindamicina. Sin embargo, no se usa para curar la malaria, porque necesita mucho tiempo para matar al *Plasmodium*; en lugar de eso, se usa principalmente contra el *Toxoplasma* en víctimas del sida que necesitan un fármaco que puedan tomar durante años sin efectos secundarios. «Lo divertido de la clindamicina —dice Roos—, es que no debería funcionar».

En realidad, la clindamicina se usa sobre todo como antibiótico para matar bacterias, y lo consigue obstruyendo las estructuras constructoras de proteínas de la bacteria, conocidas como ribosomas. «Las células eucariotas tienen ribosomas bastante diferentes, y la clindamicina no interfiere con ellos, lo cual es positivo, porque, de otra manera, te podría matar. Es eso lo que hace de ella un buen fármaco. Pero el *Toxoplasma* no es una bacteria. Tiene un núcleo, y tiene mitocondrias». (Las mitocondrias son compartimentos en los que las células eucariotas generan su energía). «Está claramente más emparentado contigo o conmigo que con las bacterias».

Y, sin embargo, la clindamicina mata al *Toxoplasma* y también al *Plasmodium*. Nadie sabe cómo lo hace. Los científicos saben que no afecta a los ribosomas habituales de los parásitos. Pero las eucariotas también tienen un par de ribosomas extra en sus mitocondrias que son diferentes al resto. Las mitocondrias tienen su propio ADN, el cual usan para construir sus propios ribosomas, entre otras cosas. Sin embargo, los investigadores encontraron que la clindamicina también deja ilesos a los ribosomas de la mitocondria.

Roos recordó que, en realidad, el *Toxoplasma* tiene un tercer juego de ADN. En la década de 1970, los científicos habían descubierto una circunferencia de genes que no pertenecían ni a su núcleo ni a sus mitocondrias. Este ADN contenía la receta para un tercer ribosoma. Puede, pensaba Roos, que la clindamicina atacara al tercer ribosoma y matara a los parásitos por esa razón. Junto a sus estudiantes destruyó la circunferencia de ADN y descubrió que el *Toxoplasma* no podía sobrevivir sin él.

Pero ¿qué es lo que hace exactamente este anillo de genes? Roos y sus estudiantes descubrieron que está localizado en el interior de una estructura flotante cerca del núcleo del parásito. En el pasado, los científicos habían dado a esta estructura muchos nombres —cuerpo esférico, aparato de Golgi, cuerpo multimembranoso—, todos los cuales te hacían pensar en la función que desempeñaba. Pero no era así.

Ahora Roos ya sabía que la causa de que el *Toxoplasma* fuera vulnerable a la clindamicina eran esos genes que albergaba. Pero aún no sabía para qué servía el ribosoma que construían esos genes. Para obtener más información, comparó los genes con otros genes de *Toxoplasma* y de otros microbios. El mayor parecido que encontró no fue con los genes del interior del núcleo del *Toxoplasma* o de sus mitocondrias. Era con los cloroplastos de las plantas, esas fábricas de energía solar que hacen que las plantas que hay en las estanterías del laboratorio crezcan. Como decía Roos: «Se parecen a una planta verde».

Roos tenía la esperanza de averiguar por qué el *Toxoplasma* y el *Plasmodium* morían como una bacteria, aunque vivieran como nosotros. Ahora, simplemente había cambiado un rompecabezas por otro: ¿cómo puede ser la malaria una prima de la hiedra?

* * *

Para los biólogos del siglo XIX como Lankester, los parásitos habían llegado a ser lo que eran en la actualidad por degeneración. Sus evoluciones eran historias de pérdidas, del abandono de todas las adaptaciones que hacían posible una existencia libre, enérgica, para acabar viviendo una vida en la que te lo dan todo hecho. En el siglo XX, el concepto de degeneración se mantuvo; durante décadas, los biólogos evolutivos simplemente creían que no valía la pena pensar en la historia evolutiva de los parásitos comparada con epopeyas como el origen del vuelo o todas las implicaciones derivadas de la evolución del cerebro. Sin embargo, la habilidad del *Trichinella* para hacer que su hospedador construya para él una guardería en sus músculos, o la del *Sacculina* para hacer que un cangrejo macho se convierta en su madre, o la de los trematodos sanguíneos para convertirse en invisibles en el torrente sanguíneo..., todas estas son adaptaciones producidas por la evolución. Para muchos parasitólogos, la evolución no es uno de los temas principales de estudio; estudian el modo de vida actual de los parásitos. Y, sin embargo, la evolución se abre paso a codazos en sus trabajos.

Ese es el caso de David Roos: el único modo de poder comprender qué es el *Toxoplasma* hoy en día, y cómo es que la malaria es una enfermedad verde, es retrocediendo cientos de millones de años atrás. Este tipo de historias son tan fascinantes como las de los animales que viven libremente. Si retrocedemos 4.000 millones de años atrás, están enredadas con la evolución del resto de los seres vivos. De hecho, la historia de los parásitos es, en gran parte, la historia de la vida misma.

Reconstruir la historia no es nada fácil. Los parásitos suelen ser blandos o quebradizos, lo que no es un buen augurio para esperar encontrar fósiles. Cada pocos millones de años, una avispa parásita puede quedar atrapada en una gota de ámbar, o un cangrejo macho feminizado por un percebe parásito puede dejarnos su fósil, pero la mayoría de los parásitos desaparecen entre los tejidos podridos de sus hospedadores. Aunque las rocas no tienen el monopolio de las pruebas de la historia de la vida. La evolución ha formado un inmenso árbol, y hoy en día los biólogos pueden inspeccionar sus ramas frondosas. Comparando las características biológicas que encuentran, pueden trazar el camino que han seguido retrocediendo a la ramificación previa hasta llegar a la base del árbol.

Los biólogos dibujan las ramas de este árbol averiguando qué especies están más emparentadas entre sí. Su herencia próxima demuestra que deben de haberse separado a partir de un antepasado común más recientemente que respecto a otras especies. Para ver este parentesco, los biólogos se fijan en las similitudes y diferencias existentes entre los organismos, juzgando cuáles son el resultado de la existencia de un antepasado común o si solo son espejismos que nos hacen creer que son fruto de la evolución. Un pato, un águila y un murciélago tienen en común que todos ellos poseen alas, pero el parentesco entre el pato y el águila es mucho más cercano. La prueba está en sus alas: en las aves son plumas que cuelgan de una mano fusionada; el murciélago en cambio tiene membranas que se extienden entre sus largos dedos. El hecho de que los murciélagos tengan pelo, den a luz a crías vivas (sin la protección de un huevo) y las alimenten con leche ayuda a demostrar que, a pesar de sus alas, están realmente más emparentados con nosotros y con otros mamíferos que con un ave.

Aunque este tipo de características físicas no nos pueden decir mucho más. No nos dicen definitivamente si, por ejemplo, los

*El árbol de la vida,
mostrando la posición evolutiva de algunos parásitos
(adaptado con permiso de Pace, 1998)*

murciélagos son primos cercanos de los primates o de las musarañas de los árboles. Y para los organismos que no tienen ni carne ni huesos, no nos dice nada en absoluto. Ese silencio ha empujado a los biólogos en los últimos veinticinco años a comparar las proteínas y el ADN de los organismos en lugar de comparar alas o cornamentas. Han aprendido cómo secuenciar los genes y a compararlos con la ayuda de ordenadores. Esta aproximación presenta sus propias dificultades —los genes pueden crear a veces árboles tan confusos como los creados a partir de las características anatómicas—, pero, aunque pueden considerarse provisionales, han permitido a los biólogos ver por primera vez toda la vida de una sola ojeada.

La base del árbol representa el origen de la vida. Una gran parte de los organismos que ocupan las ramas más cercanas a la base viven en agua hirviendo, a menudo, alrededor de fuentes hidrotermales. Eso sugiere que la vida pudo empezar en un lugar parecido, hace 4.000 millones de años. Moléculas parecidas a genes se habrían ensamblado en el interior de pequeñas cápsulas lipídicas o puede que en películas aceitosas que cubrieran los laterales de las fuentes. Después de un número indeterminado de millones de años, se formó el primer organismo auténtico, seres parecidos a bacterias que portaban genes flotando libres en el interior de sus paredes. A partir de estos comienzos bacterianos, la vida empezó a divergir en linajes separados. Las arqueas mantuvieron un modo de vida básicamente parecido al de las bacterias, mientras una tercera rama —los eucariotas, con su ADN muy enrollado en un núcleo, obteniendo la energía a partir de las mitocondrias— adoptaron formas completamente diferentes.

Los parásitos, según la definición tradicional de la palabra (criaturas que causan la malaria y la enfermedad del sueño, que se meten dentro de intestinos e hígados, que salen de orugas haciéndolas estallar, como si sus hospedadores fueran pasteles de cumpleaños gigantes), están todos situados en ramas de la parte eucariota del árbol. Han renunciado a vivir en el mar o en la tierra para vivir en el interior de otros eucariotas. Incluyen a organismos separados de nosotros mismos por extensos golfos evolutivos —los tripanosomas y *Giardia* se ramifican separando sus destinos en los albores de la era de los eucariotas, hace más de 2.000 millones de años—. Entre los parásitos también hay parientes cercanos, como los hongos y plantas. Los animales parásitos, como los trematodos sanguíneos y las avispas, son prácticamente nuestros primos cercanos. El parasitismo se dispersa a lo largo del dominio eucariota, una forma de vida que han adoptado diversos linajes de forma independiente y que han encontrado que era inmensamente provechosa durante muchos cientos de millones de años.

Sin embargo, este árbol también deja claro cuán superficial es la definición convencional de *parásito*. ¿Por qué debería limitarse el nombre a organismos que se encuentran en una de las tres grandes ramas de la vida? Los biólogos del siglo XIX los llamaban parásitos bacterianos infecciosos. Al igual que algunos eucariotas abandonaron la vida libre, lo mismo hicieron algunas bacterias como la *Salmonella* y la *Escherichia coli*, mientras otras bacterias mantenían su independencia en océanos, pantanos y desiertos —incluso bajo el hielo antártico—.

E incluso esta definición es de miras demasiado estrechas. Por ejemplo, en ningún lugar de este árbol se puede encontrar al virus de la gripe. Eso es porque los virus no son, estrictamente hablando, seres vivos. No tienen ninguna clase de metabolismo interior y no se pueden reproducir por sí mismos. No son más que una cubierta proteica, que contiene en su interior el equipamiento necesario para introducirse en células y usar la maquinaria de esas células para fabricar copias de sí mismo. Sin embargo, los virus tienen las mismas clases de peculiaridades parásitas que se pueden encontrar en criaturas como los trematodos sanguíneos: prosperan a costa de su hospedador, usan algunos de los mismos trucos para escapar del sistema inmunológico, y a veces pueden incluso cambiar la conducta de su hospedador para incrementar su propagación.

En la década de 1970, el biólogo inglés Richard Dawkins hizo parecer a los virus menos contradictorios. Puede que los virus no estén vivos según el concepto tradicional, pero consiguen hacer el trabajo más básico de la vida: replican sus genes. Dawkins argumentaba que los animales y los microbios existen para hacer exactamente lo mismo. Podemos pensar en sus cuerpos, en sus metabolismos, sus conductas como vehículos construidos por genes para poder autorreplicarse. En ese sentido, un cerebro humano no es diferente a la cubierta proteica que permite que un virus se cuele en el interior de una célula. Este punto de vista sobre la vida es controvertido, y muchos biólogos creen que minimiza la importancia de la complejidad de la vida. Pero funciona muy bien cuando se trata de parasitismo. Para Dawkins, el parasitismo no es lo que hace una pulga o un gusano de cabeza espinosa. El parasitismo es cualquier mecanismo en el que un juego de ADN se replica con la ayuda de —y a costa de— otro juego de ADN. Ese ADN puede incluso formar parte de nuestros propios genes. Grandes franjas del material genético humano no hacen nada de provecho para el cuerpo en el que se hallan alojados. No fabrican pelo, no fabrican hemoglobina, ni siquiera ayudan a otros genes a hacer su trabajo. Consisten en poco más que un conjunto de instrucciones para conseguir replicarse más rápidamente que el resto del genoma. Algunos de ellos producen enzimas que los cortan para extraerlos de su posición y luego insertarlos en otro lugar de nuestros genes. El vacío que han dejado atrás pronto es visitado por proteínas que buscan ADN dañado. Dado que los genes humanos vienen en pares, estas proteínas pueden usar la copia que no ha sido dañada como guía, y reconstruir el trozo que desapareció. Al final, hay dos copias del ADN saltarín.

 Estas porciones de material genético errante reciben en ocasiones el nombre de ADN egoísta o parásitos genéticos. Usan a su hospedador —los demás genes— para replicarse ellos mismos. Al igual que muchos parásitos convencionales, los parásitos genéticos pueden dañar a su hospedador. Cuando se insertan en otros lugares del genoma al azar, pueden causar enfermedades. Debido a que los parásitos genéticos se pueden replicar más rápidamente que el resto de los genes, han inundado el genoma de muchos de sus hospedadores, incluyendo a los humanos.

 Los padres pasan sus parásitos genéticos a sus hijos, y, por lo tanto, es posible clasificar el ADN egoísta en familias, descendientes de antepasados comunes que vivieron en el interior de los antepasados comunes de sus hospedadores. Los parásitos genéticos tienen sus propias dinastías, con sus apogeos y decadencias. Cuando aparece un fundador por primera vez en un ADN de un nuevo hospedador, empieza a copiarse a un ritmo trepidante, llenando los genes de su hospedador con parásitos. (Cuando hablo de ritmo trepidante es en una escala de tiempo evolutivo, puede que de miles de años). Aunque los parásitos genéticos son duplicadores descuidados, y a menudo realizan copias defectuosas de sí mismos. Estos inadaptados no pueden replicarse ellos mismos, y simplemente saturan el ADN de su hospedador. Los parásitos genéticos sufren por eso el riesgo continuo de la extinción autoinfligida. Pueden escapar de este callejón sin salida con pequeños estallidos de renovación evolutiva. Algunos de ellos roban genes de su hospedador, que les permiten construir recubrimientos proteicos. Se convierten en virus que pueden escapar de su propia célula e infectar otras. Algunos de estos disidentes pueden incluso infectar a nuevas especies. Probablemente son transportados por parásitos (como los ácaros) que los llevan hasta sus nuevos hospedadores, aunque algunos de esos saltos son tan largos que es difícil saber cómo es posible que hayan ocurrido. ¿Cómo es posible, por ejemplo, que un platelminto de agua dulce contenga los mismos parásitos genéticos que una hidra que vive en el océano, o que un escarabajo que vive en la tierra?

Puede que, hoy en día, los virus y los parásitos genéticos sean abundantes, pero hace 4.000 millones de años el parasitismo podría haber sido una práctica más extendida. Un organismo vivo de la actualidad, ya sea una bacteria o una secuoya, porta genes que están organizados en coaliciones poderosas. Pueden copiarse con exactitud, dando lugar a una nueva generación, y pueden oponer resistencia a los genes tramposos. Pero cuando la Tierra era joven, algunos biólogos creen que los genes apenas estaban organizados y que no podían cooperar igual de bien. Los genes se movían fluidamente de un microbio al siguiente, entrando y saliendo de los genomas a través de una especie de red microbiana global. Cualquier gen que pudiera engañar a los demás a la hora de replicarse sería recompensado por la selección natural y se propagaría. Finalmente, las coaliciones de genes se organizarían en organismos separados, pero seguirían intercambiando ADN con su entorno, tan promiscuamente que a un biólogo le costaría mucho trabajo clasificarlos como especies separadas.

A pesar de los ataques, los auténticos organismos se las han arreglado para evolucionar. Probablemente, sus genes evolucionaron hasta un punto en el que todos ellos trabajaban conjuntamente y podían silenciar a los genes tramposos, y así podían replicarse fielmente. Es probable que en esa época la vida empezara a divergir en tres grandes ramas: bacterias, arqueas y eucariotas. Algunos de esos primeros microbios obtenían su energía a partir de compuestos químicos que se producían en las fuentes hidrotermales. Con el paso de cientos de millones de años, algunos linajes de bacterias fueron capaces de capturar la energía de la luz. Otras bacterias hurgaban en sus excrementos microbianos. Otras evolucionaron para convertirse en asesinos, tragándose las bacterias autosuficientes. Los parásitos genéticos todavía vivían a costa de estas clases diferentes de microbios, aunque sus hospedadores habían empezado a obtener ventaja.

Pero, con cada nivel de complejidad que alcanzaba la vida, aparecía una nueva clase de parásito. Cuando evolucionaron los auténticos organismos, algunos de ellos se convirtieron en parásitos. Hay un par de historias plausibles de cómo se produjo esa evolución, y todas ellas pueden resultar ciertas en algún que otro caso.

Una de esas historias empieza con los depredadores microbianos tragándose lo que debería haber sido su siguiente comida. Abrieron una cavidad en su membrana y engulleron a su presa; se prepararon para descuartizarla, pero, por alguna razón, el proceso se detuvo ahí. La presa se quedó en el vientre microbiano del depredador, sin digerir.

La situación dio un giro de ciento ochenta grados —la presa acabó siendo capaz de obtener un poco de alimento de su fallido depredador antes de ser expulsada—. Esa comida extra, ese breve refugio en un depredador mucho más exitoso, ayudó a la presa a reproducirse más rápidamente de lo que habría sido posible si no hubiera ocurrido así. La selección natural hizo que los genes que le ayudaron a sobrevivir en el interior del depredador fueran más comunes. A estos se les unirían otros genes que ayudaban a la presa a buscar a su depredador, y a abrir ellos mismos esas cavidades en la membrana de este último. La presa pasaba cada vez más tiempo en el interior del depredador y fue abandonando gradualmente su vida en libertad. Ahora era el depredador el que tenía que luchar contra la presa, esforzándose cada vez más para expelerla. Si el coste que implicaba luchar contra la invasión de parásitos llegaba a ser demasiado grande, habría beneficiado a algunos hospedadores hacer que sus parásitos se quedaran para siempre. Cuando el hospedador se dividía, el parásito copiaba su propio ADN y lo pasaba a la siguiente generación.

Una vez que ya estaban juntos de esta forma, el parásito y el hospedador podían llevar su relación en diferentes direcciones. El parásito podía hacer que la vida de su hospedador fuera miserable, o, en vez de eso, podía hacer que su presencia fuera beneficiosa para el hospedador, puede que secretando alguna proteína que este último pudiera utilizar. Después de muchas generaciones juntos, la línea que separaba al hospedador del parásito empezaría a ser borrosa. Una parte del ADN del parásito sería transportada accidentalmente junto a los genes del propio hospedador. El parásito empezaría a paralizar algunas funciones, para quedarse con solo unas pocas que fueran esenciales. Los dos organismos pasaban a ser esencialmente uno.

Darwin nunca imaginó que la vida podía ofrecer esta clase de fusión. Para él la vida era un árbol que se ramificaba continuamente, algo así como el árbol de la página 159. Pero los biólogos reconocen actualmente que necesitan entrelazar algunas ramas entre sí.

Hoy en día, los científicos están secuenciando la batería completa de genes de muchos microbios, y en ellos pueden ver signos de las elecciones que los parásitos han tomado. Entre las especies que se han secuenciado completamente está la *Rickettsia prowazekii*, una bacteria que causa el tifus. Invade células, absorbe sus nutrientes y consume su oxígeno, se multiplica alocadamente, y sale reventando la célula hospedadora. Su ADN se parece extraordinariamente al ADN de las mitocondrias, los orgánulos que abastecen de energía a cada célula de nuestro cuerpo. El antepasado tanto de la *Rickettsia* como de las mitocondrias, puede que hace 3.000 millones de años, debió de ser una bacteria libre primordial. Algunos de sus descendientes acabaron convirtiéndose en los primeros eucariotas. La rama que condujo a la *Rickettsia* evolucionó por un camino malicioso, mientras que los antepasados de la mitocondria acabaron finalmente asentados tranquilamente en el interior de sus hospedadores. Las mitocondrias fueron unos parásitos de los que nuestros antepasados se pudieron beneficiar. Las bacterias fotosintetizadoras fueron llenando gradualmente la atmósfera de oxígeno, y las mitocondrias permitían a los eucariotas respirarlo.

Los eucariotas actuales son el producto de una lenta orgía de banquetes e infección. Después de la invasión de las mitocondrias, diversas ramas de los eucariotas adquirieron sus propias bacterias. Estas bacterias eran fotosintéticas, y sus hospedadores las desnudaron hasta quedarse con su parte esencial, que aprovechaba la luz solar: el cloroplasto. Estos eucariotas dieron lugar a las algas y a las plantas terrestres, las cuales añadieron más oxígeno al aire. Podemos respirar oxígeno, y las plantas pueden producirlo en grandes cantidades, gracias a los parásitos del interior de nuestras células.

Este drama de mil millones de años explica por qué la malaria ha llegado a ser considerada una enfermedad verde. Algunos antiguos eucariotas se tragaron una bacteria fotosintetizadora y pasaron a ser algas que aprovechaban la luz solar. Millones de años más tarde, una de estas algas fue devorada por un segundo eucariota. Este nuevo hospedador despedazó el alga, separando su núcleo y su mitocondria, y quedándose solo con el cloroplasto. Ese ladrón que robó a un ladrón fue el antepasado del *Plasmodium* y el *Toxoplasma*. Y esta secuencia de acontecimientos, a modo de muñecas rusas, explica por qué se puede curar la malaria con un antibiótico que mata bacterias: porque el *Plasmodium* tiene una antigua bacteria en su interior realizando algunas funciones vitales.

Es difícil saber qué es lo que hizo exactamente ese antiguo parásito con sus recién adquiridos cloroplastos. Puede que los usara para vivir como una planta mediante la fotosíntesis. Pero esa no es la única posibilidad, porque los cloroplastos hacen en las plantas mucho más que simplemente aprovechar la luz solar. Fabrican muchos compuestos, incluidos ácidos grasos (la clase de moléculas que, por ejemplo, forman parte del aceite de oliva). David Roos y sus colegas han especulado que, en el *Plasmodium* y el *Toxoplasma*, el remanente de un cloroplasto todavía fabrica estos ácidos grasos y que los parásitos los usan para envolverse dentro de las células de su hospedador. Para el parásito, la clindamicina puede ser letal porque destruye la burbuja del *Plasmodium*.

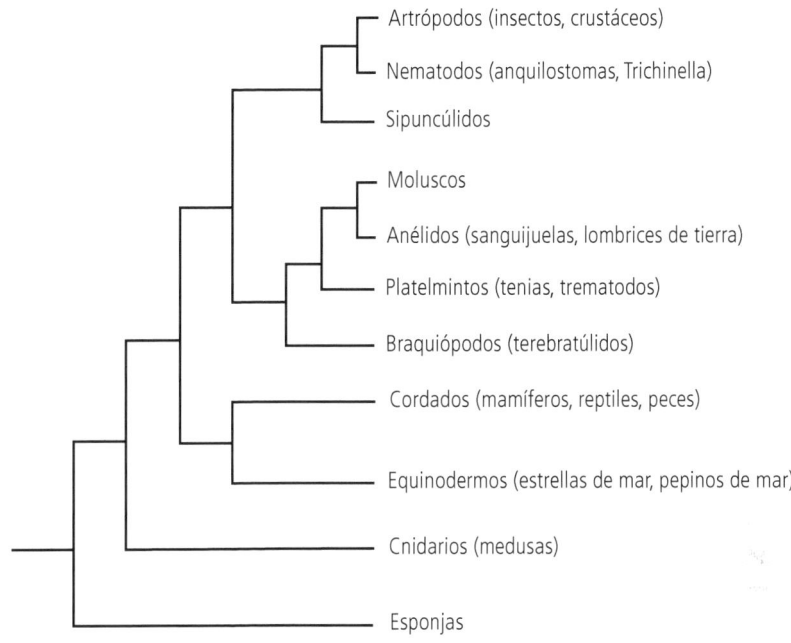

Relaciones evolutivas de los animales
(adaptado con permiso de Knoll y Carroll, 1999)

Aunque una cosa está bastante clara: el antepasado del *Plasmodium* y el *Toxoplasma* no vivía en el interior de ningún animal. Hace mil millones de años, todavía no había animales que parasitar. En esa época, las criaturas unicelulares estaban empezando a combinarse en colonias y grupos. Una gran parte de las primeras criaturas pluricelulares no se parecían en nada a ningún ser vivo de la actualidad. Algunas de ellas eran como colchones inflables o como las monedas ornamentadas de algún reino antiguo. No fue hasta hace unos setecientos millones de años que aparecieron los primeros animales tal y como los conocemos actualmente: corales, medusas y artrópodos. Mientras tanto, las algas empezaron a organizarse en formas más complicadas, dando lugar a las plantas, y hará unos quinientos millones de años se desplazaron hasta la costa, formando una alfombra musgosa que posteriormente evolucionó, dando lugar a las plantas de tallo corto, y, finalmente, a los árboles. Poco después, los animales también se desplazaron a la costa —ciempiés, insectos y otros invertebrados hará unos 450 millones de años, y los primeros grandes vertebrados, hará unos 360 millones de años—.

Los organismos pluricelulares crearon un nuevo mundo que resultaba muy atractivo para los parásitos. Concentraban el alimento en cuerpos grandes y densos, que a su vez eran hogares estables durante semanas o años. Los animales de los océanos cámbricos atrajeron a protozoos como el *Plasmodium*, al igual que a bacterias, virus y hongos. Y una vez más, apareció una nueva clase de parásito: animales que habían evolucionado para vivir en el interior de otros animales. Los platelmintos se introdujeron en crustáceos, donde se diversificaron en trematodos, tenias y otros parásitos. Cangrejos, insectos, arácnidos y muchos otros linajes animales siguieron el ejemplo.

Los parásitos evolucionaron rápidamente en el interior de sus hospedadores, dando lugar a formas bastante diferentes a las de sus antepasados. Parientes de la medusa empezaron a parasitar peces, y acabaron teniendo formas parecidas a esporas, que, en la actualidad, son todavía una plaga para las truchas de los ríos norteamericanos, produciendo la llamada enfermedad del torneo. A medida que sus hospedadores se volvían cada vez más grandes y su presencia era más generalizada —imponentes árboles, colonias de hormigas con millones de individuos, reptiles marinos de veinticinco metros de longitud— los parásitos disfrutaban de un hábitat que estaba en continua expansión. Después del éxito inicial en el amanecer de la vida, después de la brutal reducción cuando los hospedadores se convirtieron en organismos mejor organizados, vino una nueva época dorada para los parásitos.

Nuestro propio linaje, los vertebrados, no ha hecho un gran trabajo a la hora de convertirse en parásitos. Entre los pocos que sí lo han hecho hay algunas especies de siluros en los ríos de Latinoamérica. Uno de los más famosos es el candirú, un pez muy delgado. Se ha ganado su fama por atacar a personas que orinaban en ríos. Sigue el olor de su orina y se mete en su uretra. Una vez que ha clavado sus dientes en un pene o en una vagina, es prácticamente imposible deshacerse de él. El candirú no se gana el pan atacando a la gente, habitualmente se alimenta de otros peces, abriéndose camino por debajo de sus branquias y sorbiendo la sangre de los delicados vasos sanguíneos que hay por debajo. Después de unos minutos se suelta y busca otro pez para convertirlo en su nuevo hospedador. Si en Latinoamérica pescas estos peces, a veces se pueden encontrar candirús de poco más de dos centímetros de longitud alojados en sus branquias. Esos diminutos peces pueden pasar la mayor parte de sus vidas allí mismo, alimentándose de sangre o de mucosidad proveniente de sus hospedadores.

Nadie sabe por qué no hay más candirús en el mundo, pero debe de haber algo en el modo de vida de un vertebrado que hace que le sea muy difícil convertirse en parásito. Los vertebrados tienen metabolismos más rápidos comparados con los de los invertebrados, por lo que es posible que no pudieran obtener el suficiente alimento estando en el interior de otro animal. Para ser parásito, un animal necesita producir un montón de progenie, porque introducirse en el siguiente hospedador es una tarea muy difícil y de vital importancia. Los vertebrados necesitan invertir un montón de energía en cada camada, por lo que tal vez no pudieran conseguirlo viviendo como parásitos. Pero el parasitismo, tal como señaló Richard Dawkins, no tiene por qué adoptar una forma convencional como la de la tenia. Imagine un animal que pudiera de alguna manera engañar a otro animal para que este criara a su progenie. El tramposo tendría muchas más probabilidades de pasar sus genes, mientras que el estafado tendría menos tiempo para cuidar de su propia progenie y para su propio legado genético. De hecho, hay muchas especies —tanto invertebradas como vertebradas— que practican esta especie de parasitismo social.

Entre los invertebrados, uno de los casos más extremos se puede encontrar en los Alpes suizos. Allí se pueden encontrar nidos de la hormiga *Tetramorium*. Si vemos a la reina, tenemos probabilidades de encontrar algunas hormigas pálidas, de formas extrañas, situadas sobre su espalda. No se trata de una casta especial de hormigas *Tetramorium*, sino de una especie completamente diferente: la *Teleutomyrmex schneideri*. La *Teleutomyrmex* pasa la mayor parte de su vida sobre la espalda de una reina *Tetromorium*, enganchándose a ella con unas patas especialmente diseñadas para el agarre. En lugar de atacar a estos extraños, las obreras *Tetramorium* les permiten comer el alimento que regurgitan para su reina. Los parásitos *Teleutomyrmex* se aparean en el interior del nido de su hospedador, y las nuevas reinas parten en busca de una nueva colonia en la que puedan engancharse a un nuevo hospedador.

El secreto para parasitar hormigas de esta forma es crear ilusiones olorosas. Las hormigas dependen principalmente de los olores para percibir el mundo, y han desarrollado un complicado vocabulario de sustancias químicas que son transportadas por el aire para comunicarse entre ellas —para dejar rastros de localizaciones de alimentos, para activar una alarma por toda la colonia, para reconocer a los demás como compañeros de nido—. La *Teleutomyrmex* puede engañar a sus hospedadores haciendo que cuiden de ellas en lugar de comérselas, porque pueden producir señales que hacen que sus hospedadores crean que son reinas. La razón por la que la *Teleutomyrmex* puede lanzar estos hechizos probablemente sea porque han evolucionado a partir de su propio hospedador, volviendo su lenguaje común contra sus parientes.

Pero muchos animales que no son hormigas también son parásitos sociales de hormigas. Por ejemplo, algunas mariposas pueden engañar a hormigas para que críen a sus orugas. Las mariposas depositan los huevos en flores, y cuando eclosionan las orugas, caen al suelo, y allí las encuentran las hormigas. Normalmente, las hormigas ven a las orugas como una comida gigante. Pero si se encuentran con un parásito social, actúan como si la oruga fuera una larva perdida de su propia colonia. Engañadas por los olores de la oruga, las hormigas la transportan de regreso a su nido, donde la alimentan y limpian, de la misma forma en que lo harían con cualquiera de sus crías. La oruga pasa el invierno creciendo entre todo este lujo, después de lo cual forma un capullo. Las hormigas siguen cuidándola a medida que se metamorfosea en una mariposa alada. Únicamente cuando emerge de su capullo se dan cuenta de que hay un enorme intruso entre ellas e intentan atacarlo. Pero la mariposa escapa a toda velocidad del nido y se aleja volando.

Todos estos parásitos sociales hacen básicamente lo mismo que cualquier parásito convencional: encuentran la debilidad de las defensas de sus hospedadores y la ponen a su servicio. Hay vertebrados que hacen exactamente lo mismo. El cuco, por ejemplo, pone sus huevos en los nidos de otras aves, como es el caso de los carriceros. Cuando eclosiona un joven cuco, arroja los huevos y los polluelos de su hospedador al suelo. Aun así, el carricero alimenta al cuco, incluso a pesar de que crezca tanto que haga parecer enana a su madrastra. Una vez que ha crecido por completo, el cuco se aleja volando en busca de una pareja, dejando atrás al carricero sin hijos en el nido.

Las hormigas perciben el mundo básicamente a través de los olores, pero las aves dependen mucho más de la vista y el oído. Por lo que los cucos y otras aves parásitas no crean olores falsos, sino que elaboran señales y sonidos falsos. El huevo del cuco es una imitación de los huevos de las especies de sus hospedadores, por lo que el hospedador no se puede arriesgar a lanzarlo fuera del nido. Después de que el cuco haya nacido, engaña al carricero para que le alimente, utilizando las mismas señales que usa para alimentar a su prole. Para hacerse una idea de la cantidad de comida que tiene que conseguir, el carricero observa su nido, en el que están sus crías manteniendo abiertas sus bocas. Si ve mucho color rosa —el interior de las bocas de los pajaritos— inmediatamente se va a cazar más comida. Al mismo tiempo, y como segunda señal, confía en el sonido que emiten las crías. Si estas todavía están hambrientas y siguen piando, el carricero irá en busca de más comida.

Un cuco empieza su vida siendo ya mucho más grande que un carricero, y a medida que crece la diferencia es aún mayor. Cuando el carricero observa su nido, ve una enorme boca de cuco, lo que en su cerebro significa exactamente lo mismo que un montón de diminutas boquitas de carriceros. Al mismo tiempo, el joven cuco imita las llamadas de las crías de carriceros. Pero, en lugar de imitar el sonido de un único carricero, el cuco puede cantar como un nido entero. Por lo que el cuco engaña a su hospedador no solo para que le alimente, sino para que le traiga la cantidad de gusanos equivalente para ocho carriceros. Puede que no haya mucho espacio dentro de los animales para contener un parásito vertebrado, pero el nido de un animal es otra cuestión.

Y lo mismo pasa con el útero de una madre. Cuando un óvulo fecundado cae en el útero e intenta implantarse, se encuentra con un ejército de macrófagos y de otras células inmunológicas. El nuevo embrión no tiene las mismas proteínas en sus células que su madre, lo que debería desencadenar el ataque de las células inmunológicas para destruirlo. El feto se enfrenta a los mismos problemas que una tenia o un trematodo sanguíneo, y evita al sistema inmunológico de la madre en gran parte de la misma forma. Las primeras células que se diferencian en un embrión humano, conocidas como trofoblastos, forman un escudo protector alrededor de todo el cuerpo. Repelen el ataque de las células inmunológicas y moléculas del complemento, y pueden enviar señales que hagan que el sistema inmunológico de los alrededores deje de funcionar. Aunque resulte extraño, hay algunas pruebas de que estas señales supresoras son fabricadas en los trofoblastos por algunos virus que están alojados permanentemente en nuestro ADN —al igual que los virus en los genes de las avispas parásitas les permitían controlar el sistema inmunológico de sus hospedadores—.

Si pensamos en el parasitismo de acuerdo con la definición de Dawkins de los intereses genéticos, entonces un feto es una especie de medio parásito. Comparte la mitad de sus genes con su madre, y el resto pertenece a su padre. Tanto la madre como el padre tienen un interés, evolutivamente hablando, en ver que el feto nace y tiene una vida sana. Pero algunos biólogos han defendido que los padres también sufren fuertes conflictos respecto al modo en que el feto crece. Mientras se va desarrollando, construye su placenta y una red de vasos sanguíneos para extraer alimento de su madre. Neutraliza el control de su madre sobre sus vasos sanguíneos cercanos al útero, por lo que esta no puede restringir el flujo de sangre hacia el feto. Incluso libera sustancias químicas que incrementan la concentración de azúcar en su sangre. Pero si la madre permite que su hijo tome demasiado, puede pagar un precio muy alto en lo referente a su salud. No podría ocuparse y cuidar de sus otros hijos, e incluso sería una amenaza para la posibilidad de tener más en el futuro. En otras palabras, el feto amenaza su legado genético. Hay investigadores que sugieren que la madre lucha contra su feto, liberando sustancias químicas para contrarrestar esos efectos.

Mientras un feto puede suponer un peaje muy caro para su madre, lo rápido que crezca no tiene efecto alguno sobre la salud de su padre. El hecho de que el feto crezca lo más rápido posible favorece sus intereses genéticos. Este conflicto tiene lugar también en el feto mismo. Investigaciones llevadas a cabo en animales han mostrado que los genes del feto que son heredados del padre y de la madre llevan a cabo funciones diferentes, sobre todo en los trofoblastos. Los genes maternales intentan ralentizar el crecimiento del feto, para controlar el parásito que lleva dentro. Mientras tanto, los genes parentales ponen freno a estos genes maternales y los silencian, permitiendo que el feto crezca más rápidamente y extraiga más energía de su hospedador.

Siempre que dos vidas establezcan un contacto cercano y haya conflictos genéticos —incluso entre una madre y un hijo— aparecerá el parasitismo.

* * *

La sensación de estar rodeado por unos cuantos millones de parásitos es difícil de describir con palabras. Si acercas la cara a un frasco lleno de unas elegantes cintas, unas tenias extraídas de un puercoespín, no puedes dejar de admirar sus cientos de segmentos, cada uno con sus propios órganos sexuales masculino y femenino, todos ellos rebosantes de vida y atrapados en estos líquidos conservantes como en una fotografía. Entonces, solo por un segundo, empiezas a temer que esa criatura se empiece a mover, que de repente empiece a contonearse, rompa el vidrio y se escape.

La Colección Nacional de Parásitos, gestionada por el Servicio de Investigación del Departamento de Agricultura de los Estados Unidos, es una de las tres colecciones de parásitos más grandes del mundo. (Nadie está seguro de si la colección norteamericana es más grande que las colecciones nacionales de Rusia. Cuando llegas a unos cuantos millones de especímenes, sueles perder la cuenta). Está situada en un antiguo establo de cobayas, en una granja que el Departamento de Agricultura lleva gestionando en Maryland desde 1936. Cuando fui a ver la colección, mi guía fue Eric Hoberg, un parasitólogo con aspecto de oso. Estudia parásitos de zonas situadas muy al norte, nematodos que viven únicamente en los pulmones del buey almizclado, o los trematodos de las morsas. Me condujo por un tramo de escaleras con rayas de color gris, pasamos por un par de laboratorios pequeños, por un montón altísimo de fichas que una mujer estaba tecleando en un ordenador —todo un siglo de parásitos—. Luego atravesamos una puerta gruesa, y allí estaba la colección.

Al principio me sentí un poco decepcionado. Había seguido a paleontólogos por salas de museos en las que había que atravesar puertas escondidas para contemplar sus colecciones, y había deambulado con ellos por pasillos en los que se agolpaban enormes armarios en los laterales llenos de cráneos de ballenas y vértebras de dinosaurios que nadie había tocado desde que fueron desenterrados del suelo. En la sala de la Colección Nacional de Parásitos cabría perfectamente una pequeña cafetería, o incluso el diminuto local de un zapatero remendón. Hoberg me presentó a un profesor de ciencia jubilado, llamado Donald Poling. Poling llevaba botas de senderismo y una bata blanca de laboratorio, y estaba en una mesa rescatando unos portaobjetos que contenían nematodos del fluido conservante que había cristalizado en los últimos cien años, adquiriendo la consistencia del azúcar moreno. «Me mantiene alejado de los bares», dijo, despegando una cubierta plástica de una muestra.

El resto de la estancia estaba ocupado principalmente por estantes de metal montados sobre ruedas, que se exponían a la vista haciendo girar una rueda de tres dientes. Cuando Hoberg y yo empezamos a pasearnos entre los estantes, moviéndonos entre frascos y viales, la decepción desapareció. La colección que me rodeaba por todas partes se convirtió en mi mundo. Girábamos frascos cerrados para poder leer las etiquetas que habían sido escritas a lápiz. «Hospedador: tordo cabecidorado». Tenias de reno de Alaska. Trematodos hepáticos de alces. Monogéneos con volantes que se agarran a las branquias de peces de Corea.

En un momento dado, cuando Hoberg me estaba mostrando un nematodo —más grueso que un dedo, largo como una fusta, del color de la sangre— que todavía estaba acurrucado en el interior del riñón de un zorro, no pude evitarlo. Dije: «Repugnante». En realidad, había venido a ver a Hoberg para aprender algo, no para asistir a un maratón del terror, ya que estas cosas tienen la habilidad de encontrar una salida. Ahora la decepción la sentía Hoberg. «Me ha molestado eso de repugnante —dijo—. Lo que se nos olvida es lo increíblemente interesante que es todo esto. Y esa actitud tiende a perjudicar a la parasitología como disciplina. Una parte de ese perjuicio es que hay gente que se aparta por eso. —Parecía que se lo decía al riñón—. Los parasitólogos se van jubilando y no son reemplazados por otros nuevos».

Seguimos paseando. Vimos un frasco lleno de *Hymenolepis*, la tenia que usa a los escarabajos para introducirse en las ratas, parecía un gran remolino de fideos de arroz. Y un pedazo de carne de cerdo con *Trichinella*, atravesándolo como una noche de estrellas fugaces. Pasamos junto a bandejas con portaobjetos almacenados verticalmente como libros en una librería, había cientos, cada una con docenas de rebanadas de parásitos montadas sobre un vidrio. Pasamos junto a las doce mil muestras de especímenes que Hoberg había recogido en las islas Aleutianas mientras estaba trabajando en su tesis —doce mil muestras de las que dudaba tener el tiempo suficiente para escribir sobre ellas antes de retirarse—. Hoberg se trajo las muestras consigo desde la Universidad de Washington cuando obtuvo el trabajo en la colección, en 1989. Una década después, aún se encontraba con sorpresas. «¿Una foca que come cangrejos?», murmuraba ante un frasco de tenias, cogiéndolo y girándolo para ver la etiqueta. Se colocó las gafas en la frente para leer el papel que había flotando en el fluido y dijo: «Este debe de ser de la última expedición de Byrd al Antártico». Luego nos topamos con un frasco de larvas de éstridos. Mientras los caballos caminan por los campos, los éstridos adultos depositan sus huevos en su pelo y, cuando el caballo se lo lame para limpiárselo, se los traga. El calor de su boca es una señal para eclosionar, y se abren camino, agarrándose primero a la lengua del caballo. Desde ahí llegan hasta su estómago, donde se anclan y beben su sangre. Una vez que han madurado, dejan de agarrarse y acaban siendo expelidos del tracto digestivo del caballo. Llegan al suelo y se transforman en moscas adultas. En el frasco que había delante de nosotros se veía, en el fondo, una muestra de un estómago de caballo, salpicado de larvas de éstridos, como un racimo de pequeñas colmenas. Estaba fascinado, pero Hoberg se encogió de hombros. «Eso es *algo* de lo que puedo prescindir». Me alegró saber que incluso un parasitólogo tiene sus límites.

La parte favorita de toda la colección para Hoberg eran las preparaciones microscópicas. Cogió un par de ellas y se las trajo con nosotros a su oficina, donde destacaba un microscopio compuesto. Enfocó las muestras para que yo pudiera observarlas, mostrando secciones de tenias de frailecillos, focas barbudas y orcas. Resulta difícil diferenciar las especies de tenias. A veces, la única diferencia visual es la forma de la cámara que alberga sus órganos sexuales.

A veces solo los genes nos dirán si dos tenias pertenecen a especies separadas. Sin embargo, estudiando sus parentescos, Hoberg recrea cuatrocientos millones de historia de los parásitos sin un solo fósil que le guíe. Y lo hace encontrando extraños patrones

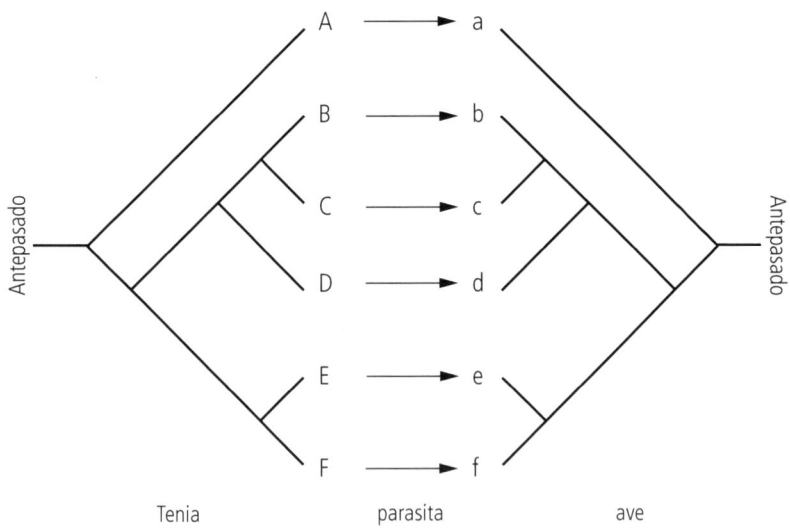

en los parásitos y en sus hospedadores. ¿Por qué, se pregunta Hoberg, estas clases de tenias —pertenecientes al orden Tetrabothriidea— viven solo en aves marinas y mamíferos marinos? ¿Por qué ninguna de ellas vive en humanos o tiburones? ¿Por qué hay otra clase de tenia que solo aparece en dos lugares del planeta: en Australia y en los bosques espinosos de Bolivia? Las respuestas a estas preguntas están en la historia de las tenias, un relato épico que también contiene secretos sobre la historia de sus hospedadores vertebrados, sobre la deriva de los continentes y sobre los glaciares.

Hace un siglo, los biólogos creían que esta historia era simple y monótona. Una vez que los parásitos se rindieron a su vida interior, se encontraron en un callejón sin salida evolutivo, dado que no podían vivir en ningún otro lugar. La poca evolución que sufrieron se dio solo cuando sus hospedadores los arrastraron en su despertar. Sus hospedadores podían dividirse, dando lugar a nuevas especies, cuando una población se aislaba en una isla o en una cordillera montañosa, y el parásito, separado igualmente del resto de sus especies, daba lugar a una nueva por sí mismo.

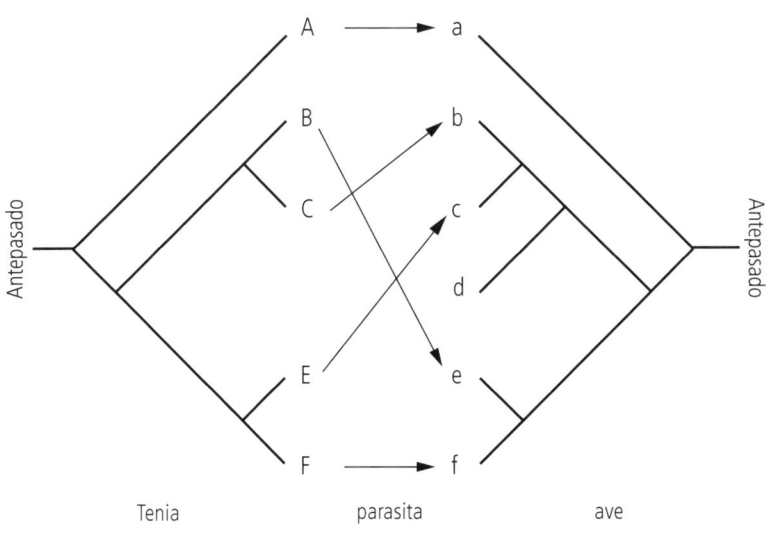

Si eso fuera cierto, esperaríamos ver un cierto patrón al comparar el árbol evolutivo de los hospedadores estrechamente emparentados con los parásitos que portan: formarían imágenes especulares unos de los otros. Digamos que diseccionamos cuatro especies de aves estrechamente emparentadas y las tenias que encontramos en su interior. El linaje de las aves que se han ramificado antes en el árbol evolutivo, portaría las tenias que se hubieran ramificado primero entre los parásitos. Cada rama subsiguiente de hospedadores llevaría consigo su propia rama de parásitos.

No fue hasta el final de la década de 1970 que biólogos como Daniel Brooks, de la Universidad de Toronto, empezaron a alinear los árboles de hospedadores y parásitos de esta forma. En poco tiempo se dieron cuenta de que estas historias gemelas eran realmente mucho más complejas de lo que habían pensado. A veces los árboles parecían espejos perfectos, como el árbol de la página 176. Pero en otras ocasiones se parecían al árbol de la página 177.

Los parásitos a veces seguían a sus hospedadores dando nuevas especies, pero también podían saltar a hospedadores completamente nuevos (como hicieron las tenias B, C, y E en el segundo ejemplo). A veces se dividían dando lugar a dos nuevas especies en un único hospedador sin que este se dividiera dando lugar a dos hospedadores. Y a veces desaparecían completamente de su hospedador. Los parásitos, en otras palabras, tienen historias evolutivas tan complejas y tormentosas como sus primos con vidas libres.

Las pistas más importantes de la historia temprana de las tenias están en las raíces más profundas de su árbol. Todas estas tenias primitivas vivían en peces. Hoy en día, viven dos grupos principales de peces: los cartilaginosos, como los tiburones y rayas, y los óseos. Se bifurcaron en el árbol evolutivo hará unos 420 millones de años. Hace 400 millones de años, el linaje de los peces óseos se separó a su vez en dos ramas. Un linaje condujo a los peces óseos de aletas radiadas: salmón, trucha, lucios y miles de especies más. El otro condujo hasta los peces óseos de aletas lobuladas, como el pez pulmonado y el celacanto. Fue esta rama con aletas lobuladas la que finalmente produjo vertebrados con patas, capaces de salir del agua —en otras palabras, los que se convirtieron en nuestros antepasados—.

Probablemente, las tenias se desarrollaron primero en el pez de aletas radiadas más antiguo. Esa historia se ve reflejada en el hecho de que las tenias más primitivas que siguen vivas en la actualidad, viven en los peces de aletas radiadas más primitivos, como el esturión y el amia calva. Fue en estos hospedadores donde las tenias evolucionaron desde una forma de hoja a caracterizarse por sus cuerpos largos y segmentados. Desde este origen, las tenias colonizaron posteriormente tiburones y otros peces cartilaginosos. Pero, aparentemente, no se acercaron a los peces de aletas lobuladas. Se cree que ni los peces pulmonados ni los celacantos portaban parásitos.

Sin embargo, las tenias viven en el interior de sus parientes más cercanos: los vertebrados terrestres. De hecho, viven en prácticamente todas las clases de anfibios, aves, mamíferos y reptiles. La vida en la tierra no heredó las tenias de sus antepasados acuáticos. Los parásitos deben de haberlos invadido, saliendo del agua con algún pez de aletas radiadas. Puede que cincuenta millones de años después de que los vertebrados aparecieran en la tierra, alguna criatura reptiliana se comiera un pez que contuviera una tenia, y así naciera un nuevo linaje. Desde entonces, las tenias que vivían en la tierra han evolucionado con sus hospedadores a medida que estos divergían, dando nuevas formas, y han seguido saltando de rama en rama, pasando, por ejemplo, de los mamíferos a los anfibios, y de los mamíferos a las aves.

Los vertebrados terrestres se separaron, dando lugar a los reptiles y a los precursores de los mamíferos, hará unos trescientos millones de años. Hace doscientos millones de años, la rama de los reptiles produjo los dinosaurios, que rápidamente se convirtieron en los animales terrestres dominantes. ¿Vivieron las tenias en el interior de los dinosaurios? Nadie puede asegurarlo, pero es difícil suponer que no lo hicieran, dado que sus parientes más cercanos, aves y cocodrilos, las contienen. Y es igualmente difícil suponer que no se aprovecharan del espacio que había dentro de estos gigantes, creciendo hasta longitudes de treinta o más metros. Esa es una idea que provoca la sonrisa en cualquier parasitólogo. El parasitólogo de Santa Bárbara, Armand Kuris, ha reflexionado sobre qué tipo de ecología tendría un monstruo como ese. Los dinosaurios más grandes eran herbívoros de cuello largo llamados saurópodos, que podían crecer hasta pesar más de cien toneladas. Es difícil comprender cómo cualquier depredador, incluso alguno tan grande como el *Tyrannosaurus rex*, podría haber abatido a un saurópodo de ese tamaño. Puede que solo hurgara entre los restos de los grandes dinosaurios, o puede que tuviera alguna ayuda. Puede que, tal como ha sugerido Kuris, la tenia convirtiera a los saurópodos y al *Tyrannosaurus rex* en un adelanto de lo que pasaría luego con el alce y el lobo. Los saurópodos se tragarían huevos de tenia con las plantas que comían, y los parásitos se desarrollarían en enormes quistes dentro de ellos. Mientras destrozaban los pulmones o el cerebro de sus hospedadores, podrían haber ralentizado lo suficiente a los saurópodos como para hacer posible que el *Tyrannosaurus rex* los cazara, y permitiera así que las tenias entraran en su hospedador final. Una tenia de dinosaurio debería incluso haber dejado su marca en el registro fósil. Los quistes de algunas tenias de la actualidad se hacen tan grandes, y crecen con tanta fuerza, que pueden romper un cráneo humano. Si los dinosaurios contuvieran quistes tan grandes que hubiéramos necesitado una carretilla para transportarlos, los paleontólogos deberían ser capaces de reconocer sus huellas.

Durante los cuatrocientos millones de años que las tenias llevan vivas, la Tierra ha sufrido cuatro grandes extinciones en masa. La más reciente tuvo lugar hace 65 millones de años y es muy posible que el desencadenante fuera el impacto de un meteorito de dieciséis kilómetros de ancho sobre el golfo de México. Fue lo suficientemente potente como para matar a los dinosaurios, al igual que al 50 por ciento de las especies de la Tierra. Pero las tenias sobrevivieron. Es incluso posible encontrar en algunas partes del mundo tenias que aún viven del mismo modo en que lo hacían cuando los dinosaurios caminaban sobre la Tierra. Los bosques espinosos de Bolivia son el hogar de marsupiales como la zarigüeya. Son los hospedadores de un grupo raro de tenias de la familia Linstowiidae, que necesitan a un artrópodo como hospedador intermedio. Solo hay otro lugar en la Tierra en el que viven los miembros de la familia Linstowiidae y es Australia, donde viven en marsupiales parecidos. En la actualidad estos parásitos están separados por miles de kilómetros de agua del Pacífico, pero hace 70 millones de años, Australia, Sudamérica y la Antártida estaban unidas formando una única masa continental. El antepasado de las tenias australianas y bolivianas se originó en un marsupial de ese continente desaparecido, y, tanto el hospedador como el parásito, se fueron separando gradualmente, mientras las masas continentales estaban siendo separadas por la deriva continental. Pero durante esos 70 millones de años que han pasado, el ecosistema que soportaba el ciclo de la tenia a través de los mamíferos ha permanecido intacto.

Otras tenias debieron sobrevivir al impacto del asteroide abandonando a sus antiguos hospedadores. Las tenias del orden Tetrabothriidea viven solo en aves marinas, como los frailecillos y los somormujos, y en mamíferos marinos como ballenas y focas. A primera vista, esta clase de combinación de hospedadores no tiene mucho sentido. Estos animales están demasiado distanciados en su parentesco como para compartir las tenias como si fueran una reliquia de familia heredada de un antepasado común. Las aves han evolucionado a partir de los reptiles —probablemente, de dinosaurios corredores de hace 150 millones de años—. Los mamíferos marinos invadieron los océanos mucho más tarde. Las ballenas aparecieron a partir de mamíferos parecidos al coyote, hará unos 50 millones de años, y las focas, a partir de mamíferos parecidos a los osos hará unos 25 millones de años. Hay que retroceder hasta hará unos 300 millones de años para encontrar un antepasado común para aves y mamíferos, y ese mismo antepasado dio lugar a muchos otros linajes de vertebrados, desde los cocodrilos a las tortugas, cobras, ualabís o humanos —ninguno de los cuales es un hospedador de las tenias del orden Tetrabothriidea—.

Las aves y las ballenas tuvieron que obtener las tenias de alguna parte. Probablemente no las recibieron de los peces, porque los parientes más cercanos del orden Tetrabothriidea viven en los reptiles terrestres, los cuales no son parientes cercanos de aves y ballenas. Por lo tanto, los Tetrabothriidea deben descender de una tenia que vivió en algún grupo de hospedadores reptilianos antiguos. Si pasó eso antes de que las ballenas y las aves marinas existiesen, habría reptiles en los océanos que jugarían el mismo papel ecológico. Si hubiéramos navegado a través del océano hace 200 millones de años, no habríamos visto aves volando sobre nuestras cabezas, sino pterosaurios: reptiles de cabeza estrecha que planeaban gracias a sus alas peludas, pescando peces que se llevaban de vuelta a sus colonias en tierra firme. Y si viéramos aparecer repentinamente en la superficie marina a alguna criatura, no sería una ballena, sino reptiles monstruosos de diversos orígenes, como los plesiosaurios de cuellos largos o los ictiosaurios, parecidos a peces. Entre 200 millones y 65 millones de años atrás, la cadena alimenticia marina fue dominada por estos reptiles. Los pterosaurios empezaron a compartir el cielo con las aves, y Hoberg cree que, a modo de regalo de bienvenida, les pasaron sus tenias cuando las aves comían los peces que servían como hospedadores intermedios del parásito. La extinción de hace 65 millones de años que se llevó por delante a los dinosaurios también aniquiló a los reptiles marinos y a los pterosaurios. Nadie sabe cómo fue que las aves sobrevivieron al impacto, pero parecer ser que conservaron el ciclo de los Tetrabothriidea. Posteriormente, las ballenas y las focas ocuparon los papeles que habían dejado vacantes los reptiles marinos, y las tenias también los colonizaron. Mientras un ecosistema permanezca intacto —incluso aunque cambien los animales que lo conforman— los parásitos sobrevivirán.

En los últimos 65 millones de años, las tenias han continuado prosperando, y sus viajes siguen marcando la historia de sus hospedadores. Las tenias que viven en las rayas del Amazonas, por ejemplo, muestran cómo hubo un tiempo en el que el río fluía en dirección contraria. Si las rayas hubieran colonizado el Amazonas desde el Atlántico, que es hacia donde fluye actualmente, sus tenias estarían más emparentadas con las tenias de las actuales rayas del Atlántico. Pero las tenias están más emparentadas con las del Pacífico. Y para hacer que la cosa sea todavía más desconcertante, hay otras tenias presentes en las rayas del Atlántico y del Pacífico que están más emparentadas entre ellas que con las tenias del Amazonas.

El escenario que podría explicar mejor estos hechos sería aquel en el que las rayas fueran río arriba hará diez millones de años. En esa época, los Andes aún no se habían formado, y el Amazonas desembocaba en la zona noroeste de Sudamérica. Otra gran diferencia de la geografía de esa época con la actual es que el istmo de Panamá todavía no se había formado, por lo que el Atlántico y el Pacífico estaban unidos mediante un canal amplio. Grupos de rayas provenientes del Pacífico se internaron en el Amazonas cuando este fluía en la dirección opuesta. Mientras que las rayas del Amazonas se adaptaron al agua dulce y se aislaron de sus primos que vivían en el océano, las rayas marinas aún se repartían entre los dos océanos. En el momento en el que Panamá surgió del océano, habían compartido algunas nuevas especies de tenias que las rayas de agua dulce no habían podido recoger.

En los últimos millones de años, las tenias han descubierto otro hospedador, uno que camina sobre dos extremidades. Hoberg ha estado estudiando tenias que viven en los humanos. Con el paso de los años, los parasitólogos han ido presentando muchas y diversas ideas de cómo lograron las tenias vivir en el interior de los humanos. Una explica que hace 10.000 años, cuando los humanos domesticaron ganado, recogieron las tenias que circulaban entre los parientes salvajes del ganado y sus depredadores. Pero observando los árboles evolutivos, Hoberg no cree que ese sea el caso. Tanto él como sus colegas han comparado los genes de las tenias de los humanos con sus parientes más cercanos y han encontrado que se ramificaron por su cuenta hará un millón de años, no hace unos miles. En esa época, nuestros antepasados eran homínidos a los que les quedaba mucho por delante antes de llegar a la agricultura. De lo que comían, lo más parecido a una vaca o a un cerdo hubieran sido los cadáveres de la caza silvestre que mataban los leones. Lo que nos explicaría algo más que Hoberg descubrió: los parientes más cercanos de las tenias de los humanos tenían como hospedadores finales a los leones y a las hienas. Hoberg se imaginaba a los humanos siguiendo a los leones, hurgando entre los restos de las presas que habían cazado y recogiendo así sus tenias.

Hay más de una forma de visualizar el amanecer de la humanidad. Se puede viajar a Etiopía y tamizar el suelo polvoriento en busca de herramientas de piedra y de huesos desgastados, o puedes ir a visitar la Colección Nacional de Parásitos, encontrar el frasco correcto y ver a un compañero de viaje.

Al mismo tiempo que las tenias se metían en nuevos hospedadores, tenían que desarrollar nuevos modos de vida que les permitieran vivir en su interior. Tenían que adaptarse a geografías intestinales nuevas; las tenias que empezaron viviendo en el interior de ratas tuvieron que adaptarse para convertir a los escarabajos de la harina en sus hospedadores finales. La reconstrucción de la aparición de estas adaptaciones es un trabajo traicionero, porque las historias sobre evolución que suenan sensatas son fáciles de inventar. Vemos las largas colas de una golondrina y deducimos que deben de haber evolucionado así para permitir que el pájaro maniobre con más precisión, pero otra persona que vea lo mismo deduce que han evolucionado porque las hembras de golondrina las encuentran atractivas en los machos. O puede que no intervenga ninguna adaptación —quizá la mayoría de las golondrinas que dieron lugar a esta especie casualmente tenían colas largas, y así ha sido desde entonces—.

Echemos un vistazo a los viajes del nematodo *Strongylus*. Por ejemplo, en una especie, el *Strongylus vulgaris*, la larva repta hacia la parte superior de una brizna de hierba y espera a que un caballo se la coma. Una vez que se la ha tragado, el gusano inicia un viaje largo aparentemente innecesario. Desciende por la garganta hasta el estómago y luego pasa a los intestinos. Allí empieza a morder hasta que sale a la cavidad abdominal del caballo y deambula por sus arterias durante semanas hasta que ha madurado. A continuación, regresa a los intestinos, cava hasta que se introduce de nuevo en ellos, y pasa el resto de su vida en ese lugar.

¿Por qué abandonaría un parásito el intestino solo para regresar y pasar allí el resto de su vida? Suzanne Sukhdeo ha analizado los parientes cercanos del *Strongylus* y ha elaborado una hipótesis de trabajo que explicaría cómo empezó este peregrinaje. El antepasado de estos nematodos vivió en el suelo hace más de 400 millones de años, pasando sus días escarbando y alimentándose de bacterias, amebas y otros seres microscópicos (igual que hacen muchos miles de especies de nematodos en la actualidad). Hará unos 350 millones de años, se empezó a topar con algo nuevo: anfibios de piel suave merodeando por el estiércol. Los nematodos usaron sus habilidades excavadoras para internarse dentro de estos hospedadores y se abrieron camino hasta su intestino, donde vivieron felizmente a costa del alimento que comían los anfibios.

Durante el curso de decenas de millones de años, nuevas clases de vertebrados terrestres evolucionaron: mamíferos erguidos y reptiles. Estos animales ya no constituían un objetivo tan fácil como esos vientres viscosos que se arrastraban por el suelo —se mantenían de pie sobre largas patas—. Algunos nematodos parásitos se adaptaron a estos nuevos hospedadores desarrollando un nuevo método de entrada: ser comidos, en lugar de excavar a través de la piel del hospedador. Pero, tal como argumenta Sukhdeo, el excavar estaba demasiado arraigado en su naturaleza para desaparecer así como así. Una vez que eran tragados, iniciaban su peregrinaje excavando en la carne de sus hospedadores, de la misma forma que habían hecho sus antepasados durante millones de años, dando una vuelta por el cuerpo de su hospedador para volver a entrar de nuevo en los intestinos.

Sukhdeo sugiere que este extraño viaje del *Strongylus* es simplemente una reliquia evolutiva. Puede que algún día pierdan esta herencia, pero, de momento, retienen este vestigio de su primera incursión en el parasitismo, cuando los vientres y el barro estaban en permanente contacto. Por otro lado, algunos investigadores piensan que los parásitos continúan haciendo este viaje porque les beneficia. Estos parasitólogos han comparado especies de nematodos tales como el *Strongylus*, que deambula por los tejidos, con especies que se quedan en los intestinos, y han encontrado una diferencia bastante consistente: los que deambulan crecen más rápidamente y acaban siendo más grandes y más fértiles. Viajar a través de músculos implica un respiro, al no tener que sufrir durante ese tiempo el ácido gástrico de los intestinos, la mezcla de la comida digerida, los bajos niveles de oxígeno y los despiadados ataques del potente sistema inmunológico. Puede que el viaje sea un vestigio del pasado, pero es uno muy útil.

El rompecabezas de la evolución de los parásitos se vuelve todavía más confuso cuando consideramos lo que les ocurre a los hospedadores al ser invadidos por los parásitos. Los gusanos llamados filarias, que causan la elefantiasis, entran en el sistema linfático y empiezan a producir miles de crías. A veces, el sistema inmunológico de la persona infectada reacciona violentamente a la presencia de esos gusanos, cicatrizando los canales linfáticos y bloqueándolos. El líquido linfático se acumula en los canales, produciendo la elefantiasis —piernas, pechos o escrotos monstruosamente hinchados—. No tendría ningún sentido decir que una pierna hinchada es una adaptación del parásito, dado que no produce ningún bien para el gusano. Simplemente es un fallo del sistema inmunológico. No es nada más que lo que Richard Dawkins llamó un «subproducto indeseable».

La mejor forma de decidir si un cambio concreto que sufre el hospedador es un subproducto indeseable o una auténtica adaptación es estudiando su evolución. Se ha realizado una prueba simple y precisa de esto con insectos que producen agallas en las plantas. El lector habrá observado alguna vez una especie de excrecencias redondas con forma de cerezas que cuelgan de las hojas de los robles, o el pedúnculo de una flor tan abultado como si se hubiera tragado una canica. Son las llamadas agallas: trozos de tejidos de la planta que han formado una especie de refugio para los insectos parásitos. Cientos de especies diferentes de insectos viven en las agallas, y se pueden formar en las flores, ramas pequeñas, tallos u hojas. Algunas especies de avispas, por ejemplo, ponen sus huevos en hojas de roble, y las células de la hoja responden a la presencia del huevo creciendo a su alrededor y rodeándolo. La larva nace y está enterrada profundamente en la hoja. Las células se multiplican produciendo una enorme forma esférica, con una capa interna de tejido peludo. El alimento —almidón y azúcares, grasas y proteínas— es bombeado hacia el interior de la agalla desde cualquier parte de la planta y llena las enormes células de los pelos interiores. La larva de la avispa las rompe y se alimenta de ese cóctel líquido. A medida que va destruyendo las células interiores, las exteriores se dividen y se preparan para ser ingeridas.

Las agallas las forman las propias plantas, no los insectos. ¿Son, como han sugerido algunos investigadores, únicamente cicatrices que por casualidad ofrecen un refugio a los parásitos? Warren Abrahamson, de la Universidad Bucknell, y Arthur Weis, de la Universidad de California en Irvine, han realizado algunos de los mejores estudios sobre las agallas, centrándose en la mosca de la especie *Eurosta solidaginis,* que produce agallas en las plantas llamadas varas de oro, del género Solidago. Las moscas depositan sus huevos en una yema de la planta vara de oro al final de la primavera. Se forma una agalla esférica, creciendo hasta tener de uno a tres centímetros de diámetro, en cuyo interior crece la larva de la mosca. Las avispas parásitas atacan a la larva de la mosca, igual que hacen los escarabajos. Los pájaros carpinteros y los carboneros de capucha negra pican y abren las agallas durante el invierno para comérselas, como si fueran alguna clase de deliciosa nuez de cáscara dura.

Las agallas en las que viven estas moscas varían en tamaño y forma. Digamos, de momento, que las agallas son simplemente el subproducto indeseable de una mosca que vive en el interior de una planta vara de oro. En ese caso, esperaríamos que cualquier cambio en su variabilidad de una generación a la siguiente estaría unido a cambios en los genes que la planta usa para defenderse contra los invasores. Abrahamson y Weis han realizado experimentos en los que criaban moscas *Eurosta solidaginis* sobre plantas vara de oro que eran clones. Dado que sus genes son idénticos, la defensa de la planta contra las moscas debería ser idéntica. Sin embargo, Abrahamson y Weis encontraron que las plantas producían agallas muy diferentes. Sugirieron que los genes de las moscas eran los responsables de la forma de las agallas, al tomar el control de los propios genes de la planta. Hay, seguramente, alguna feroz selección natural funcionando en estas moscas que favorece a estos genes, dado que entre el 60 y el 100 por cien de las agallas son atacadas por parásitos. Dando por buena esta hipótesis, cuando los biólogos observaron las moscas de *Eurosta solidaginis* de generación en generación, un linaje dado de moscas producía agallas similares. La agalla está producida por la planta y, sin embargo, es fruto del trabajo del parásito, moldeada por su evolución, no por la del hospedador.

Es realmente sorprendente cuántas cosas les hacen los parásitos a sus hospedadores que *no* son subproductos indeseables, sino adaptaciones producidas por la evolución. Incluso el daño producido es en sí mismo una adaptación. Parásitos estrechamente emparentados pueden ser apacibles o crueles con sus hospedadores, o tener un efecto intermedio. El *Leishmania* puede producir solo algunas llagas o destrozarnos la cara, dependiendo de la especie. Hasta hace poco, a los científicos no les preocupaba la razón por la que los parásitos podían causar efectos tan diferentes en sus hospedadores. Los médicos estaban muy ocupados buscando curas, y los biólogos evolutivos estaban más interesados en los hospedadores que en los parásitos. Resolvían el tema de las diferencias aduciendo que cuando los parásitos se introducían por primera vez en una especie hospedadora nueva, causaban mucho daño. Pero una vez que tenían la ocasión de ajustarse a sus nuevas circunstancias, los parásitos suavizaban sus efectos.

Eso era, sin duda alguna, lo que ocurría cuando muchos parásitos se encontraban accidentalmente dentro de un nuevo hospedador. Por ejemplo, una enfermedad llamada esparganosis está causada por una especie de tenia que usa un copépodo como hospedador intermedio y madura en el interior de una rana. Si una persona se traga accidentalmente el copépodo tomándose un vaso de agua, la tenia escapará de los intestinos y vagará confusa por el cuerpo, sin encontrar ninguna de las pistas y marcas que utiliza para su orientación en las ranas. Mientras zigzaguea aleatoriamente bajo la piel, la tenia crece unos centímetros, destruyendo tejido a su paso e inundando de sufrimiento a su hospedador. Si hubieran entrado suficientes tenias de rana en el interior de los humanos, podrían haber evolucionado dando una nueva especie mejor adaptada a su hospedador. Si lo hicieran, la selección natural recompensaría ampliamente cualquier mutación que causara menos daño a su nuevo hospedador. Después de todo, si su hospedador muriese, el parásito moriría con él. La sabiduría de la madurez trae consigo consideración.

No fue hasta la década de 1990 cuando los biólogos llevaron a cabo los primeros experimentos que pondrían a prueba esta opinión. Un biólogo evolutivo alemán llamado Dieter Ebert realizó uno de ellos, usando pulgas de agua. Las pulgas de agua padecen a veces al protozoo parásito *Leistophora intestinalis*, que vive en su intestino y le produce diarrea: la diarrea transporta con ella las esporas del parásito, propagándolas a otras pulgas de agua del mismo estanque. Ebert recogió pulgas de Inglaterra, Alemania y Rusia, y crio colonias libres de parásitos de cada una de esas poblaciones. Luego infectó las colonias con *Leistophora*, pero utilizó únicamente las provenientes de estanques de Inglaterra.

Según las ideas convencionales sobre parásitos, a quienes les debería ir mejor sería a las pulgas de agua inglesas. Después de todo, los ejemplares ingleses de *Leistophora* han pasado incontables generaciones en el interior de las pulgas de agua inglesas y teóricamente han llegado a una coexistencia apacible. Pero Ebert encontró, de hecho, que lo que ocurría era lo contrario. Las pulgas inglesas se cargaron con muchos más parásitos que las pulgas alemanas y rusas: crecían más lentamente, ponían menos huevos y morían en mayor número. Aunque los parásitos ingleses habían tenido más tiempo para adaptarse a las pulgas inglesas, estas habían seguido siendo hostiles.

Los descubrimientos de Ebert no resultaron ser sorprendentes para algunos biólogos. Habían construido modelos matemáticos de la relación entre los hospedadores y los parásitos, y habían descubierto razones teóricas por las cuales la familiaridad podría generar un envilecimiento. La selección natural favorece a los genes que se pueden replicar con más frecuencia que otros. Obviamente, un gen que haga que un parásito sea inmediatamente letal para su hospedador no llegará muy lejos en este mundo. Sin embargo, un parásito que sea demasiado apacible no tendría más éxito. No cogería prácticamente nada de su hospedador, y por esa razón no tendría suficiente energía para reproducirse y acabaría en el mismo callejón sin salida evolutivo. La dureza con la que un parásito trata a su hospedador —lo que los biólogos llaman virulencia— contiene una compensación. Por un lado, el parásito quiere utilizar todo lo que pueda de su hospedador, pero, por otro lado, quiere que su hospedador siga vivo. El punto de equilibrio entre estos conflictos es la virulencia óptima de un parásito. Y bastante a menudo, esa virulencia óptima es bastante perniciosa.

Un hermoso ejemplo que ilustra cómo funciona la virulencia es el de los ácaros que viven en los oídos de las polillas. Las polillas viven en un estado de vigilancia constante debido a los murciélagos, que las buscan con la ayuda de sus chillidos ecolocalizadores. Cuando las polillas oyen que los murciélagos están emitiendo sus señales ultrasónicas, empiezan inmediatamente a zigzaguear por el aire para evitar el ataque. Si los ácaros colonizan toda la superficie del oído de la polilla —tanto en su parte exterior como en la interior— tendrán el suficiente espacio para poder producir un montón de descendencia. Pero, mientras van hurgando, dañando los delicados pelos que utiliza la polilla para oír, la dejan sorda de ese oído. Con un oído fuera de combate, a la polilla le será mucho más difícil escapar de los murciélagos. Si dejaran de funcionar los dos oídos, la polilla estaría condenada. La naturaleza ha encontrado dos soluciones para este dilema. Algunas especies de ácaros se alojan en todo el oído, tanto en la parte exterior como en la interior. Pero lo hacen solo en uno de los oídos de la polilla, dejando así a su hospedador con la suficiente capacidad auditiva para poder evitar ser comido. Otras especies de ácaros viven solo en la parte exterior de los dos oídos. Pero, al renunciar a los beneficios de la parte interna del oído, se reproducen menos que los ácaros que anulan la audición de un oído, y son transmitidos más lentamente entre polilla y polilla.

Para poner a prueba las teorías sobre la virulencia, los biólogos pueden realizar predicciones sobre el comportamiento de los parásitos del mundo real. En los bosques de Centroamérica, varias especies de nematodos parásitos viven en el interior de avispas. Estas avispas son criaturas excepcionales: la hembra deposita sus huevos dentro de la flor de una higuera y muere. La flor se transforma en fruto, los huevos de las avispas eclosionan, y las larvas se alimentan del higo. Maduran, produciendo adultos macho y hembra que se aparean en el interior del fruto. Luego, las hembras abandonan el higo para encontrar uno nuevo en el que depositar sus huevos. Cuando abandonan el fruto llevan consigo polen en sus cuerpos y, cuando encuentran una nueva flor de higuera, la fecundan, activando la producción de una nueva semilla.

Es una simbiosis provechosa tanto para la planta como para el animal: el higo depende de la avispa para fertilizarse, y la avispa depende del higo para poder disponer de un lugar en el que criar a su descendencia. Pero en esta escena feliz se cuela el nematodo.

Algunos higos están llenos de estos parásitos, y cuando una hembra se prepara para abandonar el higo, un nematodo se adhiere a ella como si hiciera autoestop. Cuando la avispa llega a un nuevo higo, el nematodo ya ha penetrado en su cuerpo y está devorando sus vísceras. La avispa entra en el higo y deposita sus huevos, pero el parásito ha depositado sus propios huevos dentro del cuerpo de la avispa. Cuando esta ha acabado de poner sus huevos, el parásito la mata, y emergen de su cuerpo media docena o más de nuevos nematodos.

Las avispas y los nematodos han vivido juntos como hospedador y parásito durante más de cuarenta millones de años —una larga y venerable asociación—. El método usado para poner los huevos varía según la especie de avispa de que se trate: alguna los pone únicamente en un higo que no hayan tocado las otras avispas para que así su descendencia disponga del higo para ellos solos. A otras especies no les molesta poner huevos junto a otros de otras avispas. La teoría de la virulencia hace una predicción sobre los nematodos que viven en las avispas del higo. Los nematodos que infectan una avispa que deposita sus huevos sola deben tratar a su hospedador con delicadeza. Si destrozan a la avispa demasiado pronto, puede que esta solo haya sido capaz de poner un par de huevos o, quizás, ninguno. La descendencia del nematodo tendría entonces menos hospedadores potenciales en su higo, lo que implicaría que tendrían menos oportunidades de sobrevivir.

No podemos decir lo mismo de los parásitos de las avispas que han puesto sus huevos junto a otros de otras avispas. Cuando la descendencia de un nematodo eclosiona en un higo, tiene más posibilidades de encontrar otras avispas que posteriormente podrán parasitar. Lo que le haga el nematodo a su propio hospedador no supone ningún riesgo para su propia descendencia, por lo que podríamos esperar que estos parásitos fueran más molestos. El biólogo Edward Herre estudió las avispas del higo y sus parásitos en Panamá, durante más de una década, y cuando revisó sus datos de once especies, encontró que habían cumplido con el modelo predicho —una poderosa vindicación para la teoría de la virulencia—.

Para estudiar las leyes de la virulencia, los parasitólogos pueden trabajar con prácticamente cualquier parásito, ya sean ácaros, nematodos, hongos, virus, o incluso ADN defectuoso. El hospedador puede ser un humano, un murciélago, una avispa o un roble. Se aplican las mismas ecuaciones. Cuando los científicos contemplan a los parásitos desde este punto de vista evolutivo, de repente, las paredes que tradicionalmente los separan se derrumban. Sin embargo, todos ellos ocupan diferentes ramas del árbol de la vida; sí, todos descienden de antepasados que vivían libremente y eran radicalmente diferentes. Pero esos abismos que los separan hacen que sus similitudes sean aún más extraordinarias. El propio Darwin se dio cuenta de que linajes diferentes pueden evolucionar hacia una misma forma. Un atún rojo y un delfín mular están separados por más de cuatrocientos millones de años de evolución divergente. Y, aun así, el delfín, cuyos antepasados se parecían a coyotes hace tan solo cincuenta millones de años, ha desarrollado un cuerpo en forma de lágrima, un tronco rígido, y una cola de cuello estrecho con forma de media luna —características que igualmente posee el atún—. Los biólogos llaman a este fenómeno convergencia, y los parásitos son los organismos más espectacularmente convergentes de todos. Los nematodos de vida libre se han desplazado desde el suelo a las raíces de los árboles, donde han desarrollado la habilidad de activar o desactivar genes individuales y de convertir células vegetales individuales en refugios confortables. Otro linaje de nematodos produjo *Trichinella* —un parásito que hace lo mismo con las células de los músculos de los mamíferos—. La duela pequeña del hígado, un trematodo con forma de lanceta, ha desarrollado sustancias químicas que pueden obligar a una hormiga a subir al extremo superior de una brizna de hierba y agarrarse. La misma hazaña la han logrado los hongos. Para buscar el último antepasado común entre esos trematodos y los hongos, habría que explorar los océanos en busca de alguna criatura unicelular que viviera hará mil millones de años o más. Sin embargo, después de todo ese tiempo, ambos se las han arreglado para llegar a la misma táctica para controlar a sus hospedadores.

Las leyes de la virulencia también se basan en la convergencia, y prometen cambiar la forma en que luchamos contra las enfermedades. Un virus como el VIH necesita pasar de hospedador a hospedador para poder propagarse, lo mismo que hace un trematodo. Si para una cepa de VIH fuera más fácil viajar entre hospedadores, se reproduciría más rápidamente en un hospedador dado (y le causaría a él o a ella más daño). Así es como la epidemia de sida ha funcionado: en poblaciones en las que la gente tiene muchos compañeros sexuales, el virus destruye el sistema inmunológico del hospedador mucho más rápidamente. El cólera está causado por una bacteria llamada *Vibrio cholerae*, que viaja por el agua y escapa de su hospedador provocándole diarrea. En lugares donde se purifica el agua y las probabilidades de que la *Vibrio* infecte a un nuevo hospedador son bajas, la enfermedad es más leve. En lugares sin higiene, la bacteria puede permitirse ser más dañina.

La historia de los parásitos, que ocupa miles de millones de años, solo está empezando a emerger, pero ya ha dejado bien claro que la degeneración no es su fuerza motriz. Es cierto que los parásitos han perdido algunos rasgos a lo largo de su evolución, pero en nuestra propia historia hay pérdidas, como la cola o los huevos de cáscara dura. Lankester estaba horrorizado por el hecho de que el *Sacculina* perdiera sus segmentos y sus apéndices cuando maduraba. Podría haber estado igual de disgustado con la forma en que él mismo había desarrollado los vestigios de branquias en el útero de su madre para perderlos más tarde cuando le crecieron los pulmones. A medida que los parásitos colonizaban el tercer gran hábitat de la Tierra, perdieron alguna parte de su antigua anatomía, pero desarrollaron toda una serie de adaptaciones que los científicos todavía están tratando de comprender.

Cuando el día de mi visita a la Colección Nacional de Parásitos llegaba a su fin, después de que Eric Hoberg y yo pasáramos la tarde en su despacho hablando y escrutando muestras en el microscopio, le pregunté si podía volver a la colección. «Por supuesto. Solo déjame que te abra la puerta de entrada», me contestó. Volvimos a bajar por las escaleras, y me abrió la puerta. Ahora estaba vacía; Donald Poling ya había acabado de limpiar las muestras del día y se había ido a casa. Mientras entraba, Hoberg se quedó en la puerta y me preguntó si necesitaba algo, y luego cerró con llave. La pesada puerta se cerró finalmente. Estaba atrapado entre parásitos. Pero, cuando ya me acostumbré a estar encerrado con ellos, el lugar inducía a la contemplación. Que yo supiera, esto era lo más parecido a un museo propiamente dicho, dedicado íntegramente a parásitos, a pesar de que faltaban una enorme cantidad de ellos —las avispas parásitas y los insectos que causaban agallas estaban diseminados por las colecciones entomológicas; los protozoos, escondidos en las facultades de medicina tropical; el *Sacculina*, en las manos de algún experto danés en percebes—. Pensé que todos deberían estar reunidos, y puede que en algo con más clase que un antiguo establo de cobayas.

06
Evolución desde dentro

El sabio aprende muchas cosas de sus enemigos.

Aristófanes, *Las aves*

El *origen de las especies* es un libro entristecedor. Como decía Darwin, Dios no puso a las especies aquí en la Tierra en un equilibrio perfectamente armonioso. Son fruto de una inmensa y continuada muerte. «Contemplamos el rostro de la naturaleza como si brillara de alegría, vemos a menudo superabundancia de alimentos —escribió—. No vemos, u olvidamos, que los pájaros que cantan ociosos a nuestro alrededor viven en su mayor parte de insectos o semillas, y están así constantemente destruyendo vida; u olvidamos con qué abundancia son destruidos estos cantores, o sus huevos, o sus polluelos, por aves y bestias rapaces». La mayoría de las plantas y animales nunca tienen la oportunidad de reproducirse, argumentaba, porque mueren a manos de algún depredador o de algún animal que esté pastando, o son superados por miembros de su propia especie a la hora de buscar la luz solar o el agua, o simplemente se mueren de hambre. Los pocos que sobreviven a todas estas amenazas y logran reproducirse, pasan su secreto del éxito a la siguiente generación. Y de toda esta muerte nace la selección natural, que puede transformar esa muerte en hermosos cantos de pájaros, en los saltos de un pez volador —en un mundo que parece, al menos superficialmente, que brilla de alegría—.

Sin embargo, Darwin habló poco de una amenaza evolutiva particularmente poderosa, una que le produjo una gran tristeza personal. Sus diez hijos lucharon contra enfermedades como la gripe, la fiebre tifoidea, la escarlatina, y cuando *El origen de las especies* se publicó en 1859, tres de ellos habían fallecido. El propio Darwin sufrió, durante una gran parte de su vida adulta, de fatiga, ataques de vértigo, vómitos y problemas cardíacos. Una vez describió su salud de esta manera: «Buena, de joven, mala los últimos 33 años». Aunque nadie está del todo seguro de qué era lo que le hacía sufrir, algunos han sugerido que padecía la enfermedad de Chagas. La enfermedad de Chagas está causada por el *Trypanosoma cruzi*, una especie de tripanosoma emparentada con el *Trypanosoma brucei*, el causante de la enfermedad del sueño. El *T. cruzi* va destrozando lentamente partes del sistema nervioso, y los que mueren de Chagas lo hacen de formas distintas y horribles: por ejemplo, tu corazón va fallando hasta que deja de latir, o puede que tus intestinos dejen de recibir las órdenes correctas para realizar la peristalsis, acumulándose así el alimento en el colon hasta que mueres de septicemia. El *T. cruzi* se propaga con las picadas de un insecto de Sudamérica, la vinchuca, una de las cuales picó a Darwin cuando estaba viajando a bordo del *H. M. S. Beagle*; aunque muchos de sus síntomas aparecieron cuando regresó a Inglaterra. Los Darwin no tenían que preocuparse de ser devorados por lobos o de morir de hambre, pero sí de las enfermedades infecciosas —en otras palabras, de los parásitos— que podían hacer estragos en la familia.

Las pérdidas que causan los parásitos en el resto de los seres vivos son bastante grandes —unas pérdidas, en términos evolutivos, que van a la par con las de los depredadores y las causadas por el hambre—. Los virus y las bacterias suelen llevar a cabo su trabajo bastante rápidamente, multiplicándose alocadamente y causando enfermedades que o matan o son derrotadas por el sistema inmunológico. Los parásitos eucariotas también pueden resultar igual de veloces a la hora de matar —prueba de ello es la brutalidad de la enfermedad del sueño y la malaria—, pero también pueden producir otra clase de perjuicios. Las garrapatas y los piojos solo viven sobre la piel, pero cuando abandonan a sus hospedadores los pueden dejar debilitados y demacrados. Los gusanos intestinales pueden permitir que sus hospedadores vivan durante años, pero entorpecen su crecimiento y reducen sus deposiciones. Los trematodos que Kevin Lafferty estudió en la marisma salobre de Carpintería no destruyen a sus peces hospedadores, pero los convierten en presas fáciles para las aves marinas.

Un cangrejo infectado con *Sacculina* puede vivir una vida larga, pero, al haber sido castrado por su parásito, no puede pasar sus genes a la próxima generación. Evolutivamente hablando, es un cadáver andante.

Evitando que sus hospedadores pasen los genes a la siguiente generación, los parásitos crean una intensa selección natural. Puede que los parásitos le produjeran demasiada miseria a Darwin como para que este reconociera que podían ser una fuerza evolutiva creativa para sus hospedadores. Una gran parte de la evolución resultante tiene lugar en sitios que no esperabas: por ejemplo, en el sistema inmunológico, que defiende a los animales de sus invasores. Pero también saca a la luz aspectos que al principio no parecía que tuvieran nada que ver con las enfermedades. Hay cada vez más pruebas de que los parásitos son los responsables del hecho de que nosotros, y muchos otros animales, tengamos sexo. La cola de un pavo real, y otros recursos que utilizan los machos para atraer a las hembras, puede que hayan aparecido gracias a los parásitos. Es posible que los parásitos hayan moldeado las sociedades de animales, desde las hormigas hasta los monos.

Es probable también que los parásitos hayan dirigido la evolución de sus hospedadores desde el amanecer de la vida. Hace 4.000 millones de años, cuando los genes formaron confederaciones laxas, los genes parásitos podían obtener ventaja de ellas y conseguir replicarse más rápidamente que el resto. Como respuesta, es posible que estos primeros organismos desarrollaran formas de vigilar sus genes. Esta clase de vigilancia todavía funciona en nuestras propias células, que contienen genes que no hacen nada, pero que buscan parásitos genéticos e intentan suprimirlos.

Cuando aparecieron los organismos pluricelulares, se convirtieron en un objetivo atractivo para los parásitos, dado que cada uno de ellos ofrecía un hábitat estable, grande y rico en alimento. Y los organismos pluricelulares tuvieron que luchar contra una nueva clase de parasitismo, en el que algunas de sus propias células intentaban replicarse a expensas del resto del organismo (un problema al que todavía nos enfrentamos con el cáncer). Toda esta presión condujo a la evolución de los primeros sistemas inmunológicos. Pero, por cada paso que dan los hospedadores en su lucha contra los parásitos, estos tienen la libertad de desarrollar un nuevo paso como respuesta. Digamos que un sistema inmunológico desarrolla una etiqueta que pueda colocar en los parásitos para que estos puedan ser más reconocibles y fáciles de matar. El parásito puede, entonces, desarrollar las herramientas que necesite para desprenderse de esa etiqueta. Como respuesta, los sistemas inmunológicos se van volviendo cada vez más sofisticados; por ejemplo, hace quinientos millones de años, los vertebrados desarrollaron la habilidad de reconocer clases específicas de parásitos con las células T y B, y fabricar así anticuerpos para ellos.

Estas idas y venidas evolutivas no solo ocurrieron en tiempos ancestrales. Siguen ocurriendo hoy en día, y los biólogos las pueden ver en acción si realizan el experimento correcto. A. R. Kraaijeveld del Imperial College en Inglaterra llevó a cabo uno de esos experimentos con moscas de la fruta y con las avispas que las parasitan. Para su experimento, eligió una avispa y dos de sus especies hospedadoras: las moscas de la fruta *Drosophila subobscura* y *Drosophila melanogaster*. Crio a las avispas con moscas *D. subobscura*, y luego colocó unas docenas de los parásitos en una cámara con *D. melanogaster*. Las avispas parasitaron a sus nuevos hospedadores, y mataron diecinueve de cada veinte *D. melanogaster*. Pero una de cada veinte *D. melanogaster* se las arregló para controlar su sistema inmunológico y matar a las larvas de la avispa. Kraaijeveld cogió estas moscas de la fruta resistentes y las usó para producir la nueva generación de *D. melanogaster*.

Mientras tanto, Kraaijeveld continuó criando sus avispas con las otras moscas, *D. subobscura*. Cuando la siguiente generación de *D. melanogaster* maduró, cogió algunas avispas y las transfirió a la cámara. Las avispas atacarían a la nueva generación de *D. melanogaster*, y una vez más, Kraaijeveld criaría a las supervivientes para producir una nueva generación.

Criando a las avispas y a las moscas de esta manera, era como si Kraaijeveld estuviera vendándoles los ojos a uno de los contendientes en la pelea hospedador-parásito. Con cada generación, las moscas *D. melanogaster* eran capaces de adaptarse cada vez más a las avispas. Pero las avispas, a las que Kraaijeveld criaba con otra especie de mosca, no tenían ninguna oportunidad de igualar la evolución de su hospedador *D. melanogaster*. Ese desajuste permitió que la *D. melanogaster* mejorara continuamente en su lucha contra sus parásitos. En solo cinco generaciones, la proporción de moscas que eran capaces de matar a las larvas de avispa creció, pasando de ser una de cada veinte a doce de cada veinte.

Los hospedadores y los parásitos pueden evolucionar juntos en una escalada continua (lo que los biólogos llaman carrera de armamento), pero en muchos casos su evolucionan se puede parecer más a un tiovivo. Los parásitos evolución a lo largo del tiempo para realizar cada vez mejor su labor de reconocimiento de hospedadores, encontrando debilidades en sus defensas, y prosperando en su interior. Pero una especie hospedadora nunca es genéticamente uniforme: se presenta en cepas, cada una de ellas con su propio conjunto de genes. Los parásitos tienen sus propias variaciones, y algunas de ellas les pueden ayudar con cepas concretas de hospedadores. Con el paso del tiempo aparecen cepas de parásitos, cada una de ellas adaptada a cepas de hospedadores.

Los biólogos han construido modelos matemáticos que reflejan estas relaciones íntimas. Si una cepa de un hospedador es más común que el resto (llamémosla Hospedador A), cualquier parásito que esté adaptado a ella tendrá un futuro más prometedor. Después de todo, pueden saltar entre un montón de individuos hospedadores, replicándose durante el proceso. El problema es que, como parásitos, matarán o incapacitarán a muchos de ellos. De generación en generación, el Hospedador A va desvaneciéndose a medida que sus parásitos van debilitando su éxito.

La atención que prestan los parásitos al hospedador más numeroso de todos otorga a las cepas de hospedadores menos comunes una ventaja. Dado que los parásitos más numerosos no están adaptados para atacarlos, tienen la oportunidad de multiplicarse. A medida que el Hospedador A disminuye, otro hospedador, llamémoslo Hospedador B, aumenta. Pero entonces los parásitos que se pueden adaptar al Hospedador B son recompensados por la selección natural y también se multiplican. Finalmente, los números del Hospedador B caen, permitiendo al Hospedador C aumentar, luego, el D, el E, etc. Incluso podría volver al Hospedador A. De vez en cuando una mutación crea una nueva cepa rara del hospedador. Sencillamente, se convertirá en el Hospedador F y entrará en la rotación.

Este interminable ciclo de auges y caídas seguramente habría horrorizado a los biólogos de la época de Lankester. Veían la historia de la vida como un progreso constante, siempre amenazado por la degeneración. En esta nueva clase de evolución no hay progreso ni hacia delante ni hacia atrás. Los parásitos obligan a sus hospedadores a pasar por una serie de cambios sin ir en una dirección concreta. Una variante aumenta, luego cae, y otra variante ocupa su lugar y crece, solo para caer más adelante. Esta clase de evolución no es un relato de poesía épica, sino más bien una historia surrealista para niños. Los biólogos la han denominado la hipótesis de la Reina Roja, en referencia al personaje de Lewis Carroll en *A través del espejo*, que hizo correr a Alicia por un largo camino que realmente no llevaba a ninguna parte. «Ahora, aquí, hace falta correr todo cuanto una pueda para permanecer en el mismo sitio», dijo la Reina Roja.

Sin embargo, hay una paradoja en la hipótesis de la Reina Roja. Aunque de lo que se trata es de correr para permanecer en el mismo sitio, eso mismo puede haber permitido que la evolución tome un paso hacia delante fundamental: puede que haya traído la invención del sexo.

* * *

Al principio de la década de 1980, Curtis Lively se encontraba en Nueva Zelanda reflexionando sobre el sexo. Había acabado su doctorado en biología evolutiva estudiando los percebes del golfo de California. Una de las preguntas que tuvo que responder en su examen final fue: ¿por qué la teoría evolutiva tiene tantas dificultades con el sexo? No tenía ni idea.

No es una pregunta que la mayoría de la gente esté acostumbrada a responder. Como Lively dice: «Si vas a una clase de segundo curso y preguntas: "¿Por qué hay machos?", te miran como si estuvieras loco. Te dicen que se necesitan machos para reproducirse y que cada generación produce más machos. Bien, puede que eso sea cierto para los mamíferos, pero no para muchas otras especies. Les resulta asombroso pensar que alguien pueda reproducirse sin machos y sin sexo. El sexo y la reproducción están fusionados en la mayoría de los cerebros de la gente».

Las bacterias simplemente se dividen en dos cuando es el momento oportuno, al igual que muchos eucariotas unicelulares. Muchas plantas y animales tienen la habilidad de reproducirse por su cuenta bastante cómodamente. Incluso entre las especies que se reproducen sexualmente, muchas pueden, en un momento dado, optar por la clonación. Si paseas por una zona con cientos de álamos temblorosos en la ladera de Colorado, podrías estar caminando por un bosque de clones, producidos, no por semillas, sino por las raíces de un único árbol que han surgido del suelo para formar retoños. Los hermafroditas, por ejemplo, las babosas de mar o las lombrices de tierra, están equipados con órganos sexuales masculinos y femeninos y se pueden autofecundar o aparearse con otros. En algunas especies de lagartos todos los individuos son madres: gracias a un proceso llamado partenogénesis, de alguna manera estimulan el inicio del desarrollo de sus óvulos no fecundados. Comparado con estas otras formas de reproducirse, el sexo es lento y costoso. Cien hembras de lagarto partenogenéticas pueden producir mucha más descendencia que cincuenta machos y cincuenta hembras. En tan solo cincuenta generaciones, un único lagarto clonado produciría más descendientes que un millón de ejemplares sexuales.

Cuando Lively estaba estudiando los misterios del sexo, solo existían un puñado de buenas hipótesis que explicaran su existencia. Dos de ellas recibieron los apodos de «hipótesis de la lotería» e «hipótesis del banco enmarañado». Según la hipótesis de la lotería, el sexo ayudó a la supervivencia en ambientes inestables. Un conjunto de clones podría funcionar lo suficientemente bien en un bosque, pero ¿qué pasaría si el bosque cambiara en unos pocos siglos, transformándose en una pradera? El sexo proporcionó las variaciones que podían permitir a los organismos sobrevivir al cambio.

Por otro lado, según la hipótesis del banco enmarañado, el sexo produce una descendencia que está preparada para vivir en un mundo complicado. En cualquier ambiente —una marisma, una cubierta forestal o un respiradero hidrotermal— el espacio está dividido en diferentes nichos que implican diferentes habilidades para sobrevivir. Un clon especializado para un nicho puede dar a luz solo descendencia que únicamente puede desenvolverse en ese mismo nicho. Pero el sexo mezcla la baraja genética y ofrece a la descendencia la posibilidad de jugar distintas manos. «Básicamente, es extender la progenie para que pueda aprovechar recursos diferentes», dice Lively. Así, los descendientes no tendrán que luchar entre ellos por la comida, y, de esta forma, una madre tendrá más posibilidades de convertirse en abuela. Aunque, en teoría, la hipótesis del banco enmarañado puede funcionar, en realidad no es muy probable que así sea. Las diferentes clases de cuerpos construidos por los diferentes conjuntos de genes tienen que ser bastante diferentes unos de otros para que pueda funcionar. Sin embargo, en esa época era la idea dominante.

Lively se encontraba en Nueva Zelanda en 1985 porque su mujer, Lynda Delph, quería estudiar biología evolutiva en la Universidad de Canterbury. Lively obtuvo un trabajo allí como investigador posdoctoral, y se preguntaba si Nueva Zelanda le podría brindar la ocasión de poner a prueba las distintas explicaciones que había sobre el sexo. En biología evolutiva, las ideas tienden a surgir rápida y fácilmente, y, de repente, resulta que son tristemente indemostrables. Para poder probar las distintas explicaciones sobre el sexo, Lively tenía que encontrar las especies correctas que estudiar. Debía ser una mezcla de sexuales y asexuales. Entre algunas especies de animales, por ejemplo, hay poblaciones de machos y hembras que viven junto a clones. Otras especies son hermafroditas, y pueden elegir entre tener sexo entre ellos o con otros animales. Únicamente en esta clase de animales se pueden apreciar los efectos de generación en generación, porque un biólogo podría comparar cómo les ha ido a los individuos sexuales y a los asexuales. Como dice Lively: «Si tratas con algo que es completamente asexual, es difícil saber si la selección favorecería a los asexuales o iría en contra de ellos. Pero si estás en un sistema en que tienes ambos, tienes la base para poder comparar». No podía, por ejemplo, poner a prueba la idea de la persistencia del sexo en humanos, porque es una característica común a todos nosotros. No existe ninguna tribu perdida en la que tengan hijos mediante clonación natural. En nuestro propio linaje evolutivo, la carrera entre los sexuales y los asexuales acabó hace cientos de millones de años. Por suerte, hay un caracol en Nueva Zelanda que encaja a la perfección en lo que buscaba Lively. De nombre *Potamopyrgus antipodarum*, este caracol de poco más de medio centímetro de longitud vive en la mayoría de lagos, ríos y arroyos del país. Aunque muchas poblaciones del caracol estaban constituidas únicamente por clones idénticos, el producto de la partenogénesis, algunos se dividían en machos y hembras que usaban el sexo para reproducirse.

Lively fue a ver si los hábitats de los caracoles tenían alguna influencia en la forma en que se reproducían. Los caracoles que vivían en los arroyos sufrían inundaciones repentinas, mientras que los que vivían en lagos disfrutaban de una existencia estable y tranquila. Según la hipótesis de la lotería, en los caracoles de los arroyos se debería favorecer la existencia del sexo porque tienen que vivir en un lugar inestable. Según la hipótesis del banco enmarañado, habría más competición en los lagos por los diferentes nichos, y los machos estarían muy solicitados.

Lively subió hasta los lagos de montaña donde vivían los caracoles y echó la red en sus aguas. Consiguió los ejemplares de caracol y, para determinar su sexo, rompió sus caparazones y los abrió, buscando un pene detrás del tentáculo derecho. Pero cuando observó el interior de los caracoles se quedó muy desconcertado: estaban llenos de lo que le pareció un espermatozoide gigante. «Se los enseñé —para mi desgracia— a uno de los parasitólogos de la universidad, y me dijo: "No se trata de un espermatozoide, idiota, son gusanos"». El parasitólogo le explicó a Lively que los parásitos eran trematodos que habían castrado a sus caracoles hospedadores, se habían multiplicado, y, por último, se introdujeron en su hospedador final, un pato. En algunos lugares, le decía el parasitólogo, los caracoles se habían llenado de trematodos, y en otros lugares no tenían ni uno.

Sin embargo, la humillación no fue difícil de sobrellevar, porque Lively se dio cuenta de que esos parásitos le permitían probar una tercera explicación para la persistencia del sexo: los parásitos eran los responsables. La idea había sido sugerida de distintas formas por varios científicos, pero principalmente en 1980 por un biólogo de la Universidad de Oxford llamado William Hamilton. Hamilton creía que cuando los hospedadores se enfrentan a la Reina Roja, el sexo puede ser una estrategia mejor que la clonación para luchar contra los parásitos.

Consideremos un grupo de amebas que se reproducen por clonación y que se dividen en diez cepas genéticamente distintas. Digamos que las bacterias las infectan y que la carrera de la Reina Roja empieza. La bacteria se presenta en cepas, cada una de las cuales está adaptada a una cepa diferente de hospedador. La cepa más común de amebas es atacada por su propia cepa de bacterias, y cuando la cepa de amebas pierde un número suficiente de individuos, el foco de atención del parásito pasa a estar en otra cepa diferente. Dado que las amebas se reproducen por clonación, cada nueva generación es genéticamente idéntica a sus antepasados. La bacteria va pasando por cada una de las diez cepas una y otra vez, y después de un rato, puede haber empujado a la extinción a alguna de ellas.

Imaginemos ahora que alguna de esas amebas desarrolla los medios necesarios para tener sexo. Los machos y las hembras realizan copias de sus genes y los comparten para formar el ADN de su descendencia, y como los genes se combinan, acaban mezclándose. Como resultado, la descendencia no es una copia exacta de uno de sus padres, sino un nuevo revoltijo de genes. Ahora, los parásitos tienen mucho más difícil cazar a sus hospedadores. Debido a que los genes de las amebas sexuales se mezclan, ya no aparecen en cepas distintas, lo que hace que sea todavía más difícil para los parásitos localizarlas. La Reina Roja sigue impulsando a los organismos a una carrera sin fin, pero sus descendientes puede que tengan menos probabilidades de ser infectados. Y la protección que brinda esta diversidad a la ameba sexual podría conferirles una ventaja decisiva en su competencia con las asexuales.

Era una idea elegante, pero la primera vez que Lively leyó sobre ella no le pareció muy posible. «Mi sensación —y creo que era algo bastante generalizado— era que se trataba de una idea inteligente, pero me parecía poco probable que fuera cierta. La razón era que no había observado mucho parasitismo en el mundo. Si vas a tener una presión selectiva que sea lo suficientemente intensa, tendría que ser algo que tuviera grandes y obvios efectos inmediatos. Al menos en lo referente a los humanos de este país, no vemos esos grandes efectos. Y la gente que hace biología de campo estaba interesada principalmente en la competición o en la depredación. No existía una tradición de estudio de los parásitos».

Pero el hecho es que la mayoría de los animales —incluidos los caracoles de Lively— están plagados de parásitos. Por si Hamilton tuviera razón, Lively decidió empezar a fijarse en si sus caracoles estaban o no infectados con trematodos. «Hamilton sentó las bases de la teoría de los parásitos en 1980, 1981, 1982, pero nadie ha descubierto sistemas con los que se pueda poner a prueba. No sabía que yo estaba manejando uno de ellos hasta que empecé a abrir las conchas de estos caracoles. Me di cuenta de que podía abordar la idea de Hamilton, pero si hubieran sido virus, no habría sabido. Aquí estamos tratando con grandes gusanos nadadores, y cualquiera puede verlos en un microscopio de disección».

A Lively no le costó mucho tiempo observar un patrón claro. Los caracoles de los lagos estaban más infectados con trematodos que los de los arroyos, y era precisamente en los lagos donde había una mayor presencia de machos. Cuanto más infectado estaba un lago, más machos contenía. La única hipótesis que podía explicar los tres patrones era la de la Reina Roja: en lugares donde hay más parásitos, hay una fuerte presión evolutiva en favor del sexo. «Estaba completamente sorprendido. Cuando disponía ya de la mitad de los datos lo hice público, pensé: "Vaya, parece que hay establecida una tendencia". Así que salí a buscar muchos más datos para ver si esa tendencia desaparecía. No fue así. El añadir más lagos no cambiaba nada —no eran solo unos pocos lagos en los que predominaba la sexualidad y a la vez estaban altamente infectados—».

Lively publicó esos primeros resultados de los caracoles de Nueva Zelanda en 1987. Desde entonces, el estudio del sexo ha sido su mayor preocupación. Había probado la hipótesis de la Reina Roja de modos diferentes y encontró más casos que la apoyaban. Por ejemplo, en 1994 viajó al lago Alexandrina, en la isla sur de Nueva Zelanda, con su estudiante posdoctoral Jukka Jokela.

Recogieron caracoles de las aguas más superficiales y de las profundas. Los caracoles viven en aguas poco profundas junto a patos, que son los hospedadores finales de los trematodos y que sueltan allí los huevos de estos parásitos. Con tantos huevos presentes en el agua, hay más caracoles enfermos en las zonas poco profundas que en las aguas alejadas de la costa. Lively y Jokela encontraron que hay muchos más machos entre los caracoles de las aguas poco profundas, seguramente como resultado de la presión de los parásitos. En un único lago, podían ver cómo los parásitos impulsaban la predominancia del sexo en sus hospedadores.

Al mismo tiempo, Lively vio cómo otros biólogos habían encontrado que la Reina Roja funcionaba en otras especies. En Nigeria vive otro caracol llamado *Bulinus truncatus*, una de las especies que portan los trematodos sanguíneos que causan la esquistosomiasis. Su vida sexual es más exótica que la de los caracoles de Nueva Zelanda de Lively. Son hermafroditas, con gónadas masculinas y femeninas, que pueden usar para fecundar sus propios huevos y producir clones. Pero algunos de ellos también están equipados con un pene, que pueden usar para aparearse con otros caracoles.

Al igual que con los caracoles de Nueva Zelanda, para las especies nigerianas parece un derroche enorme el esfuerzo de hacer crecer un pene y tener sexo cuando simplemente pueden autofecundarse. Y, como en Nueva Zelanda, los parásitos parece que hacen que el esfuerzo valga la pena. Según la parasitóloga Stephanie Schrag, cada año los caracoles tienen una estación para el pene. En diciembre y enero, las aguas son más frías en el norte de Nigeria. Los caracoles usan la temperatura fresca como pista para producir más descendencia equipada con penes —caracoles, en otras palabras, que pueden aparearse con otros caracoles—. Con más penes, hay más sexo entre los caracoles, y más mezcla del ADN, y más variación en la siguiente generación. Los caracoles necesitan unos tres meses para madurar, por lo que esta nueva generación producida sexualmente madura entre marzo y junio. Y resulta que entre marzo y junio es la época del año en la que los trematodos del norte de Nigeria están en su peor momento. En otras palabras, parece ser que los caracoles usan el sexo para prepararse con meses de adelanto para el ataque anual de los parásitos.

El apoyo más inesperado que recibió el efecto de la Reina Roja provino de los mismos parásitos. Al igual que sus hospedadores, muchos parásitos tienen sexo, y en 1997, científicos escoceses se preguntaban por qué los parásitos se molestaban en ello. Tal como hizo Lively, buscaron una especie que no estuviera atada a una reproducción únicamente sexual o asexual. Eligieron al *Strongyloides ratti*, un nematodo que, como sugiere su nombre, vive dentro de las ratas. La hembra, que vive en el intestino de sus hospedadores, pone huevos sin la ayuda de ningún macho. Una vez que estos huevos abandonan el cuerpo de la rata, eclosionan, y sus larvas emergen, en una de dos posibles formas.

En una de ellas, todas se convertirán en formas femeninas, que se dedicarán a buscar una rata en la que entrar. Se introducen en su piel y luego se desplazan a través de ella hasta que llegan a su hocico. Allí encuentran las terminaciones nerviosas que la rata usa para oler, y las siguen hasta llegar a su cerebro. Desde allí el parásito toma una ruta —nadie conoce los detalles— que le conduce hasta los intestinos de la rata, y empieza de nuevo a fabricar clones femeninos.

La otra posibilidad es aquella en la que los huevos eclosionan en el suelo, y las larvas permanecen allí. Cuando las larvas maduran, se convierten tanto en machos como en hembras, en lugar de solo en hembras como era el caso anterior, y en lugar de clonarse para reproducirse, optan por el sexo. Las hembras depositan los huevos fecundados, dando lugar a una nueva generación de gusanos que pueden penetrar a través de la piel de las ratas y regresar a sus intestinos. En otras palabras, el *Strongyloides* puede completar su ciclo vital con o sin sexo.

Los científicos escoceses decidieron averiguar si un cambio en el sistema inmunológico de una rata influiría en el tipo de reproducción que eligiera el parásito. Introdujeron *Strongyloides* en ratas, y estas manifestaron una respuesta inmunológica contra los parásitos. A continuación, les administraron inyecciones de un medicamento antiparasitario para expulsarlos de sus cuerpos. Ahora las ratas estaban preparadas para luchar contra una segunda invasión. Cuando los científicos volvieron a infectarlas y la nueva ola de nematodos empezó a producir huevos, los parásitos que emergieron de ellos tenían más probabilidades de ser formas sexuales. En otro experimento, los científicos deprimieron con radiación el sistema inmunológico de una rata para infectarla posteriormente con *Strongyloides*. Encontraron que los parásitos tenían más probabilidades de clonarse que de tener sexo.

Estos experimentos demostraron que el *Strongyloides* preferiría reproducirse asexualmente, pero un sistema inmunológico sano le fuerza a tener sexo. Según Lively: «Tu sistema inmunológico es una especie de parásito del parásito». Al igual que los parásitos, las células T y las células B se multiplican, dando lugar a diferentes linajes, y los asesinos más exitosos son los que más se reproducen de todos. Como sus hospedadores, los parásitos se pueden defender teniendo sexo y diversificando sus genes.

Todo el trabajo que hicieron tanto Lively como los otros científicos sobre el origen del sexo descansa sobre los hombros de la Reina Roja, aunque ha sido muy difícil vislumbrar a la Reina. Algunos investigadores que realizan simulaciones por ordenador de la lucha entre hospedador y parásito han visto su sombra pasar velozmente por sus monitores. En el propio trabajo de Lively, pudo ver los efectos de la Reina Roja solo cuando localizó y situó dónde vivían los caracoles sexuales y los asexuales —haciéndose una idea de sus efectos en un momento concreto—. Pero, al final, había estudiado suficientes caracoles para ver su trabajo desplegado a lo largo del tiempo más que en un espacio.

Durante cinco años, Lively y otro de sus estudiantes posdoctorales, Mark Dybdahl, recogieron caracoles en el lago Poerua. Todos eran clones, y la mayoría pertenecían a cuatro linajes principales. Lively y Dybdahl hicieron un censo de los cuatro clanes de caracoles cada año y observaron cómo sus poblaciones crecían y menguaban. Cogieron los clones menos frecuentes y los más comunes y los llevaron a su laboratorio, en la Universidad de Indiana, donde trabaja actualmente Lively. Una vez allí, expusieron ambas clases a sus trematodos. Observaron una gran diferencia: a los parásitos les costaba mucho más infectar a los caracoles menos frecuentes que a los más comunes. Una predicción central de la Reina Roja es que el hecho de ser raro confería al organismo una ventaja debido a que los parásitos están más adaptados a los hospedadores más comunes.

Luego se fijaron en su censo de los caracoles del lago Poerua de los últimos cinco años. Encontraron que, en un año dado, no había mucha conexión entre el número de parásitos que infectan a un linaje de caracoles y lo grande que era ese linaje. Los que tenían grandes cantidades de parásitos no eran los más comunes. Pero gracias a disponer de un registro de los últimos cinco años, Lively y Dybdahl podían consultar los datos de los diferentes linajes en los años previos. Cuando lo hicieron, apareció un patrón distinto. Los linajes de caracoles que portaban más cantidad de parásitos en un año dado habían sido los caracoles más frecuentes un par de años antes, y ahora estaban en declive. Los caracoles habían empezado siendo escasos para luego ser más comunes, pero con el tiempo los parásitos los igualaron y sus números empezaron a bajar. Debido a que llevó un tiempo que la evolución de los trematodos hiciera que estos igualaran a sus hospedadores, los trematodos alcanzaron su mayor éxito solo después de que los caracoles empezaron a disminuir.

Por primera vez, los científicos habían podido ver a la Reina Roja en acción, moviéndose a través del tiempo. Es un método que habría aprobado la misma Alicia. Durante su aventura hubo un momento en el que perdió de vista a la Reina Roja. Le preguntó a la Rosa cómo podría atraparla, y la Rosa le contestó: «Te recomendaría ir en la otra dirección».

«A Alicia le pareció un disparate, pero después de echar un vistazo y ver a la Reina bastante lejos de allí, pensó que haría la prueba, esta vez, de caminar en la dirección contraria. Funcionó maravillosamente. No había caminado ni un minuto cuando se encontró cara a cara con ella».

* * *

Poco después de que Hamilton propusiera que los parásitos dirigen la evolución del sexo, se dio cuenta de que esta idea, a su vez, originaba otra. El sexo puede ayudar a los organismos a esquivar a los parásitos, pero trae consigo otros problemas propios. Digamos que eres una gallina, y tus genes están particularmente bien adaptados para luchar contra los parásitos que la Reina Roja ha hecho que sean más comunes en ese momento. Quieres tener algunos pollitos, pero para ello debes encontrar un gallo, y la mitad de los genes de los pollitos provendrán de él. Si escoges un gallo que tenga genes deficientes en la lucha contra los parásitos, tus pollitos sufrirán las consecuencias. Te resultará útil ser exigente con las posibles parejas e intentar adivinar qué gallos tienen buenos genes. El gallo no tiene por qué ser tan exigente, porque puede fabricar espermatozoides a millones. Pero, por otro lado, tú solo podrás producir unas docenas de óvulos durante toda tu vida.

Trabajando con una estudiante de posgrado, Marlene Zuk, en la Universidad de Michigan, Hamilton sugirió que las hembras juzgan los alardes de los machos para decidir lo bien o mal que luchan contra los parásitos. Un pretendiente débil tendrá que invertir la mayor parte de sus esfuerzos defendiéndose de los parásitos y le quedarán muy pocos recursos libres. Pero un macho que pueda resistir el ataque de los parásitos todavía tendrá suficiente energía para demostrarles a las hembras lo sanos que son sus genes. Hamilton y Zuk argumentaron que estos alardes debían ser ostentosos, extravagantes y caros. La cresta de un gallo podría considerarse como una especie de currículum biológico. No tiene ninguna función específica que sirva para la supervivencia del gallo. De hecho, es una carga para él, porque, para poder mantenerla roja e hinchada, el gallo tiene que estar bombeando testosterona en esa zona. La testosterona suele deprimir el sistema inmunológico, suponiendo una desventaja para los gallos a la hora de repeler a los parásitos.

De la misma forma que los parásitos pueden ser los causantes de que el gallo tenga esa cresta, también pueden hacer que las aves del paraíso extiendan las largas plumas de su cola, que el tordo sargento sea más rojo, que el pez espinoso tenga manchas brillantes o que los espermatóforos de los grillos sean más grandes. Cualquier aspecto que pudieran utilizar las hembras para juzgar a los machos podría estar influenciado por los parásitos.

Hamilton y Zuk presentaron su idea al principio de la década de 1980 con una simple prueba. Podríamos esperar que, en general, los miembros de una especie que estuviera cargada de parásitos fueran mucho más vistosos que una especie que tuviera menos parásitos. De acuerdo con su hipótesis, las bacterias y los virus no tendrían un gran impacto sobre los alardes de los machos. Suelen matar a sus hospedadores o son víctimas de ellos. En el primer caso, no queda macho alguno para alardear; en el segundo, un macho enfermo se puede recuperar lo suficientemente bien como para resultar indistinguibles de los machos más fuertes.

Hamilton y Zuk recopilaron información de los pájaros cantores de Norteamérica y de los parásitos que causaban enfermedades crónicas y agotadoras —por ejemplo, el causante de la malaria aviar, y también el *Toxoplasma*, tripanosomas y varios gusanos y trematodos—. Luego, clasificaron la vistosidad de los machos de cada especie según la viveza de sus colores y según su canto, y encontraron que las especies que tenían más parásitos eran las que llevaban a cabo las exhibiciones más vistosas.

Ese trabajo inicial inspiró una gran cantidad de investigaciones (que abarcaban más que la teoría de Hamilton sobre el origen del sexo). Los zoólogos comprobaron estas ideas en los cantos de los grillos, en las manchas de los peces espinosos, en los sacos de las gargantas de los lagartos espinosos. En muchos de estos test —especialmente en los experimentos de laboratorio— le fue bastante bien a la teoría de Hamilton y Zuk. Por ejemplo, Zuk estudió el gallo Bankiva del sudeste de Asia, que es el pariente silvestre de las gallinas domésticas. Hizo un seguimiento de las elecciones de las hembras en su laboratorio y midió las crestas de los gallos elegidos. Encontró que las hembras elegían mayoritariamente machos con crestas más largas.

En un estudio más elaborado, científicos suecos estudiaron el faisán común. Los faisanes macho tienen espolones en sus patas, y los investigadores encontraron que las hembras usaban la longitud del espolón para decidir con qué macho se apareaban. Los investigadores se fijaron luego en los genes del sistema inmunológico de los faisanes y encontraron que los individuos que tenían los espolones más largos compartían una combinación particular de genes. No saben lo que realmente hacen esos genes para ayudar a los machos a repeler a los parásitos. Pero, al fijarse en la descendencia de los faisanes, encontraron que los que tenían padres con espolones más largos tenían más posibilidades de sobrevivir que aquellos cuyos padres los tenían más cortos.

No hay razón por la cual estas exhibiciones antiparásitos no se puedan ampliar más allá del cuerpo del macho y se extiendan hasta la forma en la que este corteja a las hembras. Eso es lo que parece que ocurre con el pez *Copadichromis eucinostomus*, que vive en el lago Malawi, en África Central. Para atraer a las hembras, el macho construye con arena una especie de torres en el fondo del lago. Algunos no son más que un puñado de granos de arena colocados sobre piedras, mientras que otras son conos de varios centímetros de alto. Los machos las construyen conjuntamente, creando vecindarios densos en los que cada uno defiende su construcción frente a machos que están recorriendo la zona intentando usurpar alguno. La hembra pasa la mayor parte de su tiempo alimentándose por su cuenta, pero, cuando llega la época de aparearse, se dirige a la zona donde están todas esas construcciones e inspecciona el trabajo de los machos. Si una hembra escoge un macho con el que aparearse, libera un huevo y se lo coloca en la boca. El macho vierte allí mismo su esperma y ella se lleva el huevo fecundado.

La hembra usa aparentemente las construcciones para encontrar al macho que realice el mejor trabajo a la hora de luchar contra parásitos como las tenias. Los experimentos han demostrado que las hembras prefieren machos cuyas construcciones son grandes y con formas suaves, y también resulta que estos machos son los que llevan consigo menos tenias. Un macho que tenga tenias tiene que pasar mucho tiempo alimentándose y apenas le quedará tiempo para ocuparse de su construcción. Esta se convierte en un expediente médico, y puede que, incluso, en un perfil genético.

Pero la hipótesis Hamilton-Zuk también ha fracasado en algunos test. Por ejemplo, los machos de los sapos del desierto atraen a las hembras con sus llamadas, pero una llamada fuerte no es reflejo de un sistema inmunológico más capacitado para luchar contra el *Pseudodiplorchis*, el parásito que vive en su vejiga y bebe su sangre. En algunas especies de lagartijas espinosas, los machos tienen unas bolsas en la garganta con colores brillantes que les encantan a las hembras, pero no existe una conexión entre su brillo y el contenido de parásitos como el *Plasmodium* que ataca a las lagartijas.

Estos fallos han hecho que los científicos se pregunten si habían estado probando la hipótesis de Hamilton-Zuk de la forma correcta. Un parásito concreto puede ser dañino o inofensivo, y, por lo tanto, puede tener mucha influencia sobre la exhibición del macho o, por el contrario, absolutamente ninguna. Si dispones de un montón de estudios sobre las cantidades presentes de parásitos diferentes, es muy difícil poder usarlos para sacar cualquier tipo de conclusión general. En lugar de contar el número de parásitos sería más fiable evaluar el sistema inmunológico. Los sistemas inmunológicos han evolucionado para hacer frente a diferentes clases de parásitos, por lo que nos podrán ofrecer una idea general mucho más fidedigna. Es mucho más pesado contar glóbulos blancos microscópicos que tenias gigantes, pero resulta ser un método mucho mejor. Los estudios inmunológicos le confieren a la hipótesis Hamilton-Zuk un apoyo fuerte y consistente. La hembra de pavo real, por ejemplo, escoge a los pavos que tengan la cola más extravagante, y los investigadores han encontrado que los pavos que tienen esas colas tienen sistemas inmunológicos que pueden organizar una respuesta mucho más fuerte contra los parásitos.

Otra razón por la que la hipótesis Hamilton-Zuk se queda corta puede que sea porque los científicos están mirando las señales erróneas. Se han fijado en pistas visibles como las crestas de los gallos o los sacos de los lagartos porque son fáciles de medir. Pero entre todos los canales de comunicación existentes entre los sexos, puede que la visión no sea tan importante. Los ratones, por ejemplo, pueden oler la orina de una pareja potencial y notar si tiene o no parásitos; si un ratón macho está enfermo, la hembra se mantendrá alejada. Es incluso posible que los machos utilicen sus olores para anunciar su fortaleza frente a los parásitos con alguna clase de perfume extravagante e irresistible. «El olor de un ratón macho —escribe un biólogo—, es el equivalente químico de las plumas de un pavo real».

Y, aunque la idea de Hamilton y Zuk resulta que falla con otros animales, puede que, de todas formas, los parásitos hayan dado forma a sus vidas sexuales por razones muy diferentes. Una vez más, todo se reduce a cómo pasa un animal en concreto sus genes a la futura generación. Entre las abejas, las reinas jóvenes dejan la colmena en la que nacieron al final del verano con un séquito de machos. Después de que se aparee con ellos, los machos mueren, pero la reina sobrevive al invierno y emerge en la primavera, para empezar una nueva colonia con los huevos que fueron fecundados el otoño anterior. En otras palabras, cada especie de abejas fluye a través del cuello de botella que suponen sus pocas reinas.

Estudiando el ADN de las abejas, los biólogos han encontrado que las reinas pueden aparearse con diez o veinte machos durante su vuelo nupcial. Todo ese sexo, placeres aparte, es muy costoso: una reina que se esté apareando es más vulnerable al ataque de un depredador, y debería reservar la energía que invierte en todo ese sexo para sobrevivir al invierno.

Puede que las abejas tengan todo ese sexo como defensa contra los parásitos, como demostró Paul Schmid-Hempel, un biólogo suizo. Inyectó esperma en las reinas y luego crio las colonias que las reinas dieron a luz. Algunas reinas recibían el esperma de solo un par de machos muy emparentados con ella, mientras otras recibían un cóctel con cuatro veces más diversidad genética. Cuando las colonias de las reinas empezaron a eclosionar, Schmid-Hempel la colocó en el exterior en una pradera floreciente cerca de Basilea y la dejó allí hasta el final de la estación, cuando regresó para recuperarla.

Prácticamente en todos los parámetros que midió, las descendencias de las reinas con más diversidad genética eran mucho más resistentes contra los parásitos que las que tenían poca diversidad. Las colonias tenían menos infecciones, menos clases de parásitos invasores y menos parásitos por individuo. Las descendencias de las reinas con alta diversidad tenían muchas más probabilidades de sobrevivir hasta el final del verano, lo que le confería más probabilidades para producir futuras colonias. En lugar de elegir cuidadosamente un macho con el que aparearse, una abeja reina puede buscar muchos pretendientes para crear un arco iris genético en su futura colmena.

Por muy fundamental que sea un sistema inmunológico para poder sobrevivir al ataque de los parásitos —sobre todo, un sistema inmunológico que pueda evolucionar rápidamente— es realmente un último recurso defensivo. Lucha contra invasores que ya han cruzado el foso y están dentro del castillo. Sería mucho mejor impedir que los parásitos entraran. La evolución lo ha forzado. Los hospedadores se han adaptado para repeler a los parásitos con las formas de sus cuerpos, su conducta, la forma en que se aparean, incluso con la forma de sus sociedades —todo ello diseñado para mantener alejados a los parásitos—.

Muchos insectos tienen una forma concreta para poder repeler a los parásitos. Durante su época larvaria, algunas especies están recubiertas de pinchos y revestimientos resistentes que hacen que las avispas desistan de poner sus huevos en su interior. Otros tienen unos penachos de púas desprendibles en sus cuerpos que provocan que la avispa se enrede cuando intenta aterrizar sobre ellos. Cuando las mariposas forman capullos, a veces los dejan colgando de un largo hilo de seda que hace imposible para las avispas tener el impulso suficiente para atravesar su cubierta.

Para algunos insectos, la armadura no es suficiente. Por ejemplo, miles de especies de hormigas son martirizadas por miles de especies correspondientes de moscas parásitas. La mosca revolotea sobre el camino hecho por las hormigas desde su nido hasta su fuente de alimento. Cuando una hormiga apropiada pasa por debajo, la mosca baja hacia ella, se posa sobre su espalda e introduce el tubo por el que depositan sus huevos en la abertura que hay entre la cabeza de la hormiga y el resto de su cuerpo. Los huevos eclosionan rápidamente, y las larvas se abren camino a mordiscos hacia el interior de la hormiga para luego viajar hasta la cabeza de esta. Estas larvas se alimentan de tejido muscular. En un mamífero lo suyo sería que se desplazara hacia un bíceps o un muslo, pero, en las hormigas, el lugar con más carne es la cabeza. A diferencia de nuestros cráneos, que están ocupados por completo por el cerebro, los de las hormigas sostienen una maraña poco consistente de neuronas, el resto del espacio se dedica a músculos con los que manejan sus mandíbulas cortantes. Cuando la larva se halla en el interior de la cabeza de una hormiga, se dedica a masticar sus músculos, evitando cuidadosamente los nervios, y crece hasta que ocupa todo el espacio. Finalmente, un día, la hormiga llega a su terrible final: el parásito disuelve la conexión entre la cabeza y el resto del cuerpo. Como una naranja madura, esta cae al suelo. Mientras el hospedador descabezado deambula alrededor, la mosca empieza su siguiente etapa, formando una larva. Otros insectos tienen que exponer sus capullos a los elementos y a los depredadores hambrientos, pero la mosca se desarrolla cómodamente en la cuna resistente que es para ella la cabeza de una hormiga.

Estas moscas son tan destructivas que las hormigas han desarrollado maniobras defensivas contra ellas. Algunas corren para escapar de las moscas; otras se detienen en su camino y empiezan a agitarse incontroladamente, rechinando sus mandíbulas tan pronto como notan que una mosca las está sobrevolando. Una única mosca parásita puede detener cien hormigas en su camino, ocupando una longitud de casi dos metros. Si la mosca aterriza sobre la espalda de una de ellas y se da prisa en depositar sus huevos detrás de la cabeza, la hormiga mueve la cabeza hacia atrás para así atrapar y destruir a la mosca entre la cabeza y la espalda, a modo de mordaza.

Estas moscas han transformado toda la estructura social de esas hormigas cortadoras de hojas. Estas viajan desde sus nidos hasta los árboles, cortan las hojas y se las llevan de regreso a su casa, formando un desfile de confeti verde sobre el suelo forestal. Las cortadoras de hojas son los herbívoros dominantes en muchos bosques de Latinoamérica —ñus en miniatura, aunque en realidad no se comen las hojas—. En lugar de eso, se las llevan a sus colonias, donde las usan para hacer crecer jardines de hongos, que luego se convertirán en su alimento. Para ser estrictos técnicamente, las cortadoras de hojas no serían herbívoros, sino agricultores de hongos.

Las colonias de cortadoras de hojas se dividen en hormigas grandes, que transportan las hojas al nido, y hormigas pequeñas. Estas últimas reciben el nombre de mínimas, y se encargan de atender los jardines. También pueden encontrarse sentadas sobre las hojas que transportan las hormigas grandes hacia su hogar.

Los entomólogos han estado cavilando durante mucho tiempo sobre cuál era la razón por la que las mínimas gastaban parte de su tiempo cabalgando en paseos como este. Algunos sugirieron que a lo mejor recogían otra clase de alimento de los árboles, puede que savia, y que luego regresaban al nido sobre las hojas para ahorrar energía. De hecho, las mínimas son guardaespaldas parásitas. Las moscas parásitas que atacan a las cortadoras de hojas tienen una estrategia especial a la hora de acercarse a sus hospedadores: aterrizan sobre fragmentos de hojas y descienden hacia donde la hormiga la sujeta con sus mandíbulas. Entonces, la mosca deposita sus huevos en la abertura existente entre la mandíbula y la cabeza de la hormiga. Las mínimas autoestopistas vigilan en las hojas o se sitúan sobre ellas, con sus mandíbulas abiertas. Si encuentran una mosca, la espantan o incluso la llegan a matar.

En los animales más grandes, la lucha contra los parásitos es igual de intensa, aunque no es tan obvia como en el caso de la hormiga luchando con una mosca. Los mamíferos son continuamente asaltados por parásitos —por piojos, pulgas, garrapatas, éstridos, gusanos barrenadores y reznos— que chupan su sangre o depositan sus huevos en la piel. Como respuesta a ello, los mamíferos han evolucionado hasta convertirse en acicaladores obsesivos. El modo en que una gacela mueve su cola perezosamente y mordisquea su costado puede parecer la viva imagen de la tranquilidad, pero realmente se trata de una lucha en cámara lenta contra un ejército de invasores. Los dientes de la gacela tienen forma de rastrillos, no para que les sirvan de ayuda a la hora de comer, sino para poder deshacerse de piojos, garrapatas y pulgas. Si, por lo que fuera, sus dientes fueran bloqueados, su cargamento de garrapatas se multiplicaría por ocho. Las gacelas no se acicalan como respuesta a un arañazo o picadura en particular; se limpian según un horario que funciona casi como un reloj, porque los parásitos son implacables. La limpieza reduce el tiempo que el animal necesita para comer y resguardarse de los ataques de los depredadores. El mejor impala de una manada acaba infestado de garrapatas —seis veces más que las hembras— porque está muy ocupado controlando a los machos competidores.

La forma de una sociedad animal también puede ayudar a eliminar parásitos. Los animales se protegen de los depredadores de esta forma. Los peces que permanecen agrupados en un banco pueden compartir la vigilancia; tan pronto como uno de ellos nota la presencia de un depredador, todos responden alejándose. E incluso si el depredador atacara, cada miembro del banco tiene menos probabilidades de morir que si viviera solo. Es hora de colocar al parásito junto al león. Incrementar el tamaño de la manada no solo disminuye las probabilidades de que cada gacela sea comida por un león, sino que disminuye igualmente las probabilidades de que cada individuo sea atacado por una garrapata o algún otro parásito hematófago. Por otro lado, los parásitos pueden, a la vez, impedir que las manadas se hagan demasiado numerosas. Cuando los animales permanecen juntos en grupos cada vez más grandes, hacen que les sea más fácil a los parásitos pasar de un hospedador a otro, ya sean virus transportados por un estornudo, pulgas que se pasan al rozarse los cuerpos, o *Plasmodium* transportados por un mosquito hambriento.

Según Katherine Milton, una primatóloga de la Universidad de California en Berkeley, los parásitos pueden incluso enseñar modales a los animales. Milton estudia los monos aulladores de Centroamérica, y se ha sorprendido por la agresividad de uno de sus parásitos: el gusano barrenador. En su fase de mosca busca heridas abiertas en los mamíferos; puede incluso encontrar el agujero hecho por el mordisco de una garrapata. Deposita sus huevos dentro de la herida, y cuando eclosionan las larvas, empiezan a devorar la carne de su hospedador. Durante ese proceso ocasionan tanto daño que incluso pueden llegar a matar al mono aullador.

El gusano barrenador puede hacer que los monos aulladores desconfíen de luchar unos contra otros por aparearse o por el territorio. La lucha solo sería un altercado menor, pero si uno de ellos se hace una herida, un gusano barrenador podría hacer que esta fuera su última pelea. De hecho, los gusanos barrenadores son tan eficientes a la hora de encontrar heridas que la evolución penaliza a los monos aulladores violentos. En lugar de eso, ha hecho que sean criaturas afables, y los ha alentado a desarrollar conductas de confrontación en las que ninguno de los oponentes se haga daño, como, por ejemplo, aullar y abofetear en lugar de morder y arañar. Hay muchos mamíferos más que también tienen modos de evitar peleas, y es posible que también estén tratando de evitar parásitos.

La mejor estrategia para un hospedador es simplemente intentar no cruzarse con un parásito. Algunas de las adaptaciones que los hospedadores han desarrollado para evitar la presencia de los parásitos son tan grotescas, tan extravagantes, que es muy difícil decir a primera vista que están realmente diseñadas para los parásitos. Fijémonos en las orugas enrolladoras de hojas. Son larvas de insectos bastante corrientes, salvo por una excepción: disparan sus deposiciones como si se tratara de obuses. Cuando empieza a emerger una porción del excremento de la oruga, esta empuja un resorte contra un anillo de vasos sanguíneos que rodea su ano. La presión sanguínea se acumula tras el resorte, y a continuación la oruga la libera. La presión de la sangre choca contra los excrementos tan bruscamente que estos salen lanzados a una velocidad de casi un metro por segundo, trazando un amplio arco que los aleja hasta sesenta centímetros de distancia.

¿Qué diablos puede haber impulsado la evolución de un cañón anal? Podrían haber sido los parásitos. Cuando las avispas parásitas buscan establecerse en una larva como las de las orugas enrolladoras de hojas, una de las principales pistas es el olor de los excrementos de su hospedador. Dado que las orugas son sedentarias, no van de rama en rama, normalmente sus deposiciones se acumularían a su alrededor. La intensa presión que han ejercido las avispas sobre las orugas enrolladoras de hojas ha impulsado la evolución del disparo fecal de alta presión. Lanzando sus excrementos lejos de ellas, las orugas tienen más posibilidades de que las avispas no las encuentren.

Hay vertebrados que, al igual que los insectos, también se han tomado las molestias necesarias para evitar a los parásitos. El estiércol de vaca fertiliza la hierba de su alrededor, haciendo que crezca exuberante y alta, pero, por lo general, las vacas se mantienen alejadas. Mantienen esa distancia porque el estiércol suele contener huevos de parásitos como los gusanos pulmonares, y los parásitos que eclosionan de ellos trepan a las briznas de las hojas de su alrededor con la esperanza de que se los coma alguna vaca. Algunos investigadores han sugerido que los mamíferos que realizan grandes migraciones, como el caribú y el ñu, planifican su recorrido, en parte, para evitar los lugares plagados de parásitos. Las golondrinas volverán a sus antiguos nidos y los reutilizarán, a menos que descubran que estos están infestados de gusanos, pulgas y otros parásitos, en cuyo caso construirán uno nuevo. Si los babuinos descubren que el lugar donde duermen ha sido invadido por nematodos, se alejarán y no regresarán hasta que hayan muerto todos los parásitos. La golondrina purpúrea llega tan lejos que incluso forra sus nidos con plantas como la de la zanahoria silvestre o con un tipo de margaritas que contienen un antiparasitario natural. Los búhos, a veces, capturan serpientes ciegas, pero, en lugar de trocearlas para alimentar a sus polluelos, las sueltan en sus nidos. Las serpientes actúan como señoras de la limpieza, arrastrándose por los rincones del nido y comiéndose los parásitos que van encontrando.

* * *

Aunque nuestra madre fuera una excelente jueza a la hora de valorar las construcciones de los peces, aunque perfeccionásemos nuestro movimiento de cabeza para matar moscas, aunque pudiéramos lanzar nuestros excrementos hasta la pradera del vecino, acabaríamos teniendo un parásito en nuestro interior. Nuestro sistema inmunológico lo hará lo mejor posible para evitar la invasión; es un sistema exquisitamente preciso de defensa que se ha conseguido gracias a la presión evolutiva que han ejercido los parásitos. Pero los hospedadores han desarrollado otra clase de lucha. Pueden reclutar a otras especies para que les ayuden; se pueden automedicar; pueden incluso reprogramar a su descendencia nonata para prepararla para un mundo atestado de parásitos.

Cuando una planta es atacada por un parásito, se defiende con su propia versión de un sistema inmunológico, fabricando sustancias químicas venenosas que se come el parásito mientras mastica partes de la planta. Pero también lucha enviando señales de socorro. Cuando una oruga muerde una hoja, la planta puede notarlo —una sensación que no es transportada por nervios pero que, aun así, la planta la nota—. Y como respuesta, la planta fabrica una clase específica de molécula que suelta en el aire. El olor es como un perfume para las avispas parásitas; mientras revolotean alrededor, en busca de un hospedador, son atraídas poderosamente por el aroma de la planta. Lo siguen hasta la hoja herida y allí encuentran a la oruga, y, a continuación, le inyectan los huevos. Estas conversaciones entre plantas y avispas no son solo oportunas, sino también precisas. De alguna manera, la planta puede sentir exactamente qué especie de oruga se está alimentando de ella y rocía el aire con la molécula apropiada. Una avispa parásita responde solo si la planta le hace saber que quien está sobre sus hojas es su propia especie de hospedador.

Los animales a veces se defienden de los parásitos con un cambio de dieta. Algunos simplemente dejan de comer —si, por ejemplo, una oveja está infectada con parásitos intestinales, solo come una tercera parte de su ingesta normal—. Está claro que un cambio como ese no puede beneficiar al parásito, que desea que la oveja coma un montón para que él pueda a su vez alimentarse en abundancia y fabricar una gran cantidad de huevos. Los investigadores sospechan que comer menos puede, de alguna manera, estimular el sistema inmunológico, haciendo que esté en mejores condiciones para luchar contra el parásito. Por otro lado, puede que los animales no se limiten a ayunar, sino que, en lugar de eso, sean más exigentes a la hora de escoger lo que comen, decantándose por alimentos que contengan los nutrientes correctos para ayudarles a luchar contra la infección.

A veces, algunos animales que están siendo atacados por parásitos empiezan a comer alimentos que, por regla general, no suelen comer nunca. Por ejemplo, algunas especies de orugas suelen comer lupino (una papilionácea). En ocasiones son atacadas por moscas parásitas que depositan los huevos en sus cuerpos. Sin embargo, a diferencia de las moscas que atacan a las hormigas o a otros insectos, estos parásitos no siempre matan a sus hospedadores cuando emergen de sus cuerpos. Y estas orugas mejoran sus perspectivas de supervivencia cambiando de una dieta de lupino a una a base de cicuta venenosa. Las moscas parásitas siguen saliendo de sus cuerpos, pero alguna sustancia química de la cicuta ayuda a las orugas a seguir vivas y llegar a su fase adulta. En otras palabras, las orugas han desarrollado un tipo sencillo de medicamento. Hay un uso bastante generalizado de este tipo de medicamentos entre los animales —hay multitud de registros de animales que ocasionalmente comen plantas que pueden matar parásitos o expulsarlos de sus intestinos—. Pero los investigadores todavía están tratando de probar que realmente comen estos alimentos cuando están enfermos.

Cuando las cosas se ponen realmente feas —cuando existen pocas esperanzas de que un hospedador pueda matar al parásito que habita en su interior— reduce las pérdidas. Tiene que aceptar que está condenado. La evolución ha conferido a los hospedadores la capacidad de hacer lo mejor en el tiempo que les queda de vida. Cuando algunas especies de caracoles están infectadas con trematodos, solo les queda más o menos un mes antes de que los parásitos los castren y los conviertan en poco más que esclavos recolectores de alimentos. Eso les da a los caracoles un mes más o menos para producir su última descendencia. Lo aprovechan plenamente, produciendo una gran cantidad de huevos. Si un trematodo se introduce en un caracol que todavía es sexualmente inmaduro, este responde desarrollando sus gónadas mucho más rápidamente que si estuviera sano. Si tienen suerte, los caracoles pueden liberar algunos huevos antes de que los parásitos los castren.

Cuando las moscas de la fruta del desierto de Sonora son atacadas por parásitos, su respuesta es un elevado incremento de la actividad sexual. Se alimentan de la carne podrida del cactus saguaro, y, a veces, se encuentran allí con algún ácaro. Los ácaros saltan sobre las moscas y clavan sus bocas parecidas a agujas en sus cuerpos, chupando sus fluidos internos. Las consecuencias pueden ser graves —una infestación severa de ácaros puede matar a una mosca en un par de días—. Los biólogos han encontrado en las moscas de la fruta una gran diferencia entre las actividades sexuales de los machos sanos y la de los que están infectados por ácaros. Los parásitos son el detonante para que los machos pasen más tiempo cortejando a las hembras, y cuantos más parásitos contiene un macho, más tiempo gasta en esa actividad, en algunos casos llegando, incluso, a triplicar sus esfuerzos.

Al principio puede parecer otra estrategia más de manipulación, ya que los parásitos aceleran su propia transmisión al poner en contacto moscas infectadas con otras sanas. De hecho, los ácaros parece que se suben a las moscas solo cuando estas se alimentan del cactus. Nunca saltan de una a otra. Da la impresión de que los parásitos, fundamentalmente, han hecho que las moscas desarrollen un hábito de apareamiento cuando la muerte —y, por lo tanto, el fin de posibles apareamientos futuros— parece inminente.

¿Por qué las moscas no utilizan este estilo sexual desenfrenado permanentemente? La respuesta, seguramente, es que los ácaros no asaltan siempre a las moscas. Algunos cactus están atestados de ácaros; en otros no hay ni uno. Al igual que con las abejas, el sexo exige mucho a las moscas de la fruta, convirtiéndolas en un objetivo fácil para los depredadores. Es mejor ser flexibles, apareándose a una velocidad normalmente más lenta y acelerando frente a los parásitos.

Los lagartos también son martirizados por sus propios ácaros; pueden morir por una infestación, y es muy probable que los supervivientes que queden dejen de crecer. Pero cuando son atacados, sufren otro tipo de cambio: modifican su descendencia nonata. Un lagarto infectado con ácaros produce descendientes que son mayores y con crecimientos más rápidos que los que nacen de padres sanos. Un bebé lagarto sano tendrá un crecimiento acelerado en su primer año para después crecer con más lentitud el resto de su vida. Pero un lagarto que nace de padres infestados de ácaros crecerá rápido los primeros dos años o incluso más. Al parecer, las madres lagarto pueden programar el crecimiento de su descendencia para adaptarse a la presencia de los parásitos. Si no hay ácaros en los alrededores, su descendencia puede crecer lentamente y vivir una larga vida. Pero si aparecen los ácaros, conviene crecer más rápido para poder alcanzar un peso saludable como adulto, incluso aunque eso implique morir más pronto.

Y si un hospedador está condenado a morir, puede hacer todo lo posible para ayudar a sus parientes. Los abejorros obreros pasan sus días volando de flor en flor, recogiendo néctar y transportándolo a su colmena. Por la noche, permanecen en la colmena, se mantienen calientes por el calor que producen miles de músculos agitando alas. En su viaje en busca de néctar, un abejorro puede ser atacado por una mosca parásita que deposita un huevo en su cuerpo. El parásito madura dentro del abejorro, y en el calor de la colmena, su metabolismo se acelera tanto que puede finalizar su crecimiento en solo diez días. La mosca emerge de su hospedador y puede infectar al resto de la colmena. Sin embargo, muchas moscas parásitas no tienen esa suerte porque su hospedador hace algo realmente extraño: empieza a pasar sus noches en el exterior de la colmena. Estando expuestos al frío exterior, el obrero ralentiza el desarrollo del parásito. De este modo también prolonga su vida. El efecto combinado hace poco probable que el parásito pueda llegar a su madurez antes de que el abejorro muera. De este modo, el abejorro evita que estalle una epidemia en su colmena.

A pesar de lo astuto que es este tipo de contraataque, el parásito puede desarrollar un contra-contraataque. Si una vaca evita el estiércol para mantenerse alejada de los gusanos pulmonares que contiene, los parásitos abandonarán el estiércol. Cuando un gusano pulmonar cae sobre el suelo del estiércol, espera el momento en que le dé la luz. Esa es la señal para escalar hasta que alcance la superficie del estiércol. Empieza a buscar una especie de hongo que es también un parásito de las vacas —una especie que también responde a la luz produciendo unos diminutos paquetes de esporas con una especie de resorte—. Tan pronto como el gusano pulmonar toca el paquete de esporas, se agarra a él y trepa hasta su parte superior. El hongo se catapulta a sí mismo por el aire hasta una altura de casi dos metros y vuela lejos del estiércol. El gusano pulmonar lo monta como si fuera una avioneta, y una vez que está fuera de la zona del estiércol tiene más posibilidades de ser ingerido por una vaca.

Si estudiamos las carreras armamentísticas el tiempo suficiente, empezamos a imaginarnos que los hospedadores y los parásitos pueden llegar hasta las nubes, cada uno impulsando la evolución del otro hasta que se convierten en poderosos semidioses lanzándose relámpagos el uno al otro. Pero, por supuesto, la carrera tiene sus límites. Cuando Kraaijeveld enfrentó a sus avispas con sus moscas de la fruta, estas alcanzaron una resistencia a las avispas del 60 por ciento solo después de cinco generaciones, pero en posteriores generaciones la resistencia se estancó en ese 60 por ciento. ¿Por qué no siguió aumentando hasta llegar al cien por cien, creando una raza de moscas totalmente inmunes? Luchar contra parásitos supone un coste elevado. Requiere energía para fabricar las proteínas necesarias —energía que no se puede canalizar hacia ninguna otra tarea—. Kraaijeveld confrontó sus moscas seleccionadas para luchar contra las avispas con moscas comunes en competición por alimento y encontró que se les daba bastante mal. Crecían más lentamente que las moscas que todavía eran vulnerables a las avispas, a menudo morían jóvenes, y cuando crecían hasta su fase adulta eran más pequeñas. La evolución no posee un arsenal infinito para ofrecérselo a los hospedadores, y en algún momento tienen que ceder, aceptar que los parásitos son una realidad de la vida.

* * *

Cuando Darwin se propuso escribir *El origen de las especies*, su objetivo final no era descifrar cómo funciona la selección natural. Realmente solo era un medio para un fin —explicar el título de su libro—. Después de bifurcarse y crecer durante 4.000 millones de años, hoy en día el árbol de la vida lleva una pesada corona. Los científicos han encontrado 1,6 millones de especies, y deben de ser solo una pequeña porción de toda la diversidad de la Tierra, que seguramente es mucho más grande. Darwin quería saber cómo apareció toda esa diversidad, pero no sabía lo suficiente sobre biología para encontrar la respuesta. Ahora que los científicos tienen un mejor conocimiento de la herencia y de cómo los genes predominan y decaen a lo largo de las generaciones, se están acercando al conocimiento de las auténticas razones que explicarían la aparición de las especies. Y están encontrando que la carrera entre los hospedadores y los parásitos es decisiva una vez más. Puede ser la causa de una gran parte del denso follaje evolutivo del árbol de la vida.

Una nueva especie nace del aislamiento. Un glaciar puede separar a un grupo de ratones del resto de su especie, y, en el curso de miles de años, pueden desarrollar mutaciones que les hagan diferentes al resto de ratones e incapaces de aparearse con ellos. Una única especie de pez puede llegar a un lago y algunos de sus miembros pueden empezar a especializarse en alimentarse del fondo lodoso, y otros, en las aguas poco profundas y claras. A medida que van desarrollando el equipamiento necesario para cada una de esas clases de vida, el cruce entre ambos resultará bastante inadecuado para los dos. La selección natural los irá separando, y cada vez estarán más tiempo con los que son como ellos, hasta que lleguen a formar especies separadas.

La vida de un parásito fomenta la formación de especies nuevas. Los parásitos se pueden adaptar a un único recoveco de un hospedador —una zona de los intestinos, el corazón, el cerebro—. Una docena de parásitos se pueden especializar en las branquias de un pez y subdividirlas con tanta precisión que ni siquiera compitan entre ellas. Especializarse en una especie concreta de hospedador hace que los parásitos sean todavía más diversos. Un coyote comerá prácticamente cualquier cosa que vaya a cuatro patas, y, en parte debido a eso, existe solo una especie de coyote en toda Norteamérica. A diferencia de los coyotes y de otros depredadores, muchos parásitos están bajo el control de la Reina Roja. Un parásito que prefiera muchos y diferentes hospedadores tiene que intentar interpretar el juego de la Reina Roja con todos ellos, como un jugador de ajedrez que esté jugando doce partidas simultáneas tiene que pasar de una partida a otra frenéticamente. Si otro parásito sufriera una mutación que hiciera que este prefiriese solo un hospedador, todo su esfuerzo evolutivo se concentraría en ese único hospedador. El hospedador ni siquiera tiene que ser una especie en su conjunto —si una población de este se aísla lo suficiente, al parásito le valdrá la pena especializarse únicamente en ella—. Al concentrarse tanto en una especie o en una fracción de esta, dejan espacio suficiente para que evolucionen otros parásitos.

Al mismo tiempo que nacen nuevas especies, las viejas se van extinguiendo. Las especies desaparecen cuando son superadas, cuando sus miembros disminuyen hasta situarse por debajo de un umbral crítico, o cuando el mundo cambia demasiado rápido sin que tengan tiempo de adaptarse. Los linajes de parásitos pueden resistirse a la extinción mejor que los de criaturas que viven libres. Mientras los parásitos tienden a especializarse, de vez en cuando también pueden improvisar algo nuevo. A veces un nuevo hospedador puede llegar a ser un buen hogar, y en ese caso el parásito puede haber encontrado una nueva especie. Las tenias del orden Tetrabothriidea todavía siguen con nosotros, viviendo, por ejemplo, en frailecillos o en ballenas grises, pero los pterosaurios e ictiosaurios en los que vivían hace setenta millones de años ya no están. La diversidad de los parásitos es como un gran lago, en el que desembocan enormes corrientes de nuevas especies y con solo un chorrito que abandona el lago hacia la extinción.

Si juntamos todas estas razones, no resulta sorprendente que haya tantas especies de parásitos. Hay unas cuatro mil especies de mamíferos, y aparte de unos pocos conejos y ciervos que esperan en un oscuro bosque a ser descubiertos, ese número es definitivo. Pero hasta la fecha hay cinco mil especies conocidas de tenias, y cada año se descubren nuevas. Hay doscientas mil especies de avispas parásitas. La cantidad de insectos que son parásitos de plantas se cuenta igualmente en cientos de miles. Si los juntamos todos, resulta que la mayoría de animales son parásitos. Miles de hongos, plantas, protozoos y bacterias también ostentan orgullosamente el título de parásitos.

Queda claro ahora que los parásitos pueden haber sido la causa por la que los hospedadores también se han vuelto tan diversos. Los parásitos no atacan a toda una especie de la misma forma. Los de una región concreta se pueden especializar en la población de hospedadores de esa zona, adaptándose a ese conjunto local de genes del hospedador. Como consecuencia de ellos, los hospedadores evolucionan; pero solo los de esa región, no la especie en su conjunto. Esta lucha local ha producido algunos de los casos más rápidos de evolución que se hayan documentado —ya sean las polillas de la yuca y las flores en las que depositan sus huevos, los caracoles y sus trematodos, o el lino y sus hongos—. Y a medida que las poblaciones de los hospedadores luchan para desprenderse de sus entregados parásitos, se van diferenciando genéticamente del resto de su especie.

Pero esta es, realmente, solo una de las muchas formas en que los parásitos pueden ayudar a convertir a sus hospedadores en especies nuevas. Por ejemplo, los parásitos genéticos pueden acelerar la evolución de sus hospedadores. Para que la evolución tenga lugar, los genes tienen que adoptar nuevas secuencias. Eso puede ocurrir gracias a mutaciones comunes —ocasionales rayos cósmicos del espacio exterior que impactan sobre el ADN o algún cruzamiento defectuoso de los genes cuando la célula se divide—. A medida que saltan de un cromosoma a otro dentro de las células, o mientras saltan de una especie a otra, pueden incrustarse en medio de un nuevo gen. Este método tan tosco habitualmente causa problemas, de la misma forma en que lo haría el hecho de insertar una cadena de comandos al azar en mitad de un programa informático. Pero de vez en cuando, esta alteración resulta ser positiva, evolutivamente hablando. Un gen interrumpido puede, de repente, ser capaz de fabricar un nuevo tipo de proteína que realice una función nueva. El salto ciego de un parásito genético parece que nos ha capacitado para luchar contra los parásitos con más efectividad. Los genes que fabrican los receptores de las células T y B muestran signos de haber sido creados de la nada por parásitos genéticos.

Y una vez que los parásitos genéticos se han establecido en un nuevo hospedador, puede afectar a la unidad de toda la especie. El destino típico de un parásito genético es expandirse a lo largo del genoma de su hospedador durante las sucesivas generaciones, insertándose en miles de lugares. Con el paso del tiempo, los hospedadores que lo transportan divergirán en poblaciones separadas —no en especies distintas, sino en grupos que tienden a reproducirse solo entre ellos—. Cuando lo hacen, el parásito genético continúa saltando de un lugar a otro en su ADN. Esos saltos serán diferentes en cada población, lo que hará que sus genes sean cada vez más diferentes entre ellas. Finalmente, cuando un Romeo y una Julieta de las dos poblaciones se encuentran e intentan aparearse, sus diferentes colecciones de parásitos genéticos los harán incompatibles. Al hacerles más difícil el mezclar sus genes a las diferentes poblaciones de sus hospedadores, los parásitos genéticos los estimulan a dividirse, dando nuevas especies.

Los parásitos tienen otro método mediante el cual podrían ser capaces de crear una especie nueva, y es manipulando la vida sexual de sus hospedadores. Una bacteria llamada *Wolbachia* vive en el 15 por ciento de todos los insectos de la Tierra y en muchos otros invertebrados. Vive en el interior de las células de su hospedador, y la única forma de que pueda infectar a un nuevo hospedador es colonizando los huevos de una hembra. Cuando el huevo en el que vive la *Wolbachia* es fecundado y crece hasta su fase adulta, lo hace infectado de *Wolbachia*.

Hay un inconveniente en este modo de vida: si la *Wolbachia* creciera en el interior de un macho, se enfrentaría a un callejón sin salida, porque no hay huevos que infectar. El resultado es que la *Wolbachia* toma el control de las vidas sexuales de sus hospedadores. En muchas de sus especies hospedadoras, manipula el esperma de machos infectados para que solo puedan aparearse con éxito con hembras portadoras de *Wolbachia*. Si uno de estos machos infectados intentara aparearse con una hembra sana, toda su descendencia moriría. La *Wolbachia* utiliza una estrategia diferente con algunas especies de avispas: normalmente, estos insectos nacen como machos y hembras que luego se reproducirán sexualmente, pero cuando los infecta la *Wolbachia*, las avispas se convierten todas ellas en hembras, capaces de dar a luz únicamente hembras. Convirtiendo a todos sus hospedadores en hembras, la bacteria se asegura muchos más hospedadores.

En ambos casos, la *Wolbachia* aísla genéticamente a los hospedadores infectados de los no infectados. Un hospedador recién nacido será o descendiente de padres portadores de *Wolbachia*, o descendiente de padres sanos. No será un híbrido de un progenitor sano y otro infectado. Levantando este muro reproductivo, el parásito establece los cimientos para que se forme una nueva especie. La *Wolbachia* solo es el parásito mejor conocido entre muchos otros que igualmente manipulan las vidas sexuales de sus hospedadores, por lo que esta debe de ser una manera bastante común de formarse nuevas especies.

Darwin siempre tuvo un agudo sentido de la ironía, pero esto quizá le hubiera resultado difícil de soportar. Para entender cómo la vida cambia de forma, cómo la evolución es impulsada hacia delante, y cómo aparecen nuevas especies, podría haberse inspirado en sus hijos moribundos. En el tapiz de la vida, los parásitos son la mano que lo teje.

07
El hospedador bípedo

La humanidad tiene tres, y solo tres, grandes enemigos: la fiebre, el hambre y la guerra; de los cuales el más terrible, con diferencia, es la fiebre.

WILLIAM OSLER

La belleza de los parásitos es inhumana. Y lo es, no porque los parásitos hayan venido de otro planeta para esclavizarnos, sino porque llevan en este planeta mucho más tiempo que nosotros. A veces pienso en Justin Kalesto, el niño sudanés que estaba tan atormentado por la enfermedad del sueño que lo único que podía hacer era gemir tumbado en su cama. Tenía doce años, y por sí solo no tenían ninguna oportunidad contra una dinastía de parásitos que habían vivido en casi toda clase de mamíferos —en reptiles, aves, dinosaurios, anfibios—, en cualquier ser vivo con columna vertebral desde que los peces salieron a tierra firme, que habían vivido en el interior de los peces antes de que cualquier ser vivo caminara sobre la tierra, que habían evolucionado para poder internarse en los intestinos de los insectos y de los vertebrados, que incluso habían prosperado dentro de los árboles. Toda la humanidad es un niño como Justin: una especie joven, tal vez de solo unos pocos cientos de miles de años, un hospedador nuevo y tierno para que los tripanosomas y otros parásitos lo hagan suyo.

Por supuesto, los parásitos nunca se han encontrado con un hospedador como nosotros. Podemos luchar contra ellos como no ha hecho anteriormente ningún animal, gracias a inventos como los medicamentos y el alcantarillado. Y también hemos cambiado el planeta. Después de miles de millones de años de éxitos gloriosos, los parásitos tienen que vivir ahora en el mundo que hemos hecho: un mundo en el que los bosques van disminuyendo y van apareciendo barrios de chabolas por doquier, un mundo en el que van desapareciendo los leopardos de las nieves y se multiplican las gallinas. Pero, gracias a su adaptabilidad, en su conjunto lo llevan bastante bien. Deberíamos preocuparnos por la desaparición de los cóndores y los lémures; su extinción nos demuestra lo mal que estamos gestionando el planeta. Pero no nos debería preocupar la desaparición de los parásitos. Es muy probable que las especies de garrapatas que viven en los rinocerontes negros desaparezcan junto a sus hospedadores a lo largo de este siglo. Pero no hay ningún peligro de que los parásitos en general desaparezcan del planeta durante el tiempo que nuestra especie lo vaya a habitar; incluso muchos de ellos seguirán aquí cuando nosotros nos hayamos ido.

Mientras los parásitos vivan en el mundo que hemos modelado, lo opuesto es igualmente cierto. Han estructurado los ecosistemas de los que dependemos, y han esculpido los genes de sus hospedadores, incluidos los nuestros, durante miles de millones de años.

Es sorprendente la precisión con que nos han dado forma. Cuando los inmunólogos empezaron a estudiar los anticuerpos, encontraron que los podían agrupar en categorías. Algunos tenían una especie de ramas articuladas; otros eran como estrellas de cinco puntas. Cada grupo de anticuerpos había evolucionado para luchar contra clases concretas de parásitos. La inmunoglobulina A lucha contra el virus de la gripe y poco más. La inmunoglobulina M, con forma de estrella, ataca a bacterias como el *Streptococcus* y el *Staphylococcus*.

Y luego había un pequeño y extraño anticuerpo llamado inmunoglobulina E (IgE). Cuando los científicos lo encontraron por primera vez, no pudieron averiguar para qué servía. En la mayoría de las personas permanecía en unos niveles apenas detectables, excepto durante un brote de fiebre del heno o de asma o de alguna otra reacción alérgica, en cuyo caso se disparaba repentinamente. Los inmunólogos han resuelto cómo ayuda el IgE a desencadenar estas reacciones. Cuando ciertas sustancias dañinas entran en el cuerpo —por ejemplo, polen de ambrosía, caspa de gato o fibras de algodón— las células B fabrican anticuerpos IgE adaptados a sus respectivas formas. Estos anticuerpos se anclan a células inmunológicas especiales llamadas mastocitos, que se encuentran en la piel, los pulmones y los intestinos. Más adelante, la sustancia dañina para la cual fue fabricado el IgE entra de nuevo en el cuerpo. Si se pega a un único anticuerpo IgE de un mastocito, no pasará nada. Pero si se pega a dos de ellos, situados uno junto al otro sobre el mastocito, la sustancia dañina se activa. De repente, el mastocito libera un flujo de sustancias químicas que hacen que los músculos se contraigan, los fluidos entren, y otras células inmunológicas inunden el lugar. De ahí los estornudos de la fiebre del heno, las sibilancias del asma o la urticaria de una picadura de abeja.

Dado que las alergias no sirven para ningún buen propósito, los inmunólogos consideraban al IgE como uno de los raros defectos del sistema inmunológico. Pero entonces descubrieron que el IgE era bueno para algo: luchar contra los animales parásitos. Puede que el IgE sea considerado raro en los Estados Unidos y en algunas otras partes del mundo que en la actualidad estén libres de gusanos intestinales, trematodos sanguíneos y similares, pero el resto de la humanidad (sin mencionar al resto de los mamíferos) porta una gran carga de trematodos, gusanos e IgE. Experimentos con ratas y ratones han demostrado que el IgE es fundamental para luchar contra estos parásitos; si los animales son privados de sus IgE, son invadidos por los parásitos.

El sistema inmunológico ha reconocido, en cierto modo, que los animales parásitos son diferentes de las otras criaturas que viven en nuestros cuerpos: son más grandes y sus recubrimientos son mucho más complejos que los de los organismos unicelulares. Como resultado, ha elaborado una nueva estrategia contra ellos que depende del anticuerpo IgE. No está del todo claro cómo funciona exactamente esa estrategia, y puede que sea algo diferente para cada parásito. De todos ellos, uno de los que mejor se conoce es el del *Trichinella*, el gusano parásito que se desarrolla en las células musculares y entra en un nuevo hospedador en el interior de un trozo de carne que llega hasta el estómago.

Una vez que el *Trichinella* tiene el camino libre, se mueve a través del intestino de su hospedador agarrándose a las proyecciones que recubren los intestinos. Las células inmunológicas de los recubrimientos intestinales recogen algunas proteínas de la cubierta del parásito y viajan hasta los ganglios linfáticos que hay detrás de los intestinos. Presentan las proteínas del *Trichinella* a las células T y B en el ganglio, poniendo en marcha la creación de millones de células que se dirigirán hacia el parásito. A continuación, estas células B y T salen del nódulo linfático y recorren el revestimiento de los intestinos.

Las células B fabrican anticuerpos, incluyendo IgE, que se propagan por la superficie de los intestinos y forman un escudo que el *Trichinella* no puede traspasar y, por lo tanto, no podrá anclarse. Al mismo tiempo, los mastocitos se activan, produciendo espasmos repentinos y flujos a lo largo de los intestinos. Incapaz de poder agarrarse, el parásito es arrastrado por el flujo.

Esta precisa estrategia contra un parásito en particular —y contra otros muchos— se estableció mucho antes de que nuestro primer antepasado primate se columpiase en las ramas de los árboles, hace sesenta millones de años. Y si monos y simios nos sirven de referencia, necesitaron cualquier ayuda que pudieron tener: actualmente los primates están plagados de parásitos —malaria en su sangre, tenias y otras criaturas en sus intestinos, pulgas y garrapatas en su pelaje, éstridos bajo su piel y trematodos en sus venas—.

En algún momento hace más de cinco millones de años, nuestros propios antepasados, que vivían en algún lugar de África, se separaron de los de los chimpancés actuales. Los homínidos empezaron a sostenerse sobre dos patas, y gradualmente se fueron desplazando de las selvas exuberantes a bosques y sabanas más escasos, donde hurgaban en presas muertas y recolectaban plantas. Algunos de los parásitos de nuestros antepasados continuaron con ellos, ramificándose cuando sus hospedadores se ramificaban, produciendo especies nuevas. Pero los homínidos también recogieron nuevos parásitos a medida que se fueron desplazando a su nuevo hábitat, con una nueva ecología para ellos. Según Eric Hoberg se tropezaron con el ciclo vital de las tenias, que con antelación habían viajado entre los grandes felinos y sus presas. Al mismo tiempo, los homínidos empezaron a pasar mucho tiempo en los escasos manantiales de la sabana. Allí bebían la misma agua que muchos otros animales, incluyendo ratas. Un trematodo sanguíneo que pasaba nadando de caracoles a ratas se encontró de repente con la piel de un homínido y la probó. Le gustó lo que encontró, y fue evolucionando gradualmente hacia la creación de una nueva especie de trematodo que se especializó únicamente en homínidos. Desde entonces, el trematodo *Schistosoma mansoni* ha vivido en nuestras venas.

Los homínidos empezaron a expandirse desde África, hará un millón de años, en una serie de oleadas, atravesando el Viejo Mundo desde España hasta Java. Según un modelo evolutivo bastante popular, no ha quedado ningún descendiente de ellos en la Tierra actual. En lugar de ello, todos los humanos vivos descienden de una oleada final que vino del este de África, hace aproximadamente cien mil años, y que reemplazó a todos y cada uno de los homínidos con los que se encontró. En estos viajes lejos del continente madre, nuestros antepasados escaparon de algunos parásitos. La enfermedad del sueño depende de las moscas tsé-tsé que transportan los tripanosomas, y estas moscas no viven fuera de África, por lo que la enfermedad del sueño permaneció como una enfermedad únicamente africana. Pero los humanos, gracias a sus viajes, también se convirtieron en el hogar de nuevos parásitos. En China, otro trematodo sanguíneo que había vivido en las ratas, el *Schistosoma japonicum*, saltó a los humanos.

Hace como mínimo quince mil años, algunos pueblos se dirigieron hacia el norte y el este, internándose en el Nuevo Mundo a través de Alaska, donde encontraron nuevos parásitos. Los tripanosomas humanos que dejaron atrás en África habían existido en ese continente durante cientos de millones de años. Hace más de cien millones de años, Sudamérica estaba fusionada con el flanco occidental de África, y los parásitos pululaban a lo largo de toda la masa continental. Pero entonces, las placas tectónicas separaron los dos continentes y crearon un océano entre ellos. Los tripanosomas que se habían quedado aislados en Sudamérica evolucionaron por su cuenta, dando lugar al *Trypanosoma cruzi* y otras especies. Fue mucho después de la separación de estas dos ramas de parásitos que los primeros primates evolucionaron en África, y, por decenas de millones de años, nuestros antepasados lucharon únicamente contra la enfermedad del sueño. Los humanos que emigraron de África escaparon de ese azote, pero cuando, finalmente, llegaron a Sudamérica, los primeros de sus antiguos parásitos ya estaban allí, esperando a recibirlos con la enfermedad de Chagas.

Hace diez mil años, los humanos ya habían colonizado todos los continentes excepto la Antártida, pero seguían viviendo en grupos pequeños, comiendo los animales que cazaban o las plantas silvestres que recogían. Sus parásitos tenían que vivir de acuerdo con estas reglas. En esos primeros años, a los parásitos les iba mejor si disponían de rutas fiables entre los humanos —por ejemplo, las tenias mediante la caza mayor, o *Plasmodium* transportados por un mosquito sediento de sangre, o trematodos sanguíneos esperando en el agua—. Los parásitos que necesitaban un contacto íntimo habrían tenido una gloria fugaz —el virus del Ébola esparciéndose por un rebaño aquí o allá en África central—, pero la dispersión de los humanos no les permitía propagarse más allá de ese rebaño aislado, por lo que seguía siendo muy poco común.

Eso cambió cuando los humanos empezaron a domesticar animales salvajes y plantas silvestres y se los comían. La revolución de la agricultura surgió de manera independiente, primero, en Oriente Próximo hace diez mil años, poco después, en China, y un par de miles de años más tarde, en África y en el Nuevo Mundo. Prácticamente todos los parásitos prosperaron con la aparición de la agricultura y con el nacimiento de las primeras aldeas y su futura conversión en ciudades. Las tenias no tenían que esperar a que los humanos hurgaran en un cadáver o cazaran una gran pieza; podían limitarse a vivir en el ganado. Después de que los humanos comieran carne de cerdo contaminada y expulsaran huevos de tenia, no pasó mucho tiempo hasta que un cerdo husmeara el lugar, se los tragara y permitiera así que empezara una nueva generación de parásitos. Al ir extendiéndose gatos y ratas por casi todo el mundo, los humanos hicieron que el *Toxoplasma* fuera posiblemente el parásito más común de la Tierra. A lo largo de los Andes, las casas que construyeron los incas eran lugares ideales para los bichos asesinos, y sus caravanas de llamas transportaban tanto al insecto como al parásito, a lo largo de una gran parte del continente. Para los trematodos sanguíneos, la agricultura puede que haya sido lo mejor que ha ocurrido jamás. Al instalar sistemas de irrigación y arrozales en el sur de Asia, aparecieron una gran cantidad de nuevos hábitats para los caracoles hospedadores de trematodos, y los granjeros que trabajaban en los campos siempre estaban al alcance. Los virus y las bacterias podían pasar de persona a persona en esas condiciones de hacinamiento nada higiénicas de las aldeas. Y a quien le iba mejor de todos era al *Plasmodium*. Los mosquitos que portaban la malaria preferían depositar sus huevos en aguas estancadas abiertas, y, a medida que los granjeros deforestaban los bosques, construían exactamente esa clase de estanques. Las crecientes plagas de mosquitos descubrieron nuevos objetivos, que eran mucho más asequibles que los que habían tenido sus antepasados: gente que trabajaba duro en los campos durante el día y que se agrupaba de noche en las aldeas.

Durante cientos de millones de años, los parásitos han estado dando forma a la evolución de nuestros antepasados, y en los últimos diez mil años no se han detenido. La malaria por sí sola ha tenido profundas y extrañas consecuencias en nuestros cuerpos. La hemoglobina que el *Plasmodium* devora está formada por dos pares de cadenas, llamadas alfa y beta, y cada clase de cadena está construida de acuerdo con las instrucciones codificadas en nuestros genes. Portamos dos genes para las cadenas alfa —uno, heredado de nuestro padre, y otro, de nuestra madre— y lo mismo se puede decir de las cadenas beta. Si aparece una mutación en cualquiera de esos genes de la hemoglobina, puede dañar la sangre de una persona. Una clase de mutación causa una enfermedad hereditaria llamada anemia de células falciformes. La hemoglobina de las personas que sufren esta enfermedad no puede mantener su forma si no está unida al oxígeno. Sin él, la hemoglobina defectuosa se colapsa, formando grupos en forma de aguja, que dotan a la célula de la característica forma de hoz de esta enfermedad. Las células falciformes tienen problemas en los capilares pequeños, y puede que la sangre no pueda transportar oxígeno a todo el cuerpo. La gente que hereda solo una copia de este gen de la cadena beta defectuoso puede salir adelante con la hemoglobina fabricada por la copia normal que le queda. Pero la gente que recibe dos copias del gen defectuoso no fabrica otra hemoglobina que no sea la defectuosa, y suelen morir con aproximadamente treinta años.

Una persona que muere por culpa de la anemia de células falciformes tiene menos probabilidades de pasar el gen defectuoso, y eso significa que la enfermedad debería ser extremadamente rara. Pero no lo es —uno de cada cuatrocientos negros norteamericanos tiene anemia de células falciformes, y uno de cada diez es portador de una sola copia del gen defectuoso—. La única razón por la que el gen se mantiene en una proporción tan alta en circulación es que resulta que también es una defensa contra la malaria. Los grupos en forma de aguja que forma la hemoglobina no solo son una amenaza para la célula sanguínea; también pueden atravesar al parásito que esté en su interior. Cuando una célula falciforme se colapsa, pierde su capacidad para bombear potasio, un elemento del que depende el *Plasmodium*. Solo necesitamos una copia del gen para contar con esta protección. Las vidas salvadas de la malaria por las copias únicas del gen equilibran las que se han perdido cuando la gente hereda dos copias del gen y mueren. Como resultado, la gente cuyos antepasados vivieron en muchos lugares donde la malaria ha sido intensa —a lo largo de gran parte de Asia, África y el Mediterráneo— portan los genes en una proporción bastante alta.

Realmente, la anemia de células falciformes es solo uno de los varios desórdenes sanguíneos creados como consecuencia de la lucha entre los humanos y la malaria. En el sudeste de Asia, por ejemplo, podemos encontrar a personas cuyas células sanguíneas tienen paredes que son tan rígidas que no pueden pasar por los capilares. Llamado ovalocitosis, este desorden sigue las mismas reglas genéticas que la anemia de células falciformes: es leve si una persona hereda solo el gen defectuoso de un progenitor, pero es severo si son ambos progenitores quienes se lo pasan —tan severo, de hecho, que un bebé que tenga los dos genes seguramente morirá antes de nacer—. Pero la ovalocitosis también provoca que los glóbulos rojos resulten menos acogedores para el *Plasmodium*. Sus membranas se vuelven tan rígidas que al parásito le supone un enorme esfuerzo penetrar, y su rigidez parece que daña su capacidad de bombear sustancias químicas como fosfatos y sulfatos que el parásito necesita para sobrevivir.

Es probable que los humanos hayan luchado miles de años contra la malaria gracias a este tipo de cambios en la sangre, pero es muy difícil dar con pruebas de ello. Uno de los pocos signos evidentes de antigüedad es una enfermedad llamada talasemia, otro defecto de la hemoglobina. Las personas con talasemia fabrican los ingredientes de su hemoglobina en proporciones incorrectas. Sus genes producen, o demasiadas, o muy pocas de una de las cadenas, y una vez que toda la molécula de hemoglobina se ha ensamblado, las cadenas extras sobran. Estas acaban uniéndose en grupos que pueden sembrar el caos en el interior de la célula sanguínea. Pueden unirse a una molécula de oxígeno de la misma forma en la que lo hace la hemoglobina normal, pero no la pueden rodear del todo. El oxígeno es un elemento peligrosamente atractivo: puede transportar una poderosa carga que atrae a otras moléculas de la célula. Estas extraen el oxígeno de los grupos de hemoglobina defectuosa y se lo llevan. Mientras el oxígeno deambula por la célula, puede reaccionar con otras moléculas, destrozándolas en el proceso.

Las personas con formas severas de talasemia suelen morir antes de nacer, pero las que tienen las formas más leves pueden sobrevivir, aunque sufren a menudo de anemia. El cuerpo de una persona con talasemia intenta compensar sus células sanguíneas defectuosas fabricando más sangre en la médula ósea. Como consecuencia de ello, la médula se hincha y puede extenderse al hueso circundante, interfiriendo en su crecimiento. La gente con talasemia puede acabar con esqueletos deformes —huesos curvados y raquíticos de brazos y piernas—. Y arqueólogos han encontrado en Israel huesos con estas deformidades que datan de hace ocho mil años.

La talasemia lleva tanto tiempo entre nosotros —y se ha convertido en la enfermedad sanguínea más común de la Tierra— porque ayuda a luchar contra la malaria. Si nos fijamos en el mapa de un país proclive a la malaria como Nueva Guinea, los índices de talasemia coinciden bastante con los que muestran la incidencia del parásito. Mientras una forma severa de talasemia puede matar, los casos leves se salvan. Los investigadores sospechan que la forma defectuosa de la hemoglobina en un glóbulo rojo dificulta más la vida del parásito que hay en su interior que la del hospedador. Las hebras sueltas de hemoglobina atrapan oxígeno y se deslizan libremente, pudiendo así dañar al *Plasmodium*. Parece ser que los parásitos no tienen ninguna forma de repararse a sí mismos, por lo que no pueden crecer correctamente. Cuando, finalmente, el *Plasmodium* emerge del glóbulo rojo, está deformado y es muy lento, siendo así incapaz de invadir nuevas células. Como consecuencia, la gente con talasemia que se contagia de malaria tiende a sufrir casos leves, en lugar de severos o letales.

Estos desórdenes sanguíneos causan más daño a la malaria que las medidas que se toman contra el parásito mismo. Pueden proporcionar un programa de vacunación natural para los niños. Los niños que son picados por primera vez por un mosquito que esté lleno de *Plasmodium* llegan a un punto de inflexión en sus vidas: ¿serán capaces sus inexpertos sistemas inmunológicos de reconocer el parásito y combatirlo antes de que les mate? El retraso en el crecimiento de los parásitos —ya sea por causa de la talasemia, ovalocitosis o anemia de células falciformes— da al sistema inmunológico más tiempo para superar las evasivas del *Plasmodium*, reconocerlo y organizar una respuesta. Estos casos leves de malaria inmunizan a los niños frente a la enfermedad y les permiten llegar a su edad adulta.

* * *

Teniendo en cuenta lo mucho que han contribuido los parásitos a conformar el cuerpo humano, resulta tentador preguntarse si también han dado forma a la naturaleza humana. ¿Eligen las mujeres a los hombres por sus sistemas inmunológicos que han demostrado ser resistentes a los parásitos del mismo modo en que una gallina elige a un gallo? En 1990, una bióloga, llamada Bobbi Low, en la Universidad de Michigan, revisó los sistemas matrimoniales en las culturas que estaban plagadas de parásitos como trematodos sanguíneos, *Leishmania* y tripanosomas. Encontró que cuanta más carga de parásitos había en una cultura determinada, más probable era que los hombres tuvieran múltiples esposas o concubinas. Se podría esperar un resultado parecido a partir de la teoría de Hamilton y Zuk, dado que la salud de los hombres sería muy valorada en los lugares con mucha presencia de parásitos y eso haría que muchas mujeres se casaran con cada uno de ellos. ¿Cómo juzgan las mujeres a los hombres para averiguar que poseen sistemas inmunológicos resistentes a los parásitos? Los hombres no tienen las crestas de los gallos, pero sí que tienen barbas abundantes y espaldas anchas, cosas que dependen de la testosterona. También es posible que los signos no sean visibles —una gran parte de la comunicación entre las personas es partiendo de olores que los científicos todavía no han empezado a decodificar—.

Si existe alguna conexión entre los parásitos y el amor, es probable que esté enredada con muchas otras fuerzas evolutivas, y recubierta de una gruesa corteza de variaciones culturales. Hablé una tarde con Marlene Zuk sobre su trabajo, que reparte entre explorar la hipótesis Hamilton-Zuk y estudiar los cantos de los grillos. Cuando le pregunté qué pensaba sobre la posibilidad de aplicar sus ideas a las personas, fue prudente. «Es fácil construir estos escenarios adaptativos y casi imposible ponerlos a prueba —dijo—. No estoy diciendo que no debamos estudiar la conducta humana, que haya algo de inmoral en ello. Pero creo que ha habido algún trabajo bastante deficiente que ha atraído la atención del público porque la gente piensa: "¿No es genial que esto se aplique a los humanos?". Cuando la gente realiza estudios con humanos, quedan cautivados con sus teorías personales. Pero yo ni siquiera comprendo qué es lo que ocurre en la estructura de los cantos de los grillos».

Aun así, no se comete ningún crimen si especulamos. ¿Podrían los parásitos haber ayudado a dirigir la evolución de la mente humana? Los primates pasan una gran parte del día —entre el 10 y el 20 por ciento— espulgándose unos a otros. Al igual que otros animales que se asean de la misma forma, tienen que defenderse de interminables ataques de piojos y otros parásitos de la piel. El simple hecho de quitarse estos parásitos es relajante, porque el tacto libera narcóticos leves en el cerebro del primate. Según Robin Dunbar, de la Universidad de Liverpool, ese hábito placentero dirigido por los parásitos cobró una nueva importancia cuando el antepasado común de monos, simios y humanos se trasladó a hábitats en los que había multitud de depredadores, hará unos veinte millones de años. Estos primates tuvieron que apiñarse para no ser asesinados, pero entonces tenían que competir unos con otros por el alimento. A medida que fue apareciendo el estrés social, los primates empezaron a depender de la sensación relajante que suponía el aseo común, no por su función previa —deshacerse de los parásitos—, sino como una especie de moneda con la que comprar la alianza de otros monos. El espulgarse los unos a los otros pasó a ser, en otras palabras, una actividad política, y para controlar grupos cada vez mayores, los simios desarrollaron cerebros grandes y tuvieron que dedicar más tiempo a espulgarse unos a otros. Los homínidos llegaron, finalmente, a ser grupos de ciento cincuenta miembros en los que no había tiempo suficiente durante el día para espulgarse los unos a los otros y mantener el grupo intacto. Y según Dunbar, fue entonces cuando apareció el lenguaje y ocupó el lugar que hasta entonces correspondía al acto del aseo común.

El defenderse de los parásitos podría haber contribuido a la evolución de la inteligencia humana de otra forma —una que es todavía más especulativa, pero una que podría ser más significativa—. Puede que la medicina jugase un papel. Cuando una oruga es atacada por una mosca parásita y cambia su dieta de lupino a cicuta, lo hace meramente por instinto. No se para en una hoja y se dice a sí misma: «Me temo que hay una larva creciendo en mi interior, y me convertirá en una muda si no hago algo». Simplemente, sus gustos cambian y en lugar de preferir una planta, prefiere otra. Para muchos animales que utilizan igualmente esta protomedicina, el proceso probablemente sea muy parecido. Pero lo que ocurre en los primates parece ser diferente, especialmente en los chimpancés, nuestros parientes más cercanos. Cuando los chimpancés están enfermos, a veces buscan alimentos extraños. Se tragarán ciertos tipos de hojas enteras; descortezarán algunas plantas y se comerán la parte interna amarga. En esas partes las plantas no son nada nutritivas, pero tienen otro valor. Parece ser que las hojas ayudan a limpiar los intestinos de gusanos, y esa médula amarga es usada como un remedio contra los parásitos por mucha gente que comparte los bosques con los chimpancés. Cuando los científicos han analizado las plantas en los laboratorios, han descubierto que pueden matar a muchos parásitos.

En otras palabras, los chimpancés se están automedicando. Con el paso de los años, se van acumulando más pruebas que corroboran la teoría del chimpancé doctor, pero su aceptación es lenta. Exige muchas más pruebas que cualquier otra idea en biología, ya que los científicos necesitan demostrar que los chimpancés están contagiados por determinados parásitos cuando escogen esas plantas, y necesitan demostrar igualmente cómo afectan las plantas a los parásitos. Demostrar esto mientras corres para seguir a los chimpancés por los bosques tropicales contribuye a que el progreso científico sea lento. Pero Michael Huffman, el primatólogo que más ha corrido tras ellos, ha demostrado que después de que los chimpancés coman ciertas plantas, su carga de parásitos disminuye y su salud mejora. Argumenta que los chimpancés son mucho más sofisticados con su medicina que las orugas dirigidas por su instinto. Cuando seleccionan solo la médula de la planta *Vernonia amygdalina*, despreciando la corteza y las hojas, están evitando la parte venenosa de la planta y cogiendo únicamente la parte que tiene glucósidos esteroideos letales para los nematodos y otros parásitos. Una cabra hambrienta comerá demasiado y a veces morirá.

Si Huffman tiene razón, los chimpancés van acumulando sabiduría popular médica y la perpetúan en el tiempo enseñando y observándose entre ellos. Huffman pudo ver una vez a un chimpancé macho comer algo de *Vernonia* y tirarla al suelo; un bebé chimpancé intentó recogerla, pero su madre se lo impidió, puso el pie sobre la planta y se lo llevó de allí. Si Huffman está en lo cierto, los chimpancés deben tener una sofisticación cognitiva extraordinaria. Pueden reconocer los síntomas de parásitos concretos y asociar la ingesta de determinadas plantas con su curación. Pueden incluso comer algunas plantas de forma preventiva, lo que elevaría la asociación a un plano mucho más abstracto.

Normalmente oímos esta clase de términos —abstracción, una conciencia de los usos potenciales de las cosas en la naturaleza— cuando la gente está discutiendo sobre uno de los pasos más importantes de la evolución humana: la habilidad para fabricar herramientas. Los chimpancés pueden pelar palitos para usarlos a la hora de sacar termitas de sus nidos; pueden machacar conchas con rocas; pueden incluso fabricarse una especie de sandalias para cruzar extensiones pobladas de arbustos espinosos bajos. Como nuestros parientes primates más cercanos, poseen algunas aptitudes que tenían igualmente los primeros homínidos hace cinco millones de años. Más tarde, cuando nuestros antepasados salieron de los densos bosques, desarrollaron la capacidad de elaborar herramientas más sofisticadas afilando piedras para desmenuzar la carne. La capacidad de conectar la forma de una herramienta con la función que podía realizar reportaba la recompensa de conseguir más alimento. Este pensamiento abstracto hizo posible que se fabricaran mejores herramientas, y la supervivencia fue más fácil. En otras palabras, las herramientas hicieron que nuestros cerebros creciesen.

Es muy posible que ese mismo argumento se pueda aplicar igualmente a la medicina. ¿Podría la habilidad de reconocer cómo las plantas ayudan a luchar contra los parásitos haber posibilitado que los homínidos vivieran más tiempo y tuvieran más hijos? Y ¿podría ese éxito haber impulsado la evolución hacia cerebros más potentes para poder encontrar mejores curas contra los parásitos? Si eso es cierto, puede que *Homo medicus* fuera un nombre más apropiado para nosotros.

* * *

En 1955, Paul Russell, un científico de la Universidad Rockefeller, escribió un libro que tituló *El control de la malaria por el hombre* —un título que, pensó, era completamente razonable y realista—. El parásito que se había cobrado tantas vidas (según algunos cálculos, la mitad de todas las personas que han vivido jamás) estaba al borde de sucumbir al poder de la medicina moderna. «Por primera vez es económicamente factible para las naciones, aunque estén subdesarrolladas y sea cual sea su clima, desterrar completamente la malaria fuera de sus fronteras». Estaba tan claro que el final de la malaria era un hecho consumado, que Russell concluía su libro advirtiendo que habría una explosión demográfica en el mundo cuando el parásito hubiera sido destruido.

Cuando escribo estas palabras, cuarenta y cuatro años más tarde y cerca de finalizar el siglo XX, una persona muere de malaria cada doce segundos. En el espacio de tiempo que hay entre Russell y yo, los científicos han desentrañado el misterio del ADN; han observado muy de cerca las células; han ido descubriendo eslabón a eslabón cómo se codifica la información en los genes y cómo se ejecuta. Y, sin embargo, la malaria sigue haciendo estragos en la especie humana.

Es más, lo mismo pasa con otros parásitos. Más allá de las bacterias y virus con los que están familiarizados los norteamericanos y europeos, los protozoos y los animales sacan el máximo provecho de sus hospedadores humanos. Hay más gusanos intestinales humanos que humanos. Las filarias, los parásitos que causan la elefantiasis, infectan a 120 millones de personas; hay 200 millones de casos de esquistosomiasis, la enfermedad causada por trematodos sanguíneos. Incluso un parásito limitado por la geografía, como el tripanosoma que causa la enfermedad de Chagas, infecta a casi 20 millones de personas.

El daño que causan estos parásitos es ignorado por varias razones. Una es que los afectados suelen ser las personas más pobres en los países más pobres. Otra es que una gran parte de estos parásitos no son letales en todos los casos. Casi 1.300 millones de personas portan anquilostomas, de los cuales solo unos 65.000 mueren cada año. Pero, aun así, los efectos de las infecciones crónicas con parásitos son devastadores, dejando a las personas apáticas y desnutridas. Parásitos como los anquilostomas y los tricocéfalos dificultan mucho el aprendizaje de los niños en la escuela; y todo lo que necesitan es una dosis de algún fármaco antitricocéfalos para volver a brillar de nuevo.

Los epidemiólogos han intentado cuantificar esta clase de pérdida con lo que llaman años de vida potencialmente perdidos.[1] En pocas palabras, esta unidad de medida estima la cantidad de años de vida sana que se pierden debido a una enfermedad. Es un ejer-

---

[1] Es conocido por su acrónimo en inglés, DALY: *disability-adjusted life year*, y evalúa los años de vida que puede perder una persona en caso de sufrir una enfermedad discapacitante. (*N. del T.*)

cicio engorroso de estadística, lleno de cálculos desalmados propios del trabajo —como que infectarse con trematodos sanguíneos a la edad de veinticinco cuenta mucho más que si es a la edad de cincuenta y cinco—. Dependiendo de lo dañina que sea la enfermedad, un año vivido cuenta solo como una fracción de un año vivido libre de parásitos. Las lombrices intestinales pueden ralentizar el crecimiento de un niño, pero si se coge a tiempo, la enfermedad puede dar marcha atrás y el niño retoma su crecimiento. Aunque, si se tarda mucho tiempo, las lombrices intestinales pueden hacer que el niño llegue a su edad adulta mal desarrollado. Considerados de esta forma, los parásitos suponen una impresionante pérdida de vida. La malaria arrebata a la población mundial 35,7 millones de años de vida cada año. Los gusanos que parasitan el intestino —siendo los anquilostomas, lombrices intestinales y tricocéfalos los más importantes— son menos letales que la malaria, pero, en realidad, roban más vida: 39 millones de años de vida. Considerados en su conjunto, los parásitos más importantes destruyen casi 80 millones de años de vida por año, casi el doble que los que se cobra la tuberculosis.

En los Estados Unidos, la mayoría de la gente no es consciente del daño que causan los parásitos (o ni siquiera saben qué son los parásitos) porque, en la actualidad, suponen una amenaza muy pequeña para su salud. Pero no siempre ha sido así. La mayoría de los norteamericanos desconocen que, en el siglo XIX, la malaria azotó una gran zona que abarcaba desde las Grandes Llanuras hasta Dakota del Norte, o que, en 1901, una quinta parte de la población de Staten Island era portadora del parásito. La mayoría desconoce que la gente del sur de los Estados Unidos tuvo en un tiempo la reputación de ser perezosa y estúpida porque muchos de ellos acabaron consumidos por los anquilostomas. También desconocen que, en la década de 1930, el 25 por ciento de la carne de cerdo que se vendía en Estados Unidos contenía *Trichinella*.

Los Estados Unidos ya no tienen por qué preocuparse de estos parásitos, pero no porque alguien haya inventado una poción mágica. Han sido superados por el lento y tenaz trabajo del servicio de salud pública, por haber construido letrinas, por inspeccionar la comida, por tratar las infecciones rompiendo los ciclos por los que han circulado los parásitos durante miles de generaciones previas. Todavía hay mucha vida por delante y solo nos estamos acercando. Consideremos el desagradable caso de los gusanos de Guinea. Incluso a mediados del siglo XX, los gusanos de Guinea eran unos parásitos increíblemente exitosos. Una estimación de la década de 1940 calculaba que infectaban a 48 millones de personas cada año. En la actualidad sigue sin haber una vacuna contra la enfermedad que causa el gusano de Guinea, ni siquiera hay un fármaco que se sepa que sea efectivo. Pero al principio de la década de 1980, los trabajadores de la sanidad pública empezaron una campaña que podía erradicarla de la faz de la Tierra.

Su estrategia era sencilla. Advirtieron a la gente de la zona donde habitaba este gusano del modo de actuación del parásito. Ayudaron a construir pozos en algunos lugares, y en otros proporcionaron telas de gasa para filtrar el agua de los estanques y así eliminar los copépodos que contenían parásitos. Impidieron que los gusanos de Guinea completaran su ciclo vital en las personas colocando apósitos en los abscesos que formaba el parásito. A medida que los gusanos de Guinea eran extraídos de sus hospedadores enrollándolos sobre un palito o trapo como un hilo en un carrete, se les impedía que se acercaran al agua. En cuestión de años, la población del gusano de Guinea empezó a decaer. En 1989, había 892.000 casos reconocidos (es muy posible que los casos reales fueran bastantes más); en 1998, el número había bajado hasta 80.000. El gusano de Guinea desapareció completamente de Pakistán en 1993. Es concebible que en unos años los gusanos de Guinea hayan sido eliminados por completo. Después de la viruela, los gusanos de Guinea pasarían a ser la segunda enfermedad que se habrá podido erradicar en la historia de la medicina.[2]

Otros dos parásitos malignos también tienen ciclos vitales que los convierten en buenos candidatos para ser erradicados. Uno es el *Onchocerca volvulus*, el gusano que es transportado por las moscas negras y causa la ceguera de los ríos. Diecisiete millones de personas portan el parásito, la mayor parte de ellas en África. A menos que se aniquilen todas las moscas o se proporcione un

---

[2] Según datos de la OMS, en 2015 solo se notificaron 22 casos. (*N. del T.*)

insecticida a todos los africanos que estuvieran en peligro de contraer la enfermedad, no hay forma posible de evitar el contagio. Al igual que con los gusanos de Guinea, no existe vacuna contra el *O. volvulus*, pero sí que hay una cura parcial. Los ganaderos ovejeros dan a sus animales un fármaco llamado ivermectina, que elimina los gusanos intestinales. Parece ser que la ivermectina paraliza a los gusanos, impidiendo así que se alimenten o naden, y haciendo que sean expulsados del cuerpo. Los parasitólogos han descubierto que la ivermectina es, en realidad, efectiva contra muchos otros parásitos, incluyendo el *O. volvulus*. Si una persona que padece ceguera de los ríos toma el fármaco, las crías de los gusanos que deambulan por la piel mueren. No es una cura completa, dado que los gusanos adultos siguen felizmente acurrucados en sus nódulos, donde pueden producir miles de gusanos más. Pero son las crías las que causan los peores síntomas de la enfermedad —el picor desesperante y las cicatrices en los ojos, que conducen a la ceguera—. Los investigadores encontraron que, si una persona infectada toma una pastilla una vez al año, se podrá librar de las crías. Dado que un gusano adulto vive unos diez años, debería tomarlo diez veces para estar completamente curado. El coloso farmacéutico Merck ha donado toda la ivermectina que sería necesaria para librar al mundo de la ceguera de los ríos, y ya se han distribuido hasta cien millones de dosis.

Más recientemente, los parasitólogos han descubierto que la ivermectina puede funcionar con la misma eficacia contra las filarias que causan elefantiasis. Las filarias tienen, básicamente, el mismo ciclo de vida que el *O. volvulus*, y la misma susceptibilidad a la ivermectina. El proyecto es mucho más ambicioso —120 millones de personas a lo largo de una gran parte de la zona de los trópicos están infectados—. Si estos investigadores tuvieran éxito y estos parásitos fueran destruidos, el mundo debería honrarlos por emprender estas campañas. Llegará un tiempo en el que a la gente le costará creer que hubo algo en la Tierra que pudo causar sufrimiento a los humanos mediante estrategias tan elaboradas. Serán los dragones y los basiliscos del siglo XXII.

Sin embargo, en lo que respecta a su vulnerabilidad, estos tres parásitos son una excepción a la regla. Muchos otros prosperan en la pobreza en la que una gran parte del mundo vive, y hace falta mucho más que buenas intenciones para detenerlos. La esquistosomiasis es fácilmente curable si se tienen los 20 dólares que cuesta el fármaco praziquantel. Si uno es tan pobre que no se lo puede permitir, pero alguien se lo da gratis, lo más seguro es que se ponga enfermo de nuevo porque cogerá el agua de un estanque en lugar de sacarla de un pozo limpio. Y, a menudo, las supuestas curas para los pobres hacen que la vida de los parásitos sea más fácil. Cuando se construyen presas gigantes que inundan extensas regiones de tierra seca, crean nuevos hogares para los caracoles que portan trematodos sanguíneos, a lo que, casi con toda seguridad, seguirán nuevas epidemias de esquistosomiasis.

La razón más importante por la que a los parásitos les va tan bien en la actualidad es que evolucionan. Los parásitos no son los callejones sin salida de la vida, como se creyó durante un tiempo, se están adaptando continuamente a sus circunstancias. La malaria no solo nos ha obligado a evolucionar; ella misma ha estado evolucionando para adaptarse a nosotros. Y después de adaptarse a las defensas naturales humanas durante muchos miles de años, el *Plasmodium* ahora tiene que enfrentarse a fármacos en lugar de a algún nuevo receptor en las células T.

Antes de la década de 1950, la malaria que contraía cualquier persona del mundo podía ser tratada con unas pocas dosis del fármaco cloroquina. La cloroquina cura la malaria envenenando el alimento que toma el *Plasmodium*. Cuando el *Plasmodium* se alimenta de la hemoglobina de los glóbulos rojos, el parásito corta los brazos de la molécula, dejando al descubierto el núcleo rico en hierro. Este núcleo es peligroso para el parásito, porque puede alojarse en la membrana del *Plasmodium* e interrumpir el flujo de moléculas en ambas direcciones. El parásito neutraliza el veneno de dos maneras. Une algunas de esas moléculas en hemozoina inofensiva; el resto lo procesa con enzimas hasta que ya no puede reaccionar con la membrana.

La cloroquina se introduce en el *Plasmodium* y se enlaza con el núcleo de hemoglobina antes de que el parásito pueda neutralizarla. En su nueva forma, el compuesto no encaja con el extremo de la cadena de hemozoína, y las enzimas del parásito ya no pueden reaccionar con él. En lugar de eso, se acumula en la membrana del *Plasmodium* y la hace permeable. El parásito ya no puede bombear hacia el interior átomos como el potasio que necesita, o extraer los que necesita eliminar, y, finalmente, muere.

Actualmente hay grandes zonas del globo en las que la malaria ya es a prueba de cloroquina. Al final de la década de 1950, aparecieron dos parásitos resistentes a este fármaco —uno, en Sudamérica, el otro, en el Sudeste Asiático—. Los investigadores no están del todo seguros de qué es lo que hace que sean tan difíciles de combatir, pero sospechan que tienen una proteína mutante que se engancha a la cloroquina antes de que penetre demasiado en el parásito. Es probable que estos mutantes hayan ido apareciendo regularmente durante miles de años, pero las proteínas raras que producen no sirven para nada bueno. Es incluso posible que ralenticen la alimentación del parásito, por lo que fueron eliminadas por selección natural.

Pero en los primeros años de la década de 1950, cualquier parásito que pudiera bloquear a la cloroquina tenía un montón de espacio —los cuerpos humanos— para colonizar. Año a año, los hijos de esos dos *Plasmodium* mutantes se propagaron a partir de sus zonas originales. El mutante sudamericano se propagó hasta cubrir todas las regiones del continente que tuvieran malaria. Mientras tanto, el mutante del Sudeste Asiático fue incluso más cosmopolita: en la década de 1960 había invadido Indonesia y Nueva Guinea hacia el este, y, en la década de 1970, hacia el oeste a través de India y Oriente Medio. En 1978, la primera aparición de esta forma del Sudeste Asiático fue notificada en el este de África, y ya en la década de 1980, había llegado a la mayoría de zonas del África subsahariana. Hoy en día es mucho más difícil detener la propagación de la malaria porque hay otros fármacos que son más caros, y también aparecen cadenas resistentes de *Plasmodium* contra ellos.

El resurgimiento de parásitos como el *Plasmodium* ha hecho que los parasitólogos anhelen una vacuna. Pero, aunque las vacunas funcionan bien contra algunos virus y bacterias, no hay ninguna vacuna comercialmente disponible contra un eucariota. Ninguna. El problema es que los parásitos eucariotas son criaturas complejas y evasivas. Pasan por diferentes etapas dentro de su hospedador, cada una de las cuales no se parece en nada a la siguiente. Los protozoos y los animales han conseguido engañar a nuestros sistemas inmunológicos —piense, por ejemplo, en cómo los tripanosomas pueden desprenderse de su cubierta glicoproteica y hacer crecer otra con un patrón químico completamente diferente, o la forma en que los trematodos sanguíneos roban nuestras propias moléculas para disponer de una máscara mientras producen otras sustancias químicas que harán que nos volvamos contra nosotros mismos—.

Los primeros intentos para fabricar vacunas contra los parásitos fueron intentos bastante toscos. Los científicos destruían parásitos vivos con radiación y luego inyectaban lo que quedaba de ellos en animales de laboratorio. Solo les proporcionaba algo de protección. En los últimos veinte años, los científicos han aprendido a adaptar sus vacunas con mucho más cuidado. En lugar de fijarse en los parásitos enteros han pasado a centrarse en moléculas individuales que el parásito contiene en sus revestimientos. Su esperanza ha sido encontrar un conjunto de moléculas que pueda usar el sistema inmunológico para prepararse en la lucha contra esos invasores. Pero, aun así, han seguido fracasando. La Organización Mundial de la Salud organizó una agresiva campaña para crear una vacuna contra la esquistosomiasis en la década de 1980. Se centraron, no en una molécula, sino en seis, cada una de ellas probada por un escuadrón de inmunólogos. Ninguno de ellos pudo ofrecer ningún tipo de protección significativa, por lo que el programa de becas fue desechado, mientras los que desarrollaban vacunas buscaban nuevas moléculas.

Sin embargo, los parásitos no desafían a las vacunas por definición. Todavía es posible que haya una molécula sin la cual no puedan vivir, y que el sistema inmunológico pueda identificar con suficiente regularidad como para usarla como guía para sus ataques. En 1998, empezaron los ensayos humanos de una vacuna contra la malaria, creada por científicos de la Armada de los Estados Unidos. Querían que el sistema inmunológico humano atacara al *Plasmodium* cuando estuviera aún en una etapa temprana en las células hepáticas. Las células hepáticas exhiben trozos de proteínas de *Plasmodium* en los receptores del complejo mayor de histocompatibilidad (CMH) de su superficie. Normalmente, nuestros cuerpos no pueden luchar contra la malaria en esta etapa, porque en el momento en el que las células T asesinas han reconocido los fragmentos y se han multiplicado formando un ejército contra el parásito, el *Plasmodium* ya ha escapado del hígado y se ha colado en el torrente sanguíneo.

Pero si las células T asesinas ya estuvieran preparadas para reconocer esos fragmentos, podrían ser capaces de empezar a destruir las células hepáticas infectadas inmediatamente. Para crear un ejército compuesto por estas células T, los científicos de la Armada inocularían a la gente un caso falso de malaria. Han moldeado una secuencia de ADN que inyectan en los músculos de voluntarios. El ADN se abre camino por el interior de las células musculares, donde empieza a fabricar la misma proteína que produce el *Plasmodium* y que es exhibida por las células hepáticas. En teoría, las células musculares deberían transportar esta vacuna proteica a su propia superficie, y las células T que se lo encontraran serían capaces de eliminar una infección real cuando apareciese.

Hay un largo camino que va desde los ensayos humanos hasta una auténtica campaña de vacunación —especialmente, contra enfermedades como la malaria o la esquistosomiasis, que afectan a cientos de millones de personas en las zonas más pobres del planeta—. «¿Qué es lo mejor que podrías esperar de una vacuna? —pregunta Armand Kuris, que ha pasado una gran parte de su carrera buscando posibles formas de controlar la esquistosomiasis—. Un biólogo molecular dirá: "Es cara, requiere volver a vacunarse cada cinco o siete años, y además requiere que se mantenga fría". Eso implica una refrigeración desde su fabricación hasta el lugar donde extraes un vial e introduces una jeringa en él. ¿Te has puesto alguna vez una vacuna contra la viruela? Yo me puse una en la frontera de Costa Rica, donde la enfermera guardaba la vacuna en un vaso de chupitos y me tatuó con una aguja de coser. Ahora *eso* es una vacuna». Señala que el praziquantel, la cura para la esquistosomiasis, cuesta 20 dólares. «En Kenia, en las aldeas donde trabajo, las familias en mejor situación pueden permitirse el fármaco para el niño preferido. Si eso es económicamente imposible, y yo te doy una vacuna, ¿qué demonios puedes hacer con ella? No digo que no haya que hacer ninguna investigación al respecto. Puede que la Armada haya ido a algún lugar con malaria —trabajadores del Cuerpo de Paz, diplomáticos...—, pero para los doscientos millones de personas que sufren esquistosomiasis, la vacuna no tiene ninguna posibilidad de funcionar. Y, aun así, mi cálculo es que tres cuartas partes del dinero que se ha gastado en la esquistosomiasis en los pasados veinte años han sido gastadas en vacunas».

Incluso si los investigadores pudieran producir una vacuna que satisficiera los estándares que Kuris había visto en aquella enfermería, los parásitos podrían encontrar un modo de saltársela. La Organización Mundial de la Salud decidió que, incluso si una vacuna ofreciera solo un 40 por ciento de protección contra el esquistosoma, valdría la pena apoyarla. Eso no significa que el 40 por ciento de doscientos millones de personas con esquistosomiasis se librarían de sus parásitos. Eso significa que cada persona perdería el 40 por ciento de los gusanos que circulan por sus venas. Parece un objetivo respetable, pero ignora la sofisticación de los esquistosomas. Estos trematodos pueden notar cuántos compañeros trematodos hay en su hospedador, y a medida que ese número crece, cada hembra produce cada vez menos huevos. Es posible que los trematodos sanguíneos hayan desarrollado un mecanismo con el que proteger a sus hospedadores. Si cada hembra pusiera todos los huevos que fuera capaz de poner, producirían tantas cicatrices en el hígado del hospedador que podría morir. Una vacuna que matara el 40 por ciento de los gusanos presentes en una persona podría producir un efecto contrario al deseado: los esquistosomas supervivientes notarían que tienen menos competencia e incrementarían la producción de huevos, haciendo que la enfermedad empeorase.

Las vacunas también corren el riesgo de echar por tierra nuestra capacidad de autoinmunizarnos, que tanto nos ha costado conseguir. Digamos que la vacuna de la Armada contra la fase hepática de la malaria funciona, y que se decide inyectarla en millones de niños de todo el mundo. Digamos también que la vacuna funciona brillantemente durante unos años. Y que, de repente, los países interrumpen el programa por culpa de guerras civiles o porque los especuladores venden las monedas nacionales. O, si así lo prefiere el lector, digamos que se propaga una cadena mutante de malaria, siendo lo suficientemente diferente para evitar que las células T entrenadas la reconozcan. La gente no tendría protección alguna en sus hígados, y no habría tenido la oportunidad de establecer su propia resistencia contra la fase sanguínea del parásito. La vacuna podría entonces causar más daño que beneficio.

Para algunos parásitos, tendría ahora más sentido encontrar una mejor coexistencia que intentar su erradicación. Por ejemplo, en la esquistosomiasis, los trematodos sanguíneos adultos no causan mucho daño. Están tan bien camuflados que el sistema inmunológico no los detecta y, por lo tanto, no desencadena un ataque con consecuencias dañinas, y tampoco beben mucha sangre. Son sus huevos los que suponen un problema, ya que el sistema inmunológico forma bolas gigantes de tejido cicatrizado alrededor de ellos, en el hígado. Entre las muchas señales que las células inmunológicas intercambian, una tiene la habilidad de detener la fabricación de estos granulomas. Los científicos han encontrado que, si suministran una dosis extra de esta señal a ratones con esquistosomiasis, no destruyen sus hígados. Es posible que este tipo de medicamento pudiera salvarnos —no de los parásitos, sino de nosotros mismos—. Otra estrategia sería impedir que los trematodos sanguíneos se aparearan. Los científicos han descubierto que los machos atraen a las hembras mediante una señal química. Si las personas se vacunasen de tal manera que su sistema inmunológico pudiera destruir esa señal, el amor entre los trematodos sanguíneos sería en vano, y no se produciría ningún huevo.

La coexistencia con los parásitos podría ser también posible si fuéramos capaces de domesticarlos. La severidad de una enfermedad causada por un parásito tiene mucho que ver con sus opciones evolutivas. Si la mejor opción para sobrevivir que tiene un virus requiere que mate rápidamente a su hospedador, seguramente evolucionará formando una cepa letal. Pero lo contrario también es cierto: si el virus tuviera que pagar un precio alto por ser virulento, las cepas benignas saldrían victoriosas. Durante más de diez mil años, hemos estando dirigiendo la evolución de muchos seres vivos, cultivando plantas y animales en busca de la calidad que deseamos —por ejemplo, logrando vacas dóciles y peras dulces—. Uno de los arquitectos de la teoría de la virulencia, Paul Ewald, del Amherst College, ha propuesto hacer lo mismo con los parásitos para poder luchar contra las enfermedades. En realidad, no es difícil domesticar un parásito. En muchas partes de los trópicos, por ejemplo, las campañas de salud pública suministran a la gente mosquiteras para evitar que los mosquitos portadores de malaria les piquen cuando duermen. Las campañas salvan vidas, no solo por prevenir que los mosquitos les piquen, sino, tal como sospecha Ewald, por forzar al *Plasmodium*, que está en el interior de los mosquitos, a evolucionar hacia una forma más moderada. A medida que va siendo menos probable que un mosquito pueda pasar de un hospedador al siguiente, pasa a ser una insensatez, evolutivamente hablando, matar al hospedador.

Erradicar parásitos puede incluso crear nuevas enfermedades. La colitis y la enfermedad de Crohn afectan actualmente a un millón de norteamericanos. En ambos casos, el sistema inmunológico de una persona ataca violentamente los revestimientos de los intestinos. La inflamación que desencadena arruina la digestión de la persona, y, a veces, es necesario que un cirujano corte una sección de los intestinos dañados. Ambas enfermedades pueden atormentar a una persona durante toda su vida, y, hasta ahora, no existe cura para ninguna de las dos. Sin embargo, a pesar de lo comunes que son en la actualidad, no se encuentra registro alguno de colitis o de enfermedad de Crohn antes de la década de 1930. Los primeros casos en los Estados Unidos aparecieron en familias judías acomodadas de Nueva York, lo que hizo pensar a los médicos que se trataba de enfermedades hereditarias. Pero, entonces, personas de raza blanca que no eran judías empezaron a contraer esas enfermedades. Los médicos seguían creyendo que eran enfermedades hereditarias porque nadie de raza negra las padecía. Pero en la década de 1970, las personas de raza negra también empezaron a contraer esas enfermedades. Si nos fijamos en los datos de fuera de los Estados Unidos, podremos observar otro extraño patrón. En los países más pobres del mundo, prácticamente desconocen por completo esas enfermedades. Sin embargo, en Japón y Corea del Sur, dos países que han pasado rápidamente de la pobreza al bienestar, hay, actualmente, un gran número de casos de colitis y de enfermedad de Crohn.

Algunos científicos piensan que la propagación de estas enfermedades fue causada por la erradicación de los gusanos intestinales. Es cierto que la idea encaja con la historia. En los Estados Unidos, aparecieron primero en gente rica de las ciudades —la gente que, en otras palabras, fueron los primeros en desprenderse de las tenias y de otros gusanos que vivían en sus intestinos—. Más tarde, cuando la gente de raza negra que empezó a prosperar y escapar de la pobreza también se trasladó a las ciudades, empezó a enfermar. Los parásitos intestinales todavía son comunes en muchas partes del mundo, pero en los países en los que se han erradicado recientemente, la colitis y la enfermedad de Crohn han aparecido a continuación. Incluso los animales de granja han empezado a padecer enfermedades intestinales desde que se les empezó a tratar con medicamentos antiparasitarios como la ivermectina.

Los humanos han estado protegidos de enfermedades como estas por la interacción entre sus sistemas inmunológicos y los parásitos intestinales. Los parasitólogos han encontrado que los gusanos intestinales pueden conseguir que el sistema inmunológico pase de atacar de una forma frenética a hacerlo de una forma más moderada. En este estado de actividad más moderado, el sistema inmunológico todavía puede mantener a raya a las bacterias y virus, pero los gusanos parásitos pueden vivir tranquilos. Esta situación también beneficia al hospedador. Cuando abundan los gusanos parásitos, sería peligroso atacarles una y otra vez. Pero entonces, en un abrir y cerrar de ojos evolutivo, cientos de millones de personas perdieron sus parásitos. Sin su influencia tranquilizadora, algunas personas han pasado a sufrir la situación completamente opuesta: sus sistemas inmunológicos son incapaces de dejar de atacar a sus propios cuerpos.

En 1997, científicos de la Universidad de Iowa pusieron esta sorprendente idea en práctica. Eligieron a siete personas con colitis ulcerosa y enfermedad de Crohn, que no habían obtenido alivio alguno con los tratamientos convencionales. Les dieron a comer huevos de un gusano intestinal que vive normalmente en un animal, uno que no causaría ninguna enfermedad en un intestino humano. En un par de semanas los huevos eclosionaron, las larvas crecieron, y seis de los siete pacientes lograron una remisión completa.

La vida libre de parásitos puede también ser la responsable del aumento de otros desórdenes inmunológicos, como las alergias. El 20 por ciento de la población del mundo industrializado sufre algún tipo de alergia, pero fuera de esos lugares es difícil de encontrar. Dado que es peligroso generalizar de un país a otro, el inmunólogo Neil Lynch ha llevado a cabo estudios pormenorizados sobre este modelo en Venezuela. Se fijó en personas de hogares de clase alta que tenían agua corriente y retretes, y los comparó con venezolanos pobres de barrios marginales. Mientras que el 43 por ciento de las personas de clase alta tenía alergias, solo el 10 por ciento tenía infecciones leves de gusanos intestinales. Entre los pobres, había la mitad de alergias que en la clase alta, pero el doble de gusanos. Y cuando Lynch estudió a los indios venezolanos que vivían en las selvas tropicales, el patrón era incluso más marcado: el 88 por ciento estaba infectado con parásitos y no tenía ningún tipo de alergia. Sin gusanos parásitos ejerciendo su influencia, nuestros sistemas inmunológicos pueden ser propensos a tener una reacción desmesurada frente a pequeños trozos de caspa de gato o moho.

Para luchar contra estas enfermedades, necesitaríamos admitir nuestro largo matrimonio con los parásitos. Esto no quiere decir que la gente con colitis deba comer huevos de *Trichinella*, a no ser que quieran sufrir una larga y agonizante muerte cuando el parásito se abra camino hacia sus músculos. Pero las sustancias químicas que usa el parásito para manipular nuestros sistemas inmunológicos pueden ofrecernos protección frente a la vida moderna. Puede que algún día, junto a las vacunas de la polio, los niños reciban proteínas de parásitos, para que así sus sistemas inmunológicos se entrenen para no perder el control. Sería un impresionante giro final para la historia de los parásitos en humanos. Puede que no siempre sean la causa de la enfermedad. En algunos casos pueden ser la cura.

08
Cómo vivir en un mundo lleno de parásitos

Siempre que la tierra cambió su forma de existencia, las creaciones existentes fueron igualmente destruidas. Lo mismo ocurre con los gusanos; cuando el animal hospedador muere, ellos también son destruidos.

JOHANNES BREMSNER, parasitólogo alemán (1819)

En mi visita a Santa Bárbara, después de que Kevin Lafferty me mostrara cómo los parásitos dominan una marisma salobre, pasé una mañana con uno de los estudiantes de posgrado de Armand Kuris, un joven llamado Mark Torchin. Me enseñó uno de los laboratorios de biología marina, en cuya puerta azul había una señal plastificada que ponía «CUARENTENA». Cuando Torchin abrió la puerta y entramos en la oscuridad, pude oír algo que sonaba como un arroyo fluyendo. Torchin encontró el interruptor que encendía las frías luces fluorescentes que iluminaban una mesa dispuesta a lo largo de toda la habitación. A la izquierda había acuarios llenos de agua, con cangrejos escabulléndose en el interior de trozos rotos de malla blanca. A la derecha había unas cubas con tazas pegadas en ella, cada una de las cuales contenía un único cangrejo con algo de agua. El sonido que me pareció un arroyo provenía de un sistema de tuberías que bombeaba agua marina de un lago que había en el exterior, fluyendo hasta los acuarios y goteando sobre la mesa, para después salir por un drenaje de vuelta al Pacífico.

Los cangrejos eran *Carcinus maenas*, el cangrejo verde europeo. Algunos tenían el tamaño de tazas de té, otros, solo el de un vasito de chupito. Si caminas por la costa del norte de California y por el noroeste del Pacífico, puede que encuentres cangrejos verdes, y eso es algo que aterra a muchas personas. Antes de 1991, no había cangrejos verdes en la costa de California. Su hábitat original eran las playas de Europa. Allí era una criatura insaciable; en Gran Bretaña, los biólogos habían observado cómo un único cangrejo se comía cuarenta berberechos, cada uno de casi centímetro y medio de longitud, en un solo día. Durante miles —puede que millones— de años, el resto del mundo estuvo a salvo del voraz apetito del cangrejo verde, pero eso cambió cuando los humanos inventaron los barcos. El cangrejo verde arroja miles de larvas prácticamente invisibles en el agua, que pueden ser fácilmente absorbidas por las bodegas de los barcos cuando estos cogen agua de lastre. Puede que hace unos doscientos años, algún barco que viajaba a las colonias americanas transportara cangrejos verdes al Nuevo Mundo. Empezaron rápidamente a propagarse a lo largo de la costa este de los Estados Unidos, devorando moluscos en el norte de Nueva Inglaterra y en Canadá. La almeja de Nueva Inglaterra, que en su momento era la base de toda la industria pesquera de Nueva Inglaterra, desapareció por completo.

Los cangrejos también viajaron hasta Sudáfrica y Australia, pero, durante siglos, la costa oeste de los Estados Unidos estuvo a salvo. A pesar de todos los barcos que viajaban hasta allí desde Europa y desde el este de los Estados Unidos, no fue hasta 1991 cuando un pescador, cerca de San Francisco, atrapó por primera vez un cangrejo verde en sus redes. Tan pronto como corrió la noticia entre los círculos de los biólogos marinos, los científicos se apesadumbraron. Casi todas las especies de moluscos alrededor de San Francisco eran presas potenciales, y, si el cangrejo verde se propagaba a lo largo de la costa con los barcos que viajaban hacia Los Ángeles, al sur, o hacia el noroeste, se propagaría a nuevos hábitats, devorando las ostras, cangrejos Dungeness y otras criaturas valiosas. Los agujeros que cava pueden desestabilizar diques y canales, causando más daño todavía. «Es un desastre —dice Armand Kuris—. Es todo lo que te imaginarías para el peor escenario posible».

Los cangrejos verdes que estaban en cuarentena en el laboratorio de Santa Bárbara brincaban en sus acuarios. Algunos tenían pinzas blancas fantasmales creciendo en el lugar donde habían perdido una. Y algunos, tal como pude ver cuando Torchin los sacó del agua y les dio la vuelta, agitando patas y pinzas al aire inútilmente, portaban un saco en su abdomen de un color similar al del dulce de leche. Parecían cangrejos normales, pero se habían transformado en otra cosa. Estaban llenos de *Sacculina carcini*, el que degeneraba los percebes parasitados en las pesadillas de Ray Lankester. Torchin, Lafferty y Kuris estaban intentando usar *Sacculina* para salvar la costa del Pacífico del cangrejo verde.

Al final del siglo XIX, los científicos denominaban ocasionalmente a la parasitología como zoología médica. Se referían al modo que tenían de comprender a los parásitos como organismos reales, con historias naturales propias, antes de que pudieran intentar luchar contra las enfermedades que causaban. Ahora, más de un siglo después, el término ha resurgido. El paciente ahora no es una persona, sino el mundo natural. Especies foráneas se están propagando descontroladamente a lo largo de continentes y mares; plantas y animales nativos sufren enfermedades nuevas; los hábitats están desapareciendo a medida que los bosques son deforestados y las costas se convierten en urbanizaciones. A medida que los ecosistemas van decayendo, los científicos han reconocido que los parásitos son importantes para su salud. Un ecosistema sano está lleno de parásitos, y, en algunos casos, un ecosistema puede incluso depender de los parásitos para gozar de buena salud. A medida que los humanos alteran el mundo, desequilibrando la biosfera, puede acabar siendo necesaria la utilización de los parásitos para que nos ayuden a enmendar algunos de nuestros errores y puede que para evitar que cometamos más.

La primera vez que los científicos pensaron en utilizar parásitos contra las plagas fue en la década de 1880. La idea original era sencilla. Un parásito es un pesticida barato e inagotable. Puede buscar a su hospedador e invadirlo, luchando contra el sistema inmunológico de este y, en muchos casos, matándolo. Los granjeros que usan pesticidas tienen que rociar sus plantas al menos una vez al año, pero los parásitos se siguen regenerando y localizando nuevos hospedadores. Simplemente, siembra el parásito, seguía el argumento, y tus problemas se habrán acabado. En la primera parte del siglo XX, los granjeros tenían el éxito que pronosticaba esa idea. Cochinillas, escarabajos y otras plagas fueron destruidas por avispas, moscas y otras clases de parásitos. Los parásitos no podían erradicar por completo las plagas, pero estas ya no eran una amenaza que pudiera arruinar cosechas enteras.

En la década de 1930, nació la industria agroquímica. El DDT llegó al mercado, un potente pesticida que llegó con el brillo de la ciencia moderna —una creación sintética que los humanos podían usar para controlar la naturaleza—. La consecuencia fue que el control biológico dejó de utilizarse. Unos pocos biólogos en California y Australia siguieron estudiando parásitos con la esperanza de hacer regresar el control biológico. Y durante los cuarenta años siguientes, los pesticidas empezaron a fallar. Los insectos desarrollaron resistencia al DDT. La sustancia química se introdujo en la cadena alimenticia, haciendo que los pájaros pusieran huevos con cáscaras muy delgadas. Apareció un movimiento medioambiental que se oponía al uso de pesticidas, y los viejos maestros del control biológico vieron una oportunidad para regresar.

«En esa época era un estudiante de posgrado en Berkeley —dice Armand Kuris—. Fue muy interesante. Eran tipos *viejos*, de veinte o treinta años más que yo, que sabían de agricultura y llevaban corbatas de lazo y cosas del estilo. Y allí estaban en los sesenta con todos los *hippies*, y se encontraron en el mismo barco. Al principio fue algo raro, pero luego se dieron cuenta de que estaban en el mismo lado. Fue una de las imágenes de la historia de los sesenta».

En su segunda reencarnación, el control biológico mediante parásitos tenía un fundamento científico mucho más sólido. Los insectos podían desarrollar resistencia al DDT, pero los parásitos también podían evolucionar. Pueden elaborar nuevas moléculas para atacar a sus hospedadores, neutralizar cualquier resistencia que la plaga pueda desarrollar. Algunos científicos argumentaban que un parásito podía controlar una plaga devolviendo al menos algún equilibrio a la naturaleza. La mayoría de las plagas son especies foráneas como el cangrejo verde, traídas a una nueva tierra. Una razón por la que son tan dañinas es que han escapado de sus parásitos y pueden reproducirse descontroladamente, mientras que las especies nativas tienen que luchar contra sus propios parásitos. Introducir un parásito procedente de la tierra original del invasor, siempre según el argumento del control biológico, es, realmente, un modo de restablecer las limitaciones naturales.

* * *

El nuevo control biológico ha producido algunos triunfos espectaculares sobre hospedadores peligrosos. Puede, por ejemplo, haber evitado que una gran parte de África muera de hambre. Lo que significa el arroz para China, lo que fueron una vez las patatas para Irlanda, es la mandioca para África. La planta crece hasta tener casi un metro de altura, con hojas anchas y verdes que son tan nutritivas como las espinacas pero más sabrosas. Las raíces de la espinaca no sirven para mucho, pero las de la mandioca son porciones gruesas de almidón. La mandioca es lo suficientemente resistente como para crecer donde otras raíces no podrían enraizar, por lo que, para algunas aldeas de las partes más húmedas de África, es lo único que se interpone entre ellos y la hambruna. Desde Senegal, en la Costa de Marfil, a Mozambique, en el océano Índico, doscientos millones de personas dependen de ella. Y en 1973 la mandioca empezó a morir.

En los pequeños campos alrededor de Kinsasa, la capital de la actual República Democrática del Congo, las hojas empezaron a rizarse y marchitarse, y, sin fotosíntesis, las raíces no se desarrollaban. En unos pocos años había tan poca mandioca alrededor de la ciudad que el aporte de una familia durante una semana costaba más que la nómina de todo el mes. Al mismo tiempo, la mandioca empezó a morir en otras ciudades portuarias de la costa atlántica de África: Brazzaville, Cabinda, Lagos, Dakar.

Cuando la gente estiraba las hojas marchitas, encontraba un moteado de color blanco, que, una vez visualizado bajo una lupa, resultaban ser miles de insectos planos y pálidos. Hasta la fecha, nadie había visto esos insectos en África; de hecho, nadie había visto antes esta especie en particular en cualquier parte del mundo. Conocido como cochinilla de la mandioca, es uno de los muchos parásitos comedores de hojas, preparado para la frecuencia limitada de su especie de planta hospedadora. El insecto agujerea la hoja de mandioca con su probóscide, y la ancla para poder succionar la savia. Al mismo tiempo inyecta un veneno que de alguna manera impide que las raíces crezcan, lo que probablemente permite a la cochinilla tomar más alimento a través de las hojas de la planta. Las cochinillas de la mandioca son todas hembras, y una única hembra puede poner ochocientos huevos en su escaso tiempo de vida. Al final de la época de crecimiento, un único brote puede encorvarse por contener veinte mil insectos.

El enrollamiento de las hojas también está causado por el veneno de la cochinilla. Puede ser que el marchitamiento ayude al insecto a propagarse de planta a planta. Un campo de mandioca sano ofrece una alfombra de hojas al viento, desviando las brisas a lo largo de las plantas. Pero cuando la mandioca se convierte en hospedador de la cochinilla, la manta se hace jirones, permitiendo que el viento siga su camino entre los brotes, llevando larvas jóvenes dispuestas a colonizar nuevas plantas. Mientras que esto es solo una teoría, no hay ninguna duda de que, una vez que una única planta de mandioca en un campo es presa de la cochinilla, el resto está condenado. Para empeorar las cosas, se puede coger un brote de mandioca y empezar con él un nuevo campo de cultivo en cualquier otra parte. Si solo una simple cochinilla se escondiera entre las hojas, el nuevo campo de cultivo, y los campos antiguos que lo rodean, se infectarían.

El paso de la cochinilla de un puerto a otro debió de ocurrir precisamente de esa forma. Alguien debió de transportar una cochinilla en un avión, porque en 1985 apareció a varios miles de kilómetros de distancia en Tanzania, donde empezó a propagarse de campo en campo. Fuera adonde fuera, no solo echaba a perder la cosecha de un único año. Dado que necesitaban esquejes para replantar sus campos, y ninguno de los que disponían estaba libre de cochinillas, los granjeros perdieron los cultivos de los años siguientes.

En 1979, un científico suizo llegó a Ibadán, una ciudad universitaria nigeriana situada en una zona con mandioca infectada por cochinillas. Era Hans Herren, un entomólogo que había crecido trabajando en la granja de su familia, en las afueras de Montreux. «Al tiempo que yo crecía, pasamos de una agricultura casi completamente orgánica a una que usaba un montón de pesticidas —me decía Herren, veinte años después, cuando le visité en Nairobi. Su pelo se había vuelto gris, pero seguía siendo un torbellino, capaz de contarte una historia a toda velocidad durante una hora seguida—. Puedo recordar pasar solo en diez años de no usar prácticamente ningún producto químico a usar toda clase de herbicidas y pesticidas. Era yo quien conducía el tractor en mis horas libres después de la escuela, quien trataba nuestras patatas, nuestro tabaco, nuestro trigo y cualquier otra cosa con todos esos productos químicos. Recuerdo a aquellos tipos venir a la granja a vender esos productos a mi padre. Vi cómo lo hacíamos antes y cómo, de repente, nos vimos inmersos en esta rueda que, con cada giro, cada vez quería más y más y más».

Herren fue a la universidad con la esperanza de encontrar un modo de saltar de esa rueda sin sufrir demasiados daños. Estudió control biológico, primero, en Suiza, luego, en el hogar de su renacimiento, en la Universidad de California en Berkeley. El Instituto Internacional de Agricultura Tropical le ofreció trabajo o, para ser más precisos, un reto: ¿podría encontrar un parásito para la cochinilla de la mandioca? No se lo pensó dos veces antes de aceptarlo. «Ir a Nigeria era una oportunidad de practicar a gran escala lo que había aprendido en Berkeley y Zúrich».

Cuando Herren llegó a Ibadán, descubrió que la mayoría de los científicos de allí estaban seguros de que fallaría. Eran criadores, y su tarea era lograr nuevos híbridos de mandioca diseñados para crecer más rápido y para resistir a la enfermedad. Estaban seguros de que podían manejar el desastre causado por la cochinilla. «Dijeron: "¿Cochinilla? Ningún problema: la cría, esa es la solución"». Y cuando conocieron a Herren, sus pensamientos fueron en otra dirección: «"Este tipo de Berkeley..., ¿qué es lo que sabe? No es más que un friki ecologista"». Herren no tenía nada personal contra la crianza selectiva, pero, para la crisis que tenían que atacar, no había suficiente tiempo. La cochinilla saltaba de una ciudad a otra y luego, a partir de las granjas de los alrededores, como «una nube de polvo» en palabras de Herren. Criar un híbrido resistente puede llevar una década, y en diez años podría ser que ya no quedase ninguna mandioca que salvar.

Para poder encontrar un parásito para la cochinilla de la mandioca, Herren tenía que descubrir primero de dónde procedían las cochinillas. Habían aparecido de la nada en los alrededores de Kinsasa. No estaban emparentadas con ninguna otra cochinilla de África, pero sí con una especie que vivía en el algodón, al otro lado del Atlántico, en Yucatán. «Empecé entonces a pensar: "Bien, es de Centroamérica —resulta interesante, porque la mandioca también es originaria de las Américas—. Los portugueses la trajeron a África de vuelta en los viajes en los que comerciaban con esclavos. El viaje era muy largo, en las bodegas de los barcos, donde el agua salada mataba cualquier cosa que contuvieran, por lo que no trajeron en ellas ningún tipo de insecto. Así que las plantas prosperaron durante varios cientos de años hasta que alguien trajo las cochinillas». Nadie había visto la cochinillas de la mandioca en el Nuevo Mundo, porque, tal como razonaba Herren, había algún parásito que la mantenía bajo control. «Si no estuviera bajo control ya nos habríamos enterado».

Herren se leyó todas las revistas de entomología y agricultura en busca de insectos que comieran mandioca cultivada. «Algo no tenía sentido. Los científicos de las Américas habían estado trabajando con mandioca durante los últimos quince años, criándola, y nadie había visto la cochinilla. La mandioca silvestre se usa en su mayor parte como ornamento. Son las plantas más hermosas. Por lo que pensé que alguien pudo haber traído algún hermoso ejemplar porque le pareció bonito. Si nadie había encontrado esta cochinilla en las plantas de mandioca durante todos esos años, ¿podría estar allí? Así que fui a echar un vistazo, no solo a las plantas de mandioca, sino también a sus parientes silvestres».

La tarea de buscar por toda Latinoamérica un insecto que nadie había visto antes podía requerir mucho más tiempo que el que entraña intentar criar una mandioca libre de todos sus males. Pero a lo largo del ámbito que abarcaba la mandioca silvestre, Herren reconoció algunos lugares críticos donde la mandioca presentaba diversidad genética. Debería ser también donde hubiera más diversidad de insectos que se alimentaran de mandioca. Y uno de esos insectos resultaría ser el que estaba consumiendo a África.

Herren partió hacia las Américas en marzo de 1980. Empezó visitando museos que albergaban colecciones de plantas, fijándose en los especímenes secos de mandioca. Era posible, pensó, que alguien ya hubiera encontrado lo que él estaba buscando. «Pero no pude encontrar nada, por lo que me dije: busquemos algo real. Me trasladé a California y me compré una furgoneta grande. Monté un laboratorio en la parte trasera, una cama y todo lo necesario, y empecé a conducir a través de Centroamérica hasta Panamá, en busca tanto de mandioca silvestre como cultivada».

Mientras Herren viajaba atravesando Centroamérica, una red de entomólogos también buscaba esos insectos. Aparecieron muchas cochinillas nuevas, pero ninguna de ellas resultó ser la especie que prosperaba en África. «Decidí entonces abandonar Centroamérica. Y me dirigí a Sudamérica. Aparqué mi furgoneta en el aeropuerto de Panamá y volé hasta Colombia a visitar a un amigo. Salimos hacia Venezuela y visitamos uno de los lugares con mayor diversidad, la zona norte de Venezuela. Condujimos durante semanas. Encontramos un montón de cochinillas de la mandioca, pero nunca la correcta. Por lo que le enseñé dibujos y fotografías de lo que estaba buscando, del aspecto que tenían las plantas cuando albergaban esas cochinillas, y regresé a África».

Su amigo Tony Bilotti fue a Paraguay no mucho después de que Herren regresara a Ibadán. Iba a visitar a algunos colegas norteamericanos que servían en el Cuerpo de Paz, y sabía que estaba en uno de los lugares de Latinoamérica con una mayor concentración de mandioca, el único que Herren no pudo visitar por falta de tiempo. Conduciendo el día anterior por un campo de mandioca, se dio cuenta de que algunas plantas tenían un aspecto algo raro. Se paró y arrancó las hojas. Dentro de ellas encontró las cochinillas de Herren.

Cuando Herren se enteró, hizo que Bilotti mandara los insectos al Museo Británico, para que los entomólogos pudieran identificarlos con precisión. Aunque los insectos estaban muertos, los entomólogos los reconocieron como la especie de África. Y cuando los diseccionaron, descubrieron en el interior de sus cuerpos lo que Herren había estado buscando: avispas parásitas. Herren ya disponía del parásito que mantenía a la cochinilla de la mandioca como una plaga menor en un extremo de Paraguay, y el parásito que necesitaba para África. Hizo que entomólogos de Paraguay mandaran cochinillas vivas a Inglaterra, donde podrían ser criadas en cuarentena y así se podrían capturar los parásitos cuando emergieran de sus hospedadores. Mandó cochinillas y plantas de mandioca desde África al laboratorio que mantenía la cuarentena, donde los científicos podrían conseguir que las avispas depositaran sus huevos en ellas. Y más importante aún, los experimentos demostraron que las avispas podían depositar huevos *solo* en las cochinillas de la mandioca. No se habían ajustado a los sistemas inmunológicos de las otras cochinillas, que podían asfixiar los huevos de las avispas encapsulándolos. Tres meses después, Herren recibió su primer cargamento de avispas.

Ya estaba preparado. Tanto él como sus estudiantes de Ibadán habían construido invernaderos donde podrían cultivar mandioca infectada con cochinillas, capturar las avispas que prosperaban en ellas y averiguar cómo aparearlas. Después de recoger un par de cientos de hembras, las liberaron por primera vez en los campos de los alrededores del campus de Ibadán en noviembre de 1981. «En tres meses, la población de cochinillas se hundió. Fue entonces cuando nos dimos cuenta de que teníamos algo muy bueno. En apenas un año y medio habíamos pasado de no saber nada en absoluto a tener algo que funcionaba en el campo de cultivo».

El control biológico, incluso en su renacimiento, siguió siendo una empresa modesta. Los entomólogos criarían avispas en sus laboratorios y las almacenarían en pequeños contenedores que llevarían con ellos cuando fueran a campos de orquídeas o de maíz. Pero Herren era presa de un gran sueño: propagar la avispa a lo largo de toda África. «Lo que no me gustaba del control biológico era que se trabaja en operaciones muy limitadas, baratas, usando vasos de precipitado de segunda mano, criando avispas en algunas pequeñas cajas…, no se trabaja de la mejor manera posible. Es por eso que el control biológico perdió la batalla frente a las sustancias químicas».

Sabía que el sueño sería muy caro: 30 millones de dólares. «Fue entonces cuando me llamaron megalómano. Yo respondí: "Mirad, cuando vosotros, en los Estados Unidos, tenéis un brote de moscas de la fruta en California, que es solo del tamaño de un alfiler en comparación con toda esta tierra, gastáis 150 millones de dólares en un solo año. Estamos hablando de doscientos millones de personas que están en riesgo, no de algunos negocios de naranjas. Estamos hablando de una zona que es una vez y media toda el área de los Estados Unidos. No vamos a hacer esto en cajas transportadas sobre lomos de burros o en bicicleta. Vamos a hacer esto con tecnología, maquinaria, electrónica y aviones"».

Puede que fuera la palabra *avión* la que hizo que mucha gente desconfiase. Herren aseguró que podría propagar las avispas a lo largo de África diseminándolas como hacen los fumigadores, desde un avión. Las avispas fueron adormecidas con dióxido de carbono y luego se guardaron en cilindros de gomaespuma, doscientas cincuenta en cada uno, que se cargaron en un tambor que fue construido a medida para Herren en una fábrica austriaca. Cuando el piloto sobrevolaba un campo de mandiocas, Herren le pedía que soltase las avispas con precisión. «Era como en los aviones de guerra. Sabías cuándo debías tirar la bomba observando por el punto de mira. La prueba la hicimos sobre una piscina en Ibadán. Teníamos que sobrevolarla y soltar las avispas. A casi trescientos kilómetros por hora, pudimos dar en el blanco».

Mientras tanto, las avispas que Herren había liberado en los campos circundantes de Ibadán habían prosperado. Dos años después de soltarlas, decidió comprobar hasta dónde había llegado su propagación. «Fuimos a pie. Pensamos: "no será gran cosa, podemos ir dando un paseo". Caminamos todo el día, y seguíamos encontrándolas. Pensamos, algo ha fallado. Nadie ha visto nunca que este tipo de avispas se propague más de unos pocos kilómetros. Y al día siguiente volvimos con el coche y condujimos. Lo hicimos durante ciento cincuenta kilómetros antes de que dejáramos de ver avispas».

En 1985, gracias a estos tempranos éxitos, Herren recolectó 3 millones de dólares con los que comenzar. Sus pilotos ya podían bombardear los campos con avispas. Los parásitos caían de los aviones y aterrizaban en campos de Nigeria, Kenia, Mozambique, desde el océano Atlántico hasta el Índico. Su equipo criaba 150.000 avispas cada mes, y, aunque muchas de ellas morían durante los largos viajes desde Ibadán hasta los lugares donde las soltaban, en realidad solo necesitaba que una única hembra viable sobreviviera al vuelo y al aterrizaje para empezar a buscar hospedadores. Incluso entre las avispas parásitas, la habilidad para buscar hospedadores de la especie paraguaya era extraordinaria. «La avispa ha desarrollado una capacidad de búsqueda que es fantástica —dice Herren, con un orgullo que es casi paternal—. Si tienes una planta con cochinillas en un campo que mide cien por cien metros, la avispa la encontrará. Lo hemos probado. Teníamos campos que estaban limpios. Colocamos cochinillas en una única planta, y liberamos las avispas en una esquina del campo. En un día ya estaban sobre la planta. Luego probamos otra cosa. Colocamos las cochinillas sobre la planta y luego las retiramos. A continuación, liberamos las avispas, que acabaron de nuevo sobre la misma planta. Hay algo que libera la planta que atrae a las avispas, un grito de ayuda».

Herren entrenó a mil doscientas personas de los países donde habían introducido las avispas para reconocerlas. Un par de meses después de soltarlas, empezaron a peinar los campos para comprobar lo rápido que las avispas se estaban dispersando y cómo estaban desapareciendo las cochinillas. «En todas partes, el problema había desaparecido en doce meses después de la suelta de avispas. Apenas nos podíamos creer que hubiera funcionado tan rápido».

El último vuelo del fumigador de avispas fue en 1991, pero durante los años siguientes los entomólogos hicieron un seguimiento de sus efectos. Alrededor del 95 por ciento de los campos donde se habían soltado avispas, la cochinilla prácticamente había desaparecido. Cuando se quedaron sin hospedador, las avispas disminuyeron hasta quedar únicamente unas pocas supervivientes. En el 5 por ciento de los campos restantes, las cochinillas todavía prosperaban, pero Herren sabía por qué: los granjeros no eran muy cuidadosos con sus campos. Sus plantas estaban escuálidas, y las cochinillas que se alimentaban de ellas también solían estarlo. La especie de avispa que usó Herren es un juez cuidadoso del tamaño de su hospedador, capaz de usar sus antenas a modo de regla para hacerse una idea del tamaño de la cochinilla. Solo entonces decide el sexo de su descendencia. (Cuando una avispa hembra se aparea, guarda el esperma del macho en una glándula, que puede usar más adelante para fecundar sus huevos. Gracias a la genética de la avispa, un huevo no fecundado crecerá hasta dar un macho, mientras que uno fecundado crecerá hasta dar una hembra).

Las avispas escogen colocar solo machos en las cochinillas que son pequeñas. Su lógica se basa en lo baratos que salen los machos. Las posibilidades de que un huevo madure con éxito hasta la fase adulta son mucho menores en una cochinilla pequeña, porque hay menos alimento disponible para alimentar al parásito. Dado que las avispas ponen machos en los hospedadores pequeños, solo una pequeña porción de ellos sobrevivirá hasta la fase adulta. Pero eso no importa, porque solo hacen falta unos pocos machos para inseminar a un montón de hembras.

Gracias a la estrategia que sigue la avispa, un campo de mandioca mal gestionado se llenará de avispas macho. Y ya que los machos no ponen huevos, no suponen ninguna amenaza para las cochinillas, que tienen la oportunidad de reconstruir rápidamente su población. «Les hemos dicho a los granjeros: "Mirad, el control biológico solo puede funcionar cuando todo lo demás está en buen estado. Si no cuidáis vuestro campo, nada funcionará"».

Herren me contó la historia de la cochinilla de la mandioca un radiante día en Nairobi. Se había mudado allí en 1991 para convertirse en el director general del Centro Internacional de Fisiología y Ecología de los Insectos, un complejo masivo en las afueras de la capital con esculturas de escarabajos peloteros en la entrada. El trabajo es uno de los muchos premios que ha recibido por haber salvado el cultivo básico de doscientos millones de personas. El centro está lleno de entomólogos que intentan hallar modos de utilizar a los insectos para hacer que la vida humana sea mejor, produciendo miel y seda y destruyendo plagas. Un gusano perforador del tallo se había establecido en el maíz del este de África, pero los científicos de Herren habían encontrado una avispa de India que lo parasitaba. Cuando le visité, ya la habían soltado en Kenia para ver si podía sobrevivir en ese hábitat. Lo hizo, y no sabían hasta dónde sería capaz de propagarse. Y no les importaba desconocer esos datos.

Lafferty y Kuris querían lograr con el cangrejo verde lo que Herren había logrado con la cochinilla de la mandioca. Sabían que en Europa muchos cangrejos verdes habían sufrido plagas de parásitos como el *Sacculina*, pero los cangrejos de la Bahía de San Francisco que diseccionaron estaban libres de parásitos. Esa podía ser una de las razones por las que podía vencer a otros cangrejos en su nuevo hogar. Por lo que Lafferty y Kuris empezaron a contemplar la idea de introducir *Sacculina* también en California. Los cangrejos verdes infectados con *Sacculina* podrían soltarse en las aguas del Pacífico. Actuarían como fumigadores de parásitos en miniatura, esparciendo larvas de *Sacculina* en el agua. Las larvas buscarían cangrejos no infectados, penetrarían en ellos y extenderían sus tentáculos. Traer *Sacculina* a California no tendría el mismo efecto que las avispas parásitas sobre las cochinillas de la mandioca, porque la biología de los dos parásitos es muy diferente. La avispa mata a sus hospedadores devorando sus entrañas y luego se abre paso mordisqueando, hasta que logra salir de sus cuerpos. El *Sacculina* no mata a sus hospedadores, los cangrejos verdes, pero sí que los castra y luego los hace competir por el alimento con otros cangrejos no infectados. Lafferty elaboró modelos matemáticos que sugerían que, si se traía *Sacculina* al Pacífico, haría que los cangrejos decayesen, pero mucho más lentamente que las cochinillas de la mandioca. Lo que haría que sus números disminuyesen no eran los cangrejos muertos, sino la falta de huevos. Por lo que, cuando el *Sacculina* y los cangrejos verdes alcanzaran un equilibrio mutuo, los cangrejos habrían reducido su cantidad, pero no habrían desaparecido.

Pero para Lafferty y Kuris no parecía que hubiera otra elección posible. Como decía Kuris: «Todas las demás alternativas son mucho peores ecológicamente. La pintura antipercebes de los barcos contaminaba enormemente nuestros estuarios. Allá arriba, en Oregón, hay alguien que fumiga marismas contra el camarón fantasma, para proteger la introducción de la maldita producción de ostras. Está matando a los cangrejos Dungeness».

Durante algunos años, Lafferty y Kuris no pudieron conseguir fondos para estudiar el *Sacculina*, pero en 1998 el cangrejo verde había alcanzado las costas del estado de Washington. Estaba listo para mudarse al estrecho de Puget, donde hay una gran industria pesquera basada en el cangrejo Dungeness. Al final, Kuris y Lafferty consiguieron el dinero que necesitaban. Contactaron con un experto mundial en *Sacculina* y percebes parásitos relacionados, un científico de Dinamarca llamado Jens Høeg. Høeg mandó refrigeradores con cangrejos verdes infectados, conservados en hielo.

Mark Torchin, el estudiante de posgrado de Kuris, puso los cangrejos en una habitación en cuarentena. Aunque no podía simplemente sellar la habitación por completo, porque los cangrejos y los parásitos necesitaban que circulara agua de mar para sobrevivir. Torchin construyó un sistema de tuberías que bombeaban el agua desde el océano; el agua se vertía en un conjunto de tanques, y el desbordamiento que debería transportar a las larvas parásitas invisibles, pasaba por una serie de filtros y tubos de gravilla antes de salir por una tubería que llegaba a un lago cercano.

Durante meses, Torchin se fue familiarizando con el *Sacculina* y su extraño ciclo de vida. Averiguó cómo reconocer cuándo un cangrejo estaba preparado para liberar un nuevo conjunto de larvas del parásito desde una bolsa situada en su abdomen (la bolsa pasaba de tener un color parecido al del dulce de leche a otro más oscuro y apagado). Colocaba los cangrejos en unas copas de plástico para recoger las larvas, y luego recogía algo de agua cargada de *Sacculina*. La vertía en otra copa en la que había un cangrejo verde sano y esperaba a que la hembra de *Sacculina* se introdujera en su nuevo hospedador.

Cada día cogía un cangrejo por la pinza y lo apretaba con los dedos. Para escapar, el cangrejo se amputaba su propia extremidad y retornaba al agua. Torchin recogía la extremidad y la ponía bajo su microscopio en busca de larvas agarradas a los pelos de la pinza del cangrejo y metidas en los agujeritos en los que se ancla el pelo. Cuando una hembra de *Sacculina* tenía éxito e infectaba a un cangrejo, Torchin permitía que desarrollara una protuberancia en el abdomen del cangrejo, para luego intentar introducir machos.

Después de un par de meses, Torchin era capaz de guiar el paso del *Sacculina* de larva a adulto. Entonces, a principios de 1999, aplicó lo que había aprendido a los cangrejos nativos de California.

Escogió el cangrejo de litoral más común, el *Hemigrapsus oregonensis*, y lo expuso al *Sacculina*. Esta era, probablemente, la primera vez en la historia que estas dos especies se encontraban —un cangrejo de California y un percebe parásito de Europa—. Torchin esperó a ver qué era lo que sucedía.

Descubrió que una hembra de *Sacculina* no tenía el más mínimo problema en introducirse en el cangrejo de litoral. Incluso desplegaba sus tentáculos a través del cuerpo de su nuevo hospedador. Pero, entonces, algo falló. En un cangrejo verde europeo, el parásito enrolla cuidadosamente sus tentáculos alrededor de los nervios, no solo dañándolos, sino, también, pasando señales que alteran el cerebro de su hospedador. Sin embargo, en el cangrejo de litoral, los tentáculos de *Sacculina* parece que solo destruyen los nervios de su hospedador. Cuando Torchin regresaba por las mañanas, se encontraba cangrejos de litoral tumbados sobre sus dorsos, todavía respirando, pero completamente paralizados. En un par de días los cangrejos de litoral infectados murieron, y el *Sacculina* murió con ellos.

Los biólogos se toparon de frente con un problema de los parásitos: su flexibilidad. Los parásitos se habían convertido en especialistas en un único hospedador gracias a su carrera armamentística evolutiva. Pero eso no siempre quiere decir que un parásito no pueda usar los mismos trucos para infectar a otra especie. Si se encontrara con un nuevo hospedador con una fisiología similar y un modo de vida parecido, podría sobrevivir viviendo en su interior. Puede ser que el parásito nunca tuviera la oportunidad de probar a su nuevo hospedador por culpa de su ecología: si una especie de tenia vive en una raya del Amazonas, probablemente no tendrá posibilidad de probar vivir en rayas de Nueva Guinea. Pero, en ocasiones, el parásito sí que tiene una oportunidad: cuando, por ejemplo, los continentes colisionan y los animales de uno colonizan el otro. Eso, de hecho, parece ser el modo en que los parásitos sobrevivieron a las extinciones en masa que se llevaron por delante a muchos de sus hospedadores. Simplemente, saltaron de un hospedador a otro.

Por lo tanto, introducir parásitos sin la debida precaución en nuevos hábitats puede causar desastres, por todas las razones que los convierten en criaturas tan impresionantes cuando funcionan correctamente. Tienen un sofisticado conjunto de tácticas que pueden usar contra sus hospedadores, y las pueden ajustar mediante la evolución para poder enfrentarse a nuevos hospedadores y a nuevas defensas. Y una vez que se han introducido en nuevos hábitats, no hay manera de sacarlos. Es un experimento de una única dirección.

Frenar a la cochinilla de la mandioca puede ser una historia de éxito, pero también hay historias que han sido fallos espectaculares. Los bosques de Hawái son uno de ellos. Están llenos de unos parásitos foráneos traídos allí para destruir plagas de insectos. Por ejemplo, las avispas parásitas fueron importadas para contener a una especie de chinches hediondas. Pero esa mosca también puede vivir en el interior de la chinche koa, un llamativo insecto nativo de gran tamaño, y, en la actualidad, la chinche koa prácticamente ha desaparecido. Las avispas parásitas se trajeron para controlar a las polillas que atacaban las cosechas, y también se propagaron a muchas especies nativas. Antes de que llegara el parásito, las polillas de Hawái sufrían enormes aumentos puntuales de población anuales; en su momento más alto, cuando caían sus deposiciones desde los árboles, sonaba como una tormenta de granizo. Los pájaros se daban un festín con sus orugas, con las que alimentaban a sus crías. Pero, desde la introducción de los parásitos, muchas polillas nativas solo sufren esos estallidos una vez cada una o dos décadas. Las aves forestales de Hawái están en declive, y los biólogos sospechan que la muerte de muchas polillas podría ser la causa, porque eran una importante fuente de alimentación de las aves. Y sin aves que puedan polinizar los árboles y dispersar sus semillas, los bosques sufren las consecuencias.

El drama de Hawái es uno de los fracasos mejor documentados del control biológico, porque se trata de un conjunto de pequeñas islas distintas biológicamente. Pero los críticos sospechan que hay muchas otras historias que esperan ser contadas. En los Estados Unidos, por ejemplo, más de treinta parásitos diferentes se introdujeron durante este siglo para eliminar a las polillas gitanas. Ninguno de ellos funcionó, y alguno ha estado destruyendo la exquisita y enorme polilla de la seda, amenazándola con la extinción.

Estos desastres han hecho que biólogos como Lafferty y Kuris sean mucho más cautelosos con el uso de parásitos. Esa es la razón por la que elaboraron primero un test tan largo y tedioso para el *Sacculina*. Después de que los cangrejos de litoral empezaran a morir, repitieron sus test con los cangrejos Dungeness. Obtuvieron los mismos resultados: parálisis seguida de muerte. «Si yo llegara a ser el responsable de la destrucción del cangrejo Dungeness —decía Kuris—, mi nombre quedaría manchado. Sería como el tipo que introdujo las abejas asesinas. El pobre hombre ha tenido una vida de autoflagelación pública durante cuarenta años. ¿Si me preocupan los cangrejos de litoral nativos? Por supuesto que sí. No permito que nadie dude de ello».

Lafferty contó las malas noticias a sus colegas en el otoño de 1999. Por entonces, el cangrejo verde había sido visto hasta en la Columbia Británica, en el norte, a más de mil quinientos kilómetros del lugar donde desembarcó, en San Francisco. Lafferty me mandó un correo electrónico, e inmediatamente le llamé. Le pregunté si estaba decepcionado. «Bueno, como científico, se supone que nunca has de sentirte decepcionado —me dijo—. La verdad existe, y no tienes ningún control sobre ella».

Pero era frustrante ver cómo se propagaba el cangrejo verde. «Mi instinto me dice que, si soltáramos los parásitos en la costa oeste, lo más probable sería que no afectaran mucho a los cangrejos nativos. Lo que encontramos es que tenían el potencial de hacerlo». Colocar larvas de *Sacculina* en una copa con un cangrejo Dungeness no es lo mismo que colocarlas en el océano. «Hay que plantearse estas cuestiones, como si es probable que encuentre a su cangrejo hospedador».

Tanto el *Sacculina* como sus parientes usan pistas como la luz solar y sustancias químicas que se desprenden de sus hospedadores para posicionarse en el lugar donde tengan más probabilidades de toparse con un cangrejo verde. Esas pistas no les permitirían encontrarse con ninguna otra especie. Lafferty me habló de otro experimento que había llevado a cabo que apoyaba esta idea. Se hizo con otra especie de percebe parásito que está relacionado con el *Sacculina* y vive en el cangrejo oveja del Pacífico. Luego, recogió cangrejos del litoral californiano que vivían en el mismo ambiente, pero que nunca se ha visto que contengan un percebe parásito propio. Cuando expuso el cangrejo de litoral al parásito, no tuvo ningún problema para poder infectarlo. Algo debe impedir que el parásito infecte al cangrejo que vive en libertad.

Pero si intentas utilizar parásitos en el océano como control biológico por primera vez en la historia, quieres estar completamente seguro de lo que haces. Le pregunté a Lafferty si tenía alguna otra idea para detener a los cangrejos verdes. «No creo que debamos quedarnos sentados y contemplar la masacre», me dijo. Empezó a hablarme de otro parásito de los cangrejos verdes llamado *Portunion conformis*. Se trata de un isópodo, un pariente de los bichos bola, que ha tenido una evolución independiente que le ha conducido a gozar de una vida similar a la del *Sacculina* en los cangrejos verdes. Invade un cangrejo como larva microscópica y, a continuación, destruye las gónadas de su hospedador, ocupando su lugar. Finalmente, rellena una buena parte del cuerpo del cangrejo, hasta suponer una quinta parte de su peso. Destruyendo las gónadas del cangrejo, castra a su hospedador, y al igual que el *Sacculina*, feminiza a los cangrejos macho. Nunca nadie ha cultivado *Portunion* en el laboratorio, pero Lafferty quiere intentarlo. Y luego quiere hacer las mismas pruebas con estos parásitos que fallaron con el *Sacculina*.

«Son parásitos increíblemente hermosos —dice Lafferty. Me hizo imaginar una bolsa grande y opaca con una abertura en un extremo, conteniendo un conjunto de huevos dorados en su interior—. Es difícil describirlos. Parecen... Dios, no se parecen a nada que hayas podido imaginar alguna vez». A veces es muy frustrante trabajar con parásitos, pero un parasitólogo siempre se puede consolar contemplando su belleza.

* * *

Herren y Lafferty trabajan en el borde deshilachado de la naturaleza, los campos de mandioca y los bancos de ostras donde los humanos han transformado la naturaleza en una nueva clase de mosaico, donde las especies foráneas se pueden desplazar miles de kilómetros en cuestión de semanas, donde la especie mejor adaptada es, en ocasiones, la que puede prosperar en un caos perpetuo. Los parásitos son capaces de amortiguar el golpe que infligimos en lugares como estos, si respetamos su capacidad evolutiva. Pero también me pregunto qué pasa con esas zonas del mundo que todavía permanecen relativamente intactas, y si los parásitos podrían ayudar a mantenerlas así.

Así es como acabé en una selva de Costa Rica, cazando ranas con Daniel Brooks. Estábamos deambulando dentro del Área de Conservación de Guanacaste, una reserva de 890 kilómetros cuadrados de bosques secos, selvas tropicales y bosques nubosos, que va desde las playas del Pacífico hasta la cima de los volcanes. Hace veinte años, los bosques de Guanacaste estaban desapareciendo debido a que los ganaderos talaban árboles para despejar claros para su ganado, a pesar del hecho de que la ganadería estaba siendo cada vez menos provechosa. Un biólogo que trabajaba en esa zona, un hombre canoso llamado Daniel Janzen, decidió aprovecharse del momento. Creó una fundación que empezó a comprar ranchos, y contrató a los vaqueros que ya no tenían trabajo como «parataxonomistas», cuya labor era documentar la diversidad de Guanacaste recolectando especies, diseccionándolas y describiéndolas. Por lo que no solo salvó el bosque, sino que este se expandió, y la gente que vivía en los alrededores tenía interés en conservarlo. No hay vallas que rodeen Guanacaste.

Al final de la década de 1990, cuando visité Guanacaste, Janzen ya había construido el edificio de la reserva. Pasaba más tiempo con su auténtico amor, las mariposas de Costa Rica. Cuando entrabas en su pequeña casa, en el cuartel general de la reserva, tres habitaciones bajo un techo de zinc, tenías que agacharte para pasar por debajo de docenas de bolsas de plástico que colgaban de las vigas, cada una con una oruga que se alimentaba de una hoja. «Mi objetivo es encontrar todas las orugas antes de que me entierren aquí», me contaba Janzen. Guanacaste no solo contiene una gran cantidad de bosques vírgenes, sino que además, mucho más importante, en el futuro sus bosques crecerán y se transformarán en un ecosistema autosostenible. Tal como decía Janzen: «Dentro de mil años, vendrás y todavía estará aquí».

Una noche, Brooks y yo irrumpimos en casa de Janzen. Ese día habíamos realizado un montón de disecciones y observado multitud de parásitos, así que decidimos ir hasta un bar, a hora y media de distancia, a tomar algo. En un punto del camino, las luces del todoterreno de Brooks iluminaron un cuerpo peludo sobre la carretera. Nos paramos y bajamos. Era un zorro al que habían matado recientemente, su cola todavía era una delicada nube plateada. Lo colocamos en la parte trasera de la camioneta, y regresamos a Guanacaste. Cuando llegamos a casa de Janzen, Brooks sacó el zorro de la parte trasera y lo llevó hasta la puerta de la casa. Lo dejó sobre el suelo de la entrada del salón de Janzen. El animal parecía intacto, pero había sido golpeado con tanta fuerza que sus ojos sobresalían de su cabeza. Janzen dijo: «Bien, ¿qué es lo que tenemos aquí?».

La esposa de Janzen, Winnie, vino desde la parte trasera de la casa para ver qué era lo que estaba pasando. Llevaba sobre su hombro a su mascota, un puercoespín llamado Espinita, el cual erizó sus púas con miedo. «Has aprendido demasiado de tus gatos —le dijo Winnie a Brooks—, trayendo regalos a las puertas de las casas de la gente».

Hace falta tener una amistad muy fuerte para dejar un zorro sangrando en el suelo de la casa de alguien, y Janzen y Brooks tenían exactamente esa clase de amistad desde 1994. (Janzen incluso dio nombre a una especie de avispa parásita que había descubierto gracias a Brooks). Se conocieron cuando Janzen buscaba ayuda para contabilizar todas las especies de la reserva. Nadie había hecho algo así a esta escala tan grande —Janzen cree que hay unas 235.000 especies en Guanacaste—. Pero su sueño era disponer de un inventario de todas las especies, que los científicos podrían usar a modo de páginas amarillas para poder elegir qué especie estudiar y para ayudarles a descubrir cómo se crea y se mantiene la biodiversidad de los bosques tropicales. Tan pronto como Brooks oyó hablar del proyecto, quiso participar.

Brooks ha sido parasitólogo desde mediados de la década de 1970. Fue él quien averiguó cómo usar las relaciones de los parásitos para reconstruir las andanzas de sus hospedadores millones de años atrás. Empezó trabajando con ranas en Kansas, pero pasó una gran parte de su carrera trabajando en Latinoamérica, estudiando los parásitos de las rayas, caimanes y otros animales. Es un trabajo lento, y, normalmente, un parasitólogo tiene la esperanza de descubrir algo que sumar a la diversidad de los parásitos. Y eso es por lo que a Brooks le entusiasmó la idea de Janzen. «Tan pronto como me enteré de lo que se estaba creando aquí —dice Brooks—, dejé todo mi trabajo con las rayas a cargo de mis doctorandos. Me di cuenta de que este era el lugar que quería como centro de mi trabajo». Por una vez, y en un mismo lugar, los parasitólogos podían conocer todos los parásitos. Guanacaste se convertiría, como decía Brooks, en «un universo de parásitos conocidos».

Janzen estaba un poco desconcertado cuando conoció a Brooks por primera vez, y pude ver algo de ese desconcierto en su cara cuando Brooks dejó el zorro en su suelo. ¿Cómo es que alguien puede entusiasmarse tanto por un cadáver? Pero Brooks ejerció de maestro con Janzen hasta que este empezó a ver la luz del mundo de los parásitos. Como me dijo Janzen: «Apareció este tipo, y mi visión de lo que es un ratón cambió para siempre. Ahora veo que es un saco de tenias y nematodos. Tienes ante ti a un ratón feliz, lo abres y resulta que está lleno de parásitos».

Después de mostrarle nuestro hallazgo, Brooks y yo llevamos el zorro a su cobertizo. Brooks encendió la luz y las polillas se arremolinaron en la malla de alambre. Dejó el zorro en el congelador, junto a un ocelote y un tapir, otros hallazgos afortunados que abriría más adelante.

Nos tomamos nuestra bebida —un cubalibre en lata— y, cuando acabamos, alrededor de las once, regresamos a la reserva. Brooks se detuvo frente al cobertizo y encendió de nuevo la luz. La mejor forma de ver parásitos es abrir un cuerpo fresco. Cuando un cadáver se descompone, los parásitos se desorientan y abandonan sus hogares naturales. Pronto empiezan a morir, y sus cuerpos se desintegran. Por lo que Brooks sacó el zorro del congelador y cogió unas tijeras.

La ecología interna del zorro resultó ser bastante sencilla: estaba lleno de anquilostomas, que se habían estado alimentando de sangre de sus intestinos. «Este zorro tenía una alarmante infección de anquilostomas», dijo Brooks, mientras colocaba los intestinos del zorro bajo el microscopio. Lo que me impresionó de la disección fue el propio Brooks. Se disculpaba ante el zorro mientras lo iba abriendo —«Perdona, perdona»—, siguió maldiciendo su estúpida muerte, y siguió quejándose del choque que había aplastado sus pulmones. Los demás científicos que trabajaban en Guanacaste miraban a Brooks como si este fuera una especie de vampiro, un científico interesado en los hermosos animales del bosque únicamente si podía abrirlos. Pero yo nunca había visto a alguien lamentar la muerte de un animal tan profundamente.

El sueño de Janzen de un inventario completo se vino abajo en 1996, durante las negociaciones con el Gobierno de Costa Rica. A Janzen no le gustó cómo se iba a desviar el dinero del proyecto del objetivo fundamental de inventariar todas las especies, por lo que decidió que debía abandonarlo. «Le pegamos al caballo un tiro en la cabeza», fue como me lo dijo. Pero Brooks era capaz de obtener suficiente dinero del Gobierno canadiense para seguir trabajando con los parásitos. Estimaba que los novecientos cuarenta vertebrados de la reserva albergaban once mil especies de parásitos (incluyendo solo los animales parásitos y los protozoos), la mayoría de los cuales eran nuevos para la ciencia. «Me va a llevar el resto de mi carrera hacer este inventario», decía Brooks. Yo me preguntaba por qué planeaba algo que le iba a causar tanto dolor.

Durante todo el día siguiente le hice esa pregunta varias veces, y cada una de ellas obtenía una respuesta diferente. La biodiversidad es asombrosa en un bosque tropical como el de Guanacaste, pero te perderás la mayor parte de ella si no usas un bisturí. «No hay ninguna duda de que hay más especies de parásitos que de organismos de vida libre —dice Brooks—. Cuando preservas una especie de ciervo, estás preservando veinte especies de parásitos de cuatro reinos».

Si eso no es suficiente, puedes justificar el proyecto mediante un egoísmo fundamentado. El origen de la mayoría de los medicamentos está en algún compuesto natural de algún organismo, ya sea penicilina, a partir de un hongo, o digitalina, que se extrae de la planta del mismo nombre. Solo en los últimos años los científicos han empezado a trabajar con la farmacopea de los parásitos. El *Cordyceps*, un hongo que invade insectos y de cuyo cuerpo brotan unos tallos parecidos a flores, es la fuente de la ciclosporina, un importante antibiótico. Los anquilostomas producen moléculas que se agarran perfectamente a los factores de coagulación de la sangre humana, y las compañías biotecnológicas los están sometiendo a prueba como anticoagulantes para cirugía. Las garrapatas también pueden manipular nuestra sangre para poder beberla más fácilmente, usando sustancias químicas que no solo disuelven coágulos, sino que también reducen la inflamación y matan bacterias que intentan entrar en la herida. Hay otros trucos parasitarios que están esperando una explicación convincente. Los trematodos sanguíneos pueden extraer sustancias de nuestra sangre para camuflarse del sistema inmunológico, pero nadie ha averiguado todavía cómo lo hacen. Si los científicos lo hicieran, podrían ser capaces de aplicar ese descubrimiento a los órganos trasplantados. Un médico podría bombear la sangre del paciente a través del pulmón de un donante y convertirlo básicamente en un trematodo gigante protegido. Eso libraría a los pacientes de los peligros de los fármacos inmunosupresores. Y estos son solo algunos ejemplos; ¿quién sabe qué clase de sustancias químicas han desarrollado el resto de millones de parásitos?

Otra justificación para la realización del inventario de parásitos surgió cuando Brooks y yo dejamos por un día las disecciones. Condujimos hasta el volcán Cacao, dando brincos en un Land Cruiser sobre una carretera de piedras. La mayor parte del bosque de las laderas de la montaña había sido talada por los ganaderos, pero los conservacionistas recompraron la tierra y estaban esperando a que los bosques crecieran de nuevo en las laderas. Nos detuvimos en el borde del bosque y caminamos a través de él, viéndonos sumergidos inmediatamente en un océano de árboles, en el que las mariposas morpho azules atravesaban la sombra del bosque como peces que nadaran sobre nuestras cabezas. Un delgado rayo atravesaba el grueso follaje mientras caminábamos junto a un riachuelo. Brooks se paró para mirar corriente arriba. «Este lugar debería estar lleno de ranas», dijo. Y, en cambio, no había nada.

Al principio del final de la década de 1980, las ranas empezaron a desaparecer de las zonas altas de Centroamérica. En el Cacao, no se encontraba ni una sola especie de rana. Al principio, los biólogos no tenían ni idea de qué era lo que causaba esas muertes; todo lo que sabían era que los cadáveres de las ranas se acumulaban sin señal alguna de que los pájaros las hubieran tocado. Solo en 1999 un biólogo aisló la que probablemente era la causa: un hongo que había llegado de los Estados Unidos. Sus esporas viajan a través del agua hasta que se encuentran con la piel de una rana. A continuación, se introducen en el animal, excavando y devorando la queratina de su piel, liberando una toxina que la mata rápidamente. Lo único que impide que el hongo mate a todas las ranas de Centroamérica es que está adaptado a climas frescos, y para el hongo es muy difícil sobrevivir por debajo de los mil metros.

Cuando los científicos descubrieron el hongo, era demasiado tarde para hacer algo. Solo podían mirar cómo el parásito pasaba de montaña en montaña en dirección sur. «Deberíamos habernos percatado de la presencia de este hongo —dice Brooks—. Si tuviéramos un inventario de los parásitos de las ranas, todavía habría ejemplares en las cumbres de Centroamérica. No sabíamos que estaba allí». Los humanos tampoco gozan de una protección especial contra los parásitos, y estos podrían tener que salir obligados de los bosques alterados. No serán los médicos los que descubran de dónde proviene el virus del Ébola, sino los zoólogos los que podrán encontrar el animal en los bosques pluviosos africanos que lo albergan normalmente.[1]

Pero Brooks no considera que su inventario sea simplemente un catálogo de muerte y destrucción. Puede ayudar a los científicos a medir la salud ecológica de Guanacaste y de otros bosques parecidos. Un ecosistema es un poco como una persona. En una persona sana, todas las partes interactúan de la forma que deberían: los pulmones absorben oxígeno y el estómago, alimento, la sangre lo transporta todo hasta los tejidos, los riñones eliminan los residuos, y el cerebro evalúa el mundo y toma decisiones como qué es lo que desea para cenar. En una persona enferma, algunas

---

[1] Un grupo de diecisiete investigadores europeos y africanos llegaron a la conclusión, en diciembre de 2013, de que varias especies de murciélagos de la fruta son el reservorio natural del virus. (*N. del T.*)

de las partes dejan de funcionar, y el hecho de que se apaguen afecta a todo el cuerpo de la persona, a veces, causando que el resto de partes también se apaguen. Un ecosistema dura miles o millones de años porque tiene partes constituyentes que trabajan bien conjuntamente: los gusanos ventilan el suelo, los hongos entremezclados con las raíces de los árboles les aportan nutrientes y extraen de ellas, a cambio, carbohidratos, y así todas y cada una de las partes. Agua, minerales, carbono y energía circulan a lo largo del ecosistema como si fueran sangre. Y resulta que un ecosistema también puede enfermar. Si se introduce un parásito que mate a las chinches koa, el daño causado puede extenderse a todos los árboles del bosque.

Los médicos no esperan a que sus pacientes hayan muerto para declarar que algo malo les está ocurriendo. Buscan pruebas tempranas, fáciles de detectar, de la existencia de posibles problemas, incluso aunque todavía no sepan cuáles son. Si una colonia de bacterias potencialmente letales se ha establecido en algún lugar del cuerpo de una persona, no es necesario localizar dónde se encuentran tales microbios: simplemente se comprueba si hay fiebre. Los ecólogos quieren disponer de algo que les informe de que un ecosistema está enfermo antes de que el daño se haya extendido a todos los hilos de la trama. Han estado examinando especies que forman ecosistemas, con la esperanza de encontrar una que pudiera actuar como algo similar al índice de la temperatura del cuerpo. Algunos se han fijado en las hormigas y otros insectos, otros, en los pájaros cantores que anidan en bosques de flores. Muchos candidatos dejan de serlo por uno u otro motivo. Es relativamente fácil decir si los superdepredadores como los lobos están disminuyendo, dado que son relativamente pocos y grandes. Pero, en el momento en el que los efectos del estrés ambiental han subido por toda la cadena alimenticia hasta llegar al lobo, es muy probable que ya sea demasiado tarde para ayudar al ecosistema.

Algunos científicos como Brooks piensan que los parásitos son un indicador de la salud ecológica, pero no como mucha gente creería. Hasta hace muy poco, la mayoría de los ecólogos veían a los parásitos como nada más que un síntoma del deterioro ambiental.

Si algún contaminante desgasta el sistema inmunológico de los miembros de un ecosistema, pasan a ser más susceptibles de contraer enfermedades. De hecho, eso es lo que parece que ocurre a veces, pero es fácil —y erróneo— generalizar. La idea parece el eco de Lankester: el aumento de los parásitos como indicador de épocas degeneradas. Las ranas que Brooks y yo recogimos en los bosques bajos estaban sanas y eran tan abundantes que se cruzaban en nuestro camino, y estaban llenas de parásitos. Los parásitos constituyen realmente una señal de que un ecosistema está intacto y sano, y lo opuesto, por muy extraño que pueda sonar, es cierto: si los parásitos desaparecen de un hábitat, probablemente es que este tiene problemas.

A medida que los parásitos viajan por su ciclo de vida, a menudo son vulnerables de ser envenenados por algún contaminante. Un trematodo, por ejemplo, eclosiona hacia una forma delicada cubierta con cilios parecidos a diminutos pelos, gracias a los cuales nada en busca de un caracol; un par de generaciones más tarde, una cercaria emerge del caracol en busca de su hospedador mamífero. En ambas etapas, el parásito depende del agua limpia para sobrevivir. En todo caso, esa es la teoría, y hay algunas evidencias concretas que demuestran que es correcta. Los ríos de Nueva Escocia se han acidificado como resultado de la polución del aire, por culpa de las emisiones de las plantas de carbón. Ecólogos canadienses añadieron cal en la cabecera de un río afectado, neutralizando el ácido, y luego regresaron los años siguientes para recoger anguilas. Luego las compararon con anguilas de un río no tratado que al final de su cauce se unía con el del vertido de cal. Las anguilas del río al que se había añadido cal contenían una diversidad mucho más rica de tenias, trematodos y otros parásitos. Los ecólogos expandieron entonces su estudio a la mayoría de los ríos a lo largo de la costa de Nueva Escocia, y encontraron que las aguas más afectadas tenían las anguilas con menos presencia de parásitos de todas.

Los parásitos funcionan bien como centinelas ecológicos por otra razón: están en la cima de muchas redes ecológicas. Si viertes níquel en un río, los animales pequeños absorberán solo un poco y no sufrirán mucho las consecuencias, pero, a medida que el níquel sube por la red alimenticia —cuando los copépodos son comidos por los peces pequeños, los cuales a su vez son comidos por los peces grandes, y estos por las aves marinas— la contaminación se concentra cada vez más. Pero los parásitos, cuyas presas incluyen igualmente a los superdepredadores, concentran incluso más contaminante en sus cuerpos. Las tenias pueden contener cientos de veces más plomo o cadmio que el pez dentro del cual viajan, y miles de veces más que el agua por la que nada el pez.

A diferencia de los organismos de vida libre, un parásito deambula por todos los niveles de su ecosistema, y puede ser un indicador del daño con que se va encontrando en su viaje. A lo largo de su ciclo de vida, un parásito necesita moverse a través de muchos hospedadores, cada uno de los cuales ocupa su propio nicho en el hábitat. Los trematodos de la marisma salobre de Carpintería tienen que vivir en los caracoles, los cuales dependen de las algas de las orillas lodosas; luego encuentran un pez, que come zooplancton para sobrevivir; y, finalmente, el parásito tiene que encontrar el intestino de un ave sana en el que madurará. Si alguno de estos hospedadores desapareciera, el parásito sufriría. En 1997, Kevin Lafferty descubrió que, en la parte más degradada de la marisma de Carpintería, solo había la mitad de especies de parásitos de las que había en la zona sana, y solo la mitad de parásitos individuales. Actualmente, esas zonas están siendo restauradas, y, en 1999, los caracoles de allí ya habían alcanzado el mismo nivel de contenido de parásitos que las zonas limpias de la marisma.

Esa es la razón por la que Brooks abre ranas en Costa Rica. «Ves a esta rana caminando con nueve o diez parásitos, sana y feliz. Una vez que conoces todos los parásitos de las ranas, y ves que de repente falta alguno, es que algo malo está pasando con las ranas o con un hospedador intermedio. Si pierdes un parásito, has perdido una parte de la fábrica del ecosistema». Y una vez que Brooks haya acabado con su inventario, podría ser posible identificar parásitos por sus huevos o larvas —y no sería necesario sacrificar ningún hospedador más—.

Los parásitos no son solo una señal de una buena salud ecológica; en realidad son vitales para ella. Cuando vacas y ovejas pastan en exceso praderas frágiles, pueden modificar la ecología de la región y convertirla en un desierto. Por lo que saben hasta ahora los ecólogos, este cambio es bastante irreversible, porque los arbustos del desierto reorganizan el suelo de tal forma que las hierbas no pueden penetrar de nuevo en él. Es un asunto difícil y políticamente inestable decidir cuánto se puede permitir el pastoreo en una porción determinada de tierra. Los ganaderos suelen administrar a su ganado medicamentos que matan todos los gusanos intestinales que pueden, pero los parásitos podrían mantener el ganado en un equilibrio cuidadoso con la hierba de la que dependen. Las larvas de algunas especies de gusanos parásitos se introducen en el ganado agarrándose a la hierba que comen. Cuando un gusano se cuela en el intestino de una oveja, madura y empieza a absorber una parte del alimento que toma la oveja. La lucha de la oveja contra los efectos del gusano hará que esta suela vivir menos tiempo y producir menos corderos. Al final, el parásito hace que el tamaño de la manada disminuya.

Estas subidas y bajadas en el número de individuos pueden alterar un ecosistema entero. Si un ganadero hace que sus ovejas pasten en exceso una pradera semiárida, las ovejas se multiplicarán y las plantas disminuirán. Al mismo tiempo, el pastoreo cambia al parásito: con más ovejas disponibles, puede crecer, alcanzando grandes números, y atestar las, cada vez menos, hojas de hierba que quedan, haciendo que la probabilidad de que una oveja se infecte sea mayor. En otras palabras, el pastoreo excesivo desencadena automáticamente un brote y reduce la manada, permitiendo que la hierba se recupere. Tan pronto como la población de ovejas también se recupera gracias a la gestión de los parásitos, ya no alcanza nunca más el elevado número de individuos que convertiría la pradera en un desierto. En lugar de llenar el ganado con fármacos antiparasitarios, y, por lo tanto, arruinar las tierras de pastoreo, los ganaderos se beneficiarían permitiendo que los parásitos controlaran la manada.

Aunque, por ahora, la teoría de la estabilidad controlada por parásitos sigue siendo en gran parte una conjetura porque los científicos saben muy poco sobre el funcionamiento de los parásitos en la naturaleza —lo que es otra razón por la que Daniel Brooks está en Costa Rica—. «La gente podrá poner a prueba sus ideas sobre la estabilidad controlada por parásitos porque este lugar no será un aparcamiento dentro de treinta años. Los parásitos pueden hacer disminuir las oscilaciones, y, si tienen esa influencia, no tienes por qué erradicarlos».

En otras palabras, para gestionar Guanacaste, necesitamos comprender el mundo de los parásitos. «Si queremos conservar un lugar como este», dice Brooks, «necesitamos saber qué es lo que ocurre a nivel microscópico. Necesitamos averiguar cómo trabajar con los parásitos. Necesitamos comprender qué es lo que los organismos necesitan y quieren, para que podamos utilizarlos de forma que no acabemos con su existencia».

La forma en que Brooks hablaba sobre nosotros, los humanos, me recordó la forma en que los parásitos utilizan a sus hospedadores —desarrollando la sensibilidad necesaria para saber qué es lo que sus hospedadores necesitan y quieren, qué es aquello sin lo cual no podrían vivir y aquello que si se les quita no impediría que sigan viviendo— para que así no se destruyan a sí mismos. En los viajes que realicé para este libro, a menudo he pensado en el mundo natural como en la suma de sus partes. Miraba desde el avión los lagos lodosos de Sudán, las zonas residenciales de Los Ángeles, los ranchos en retroceso de Costa Rica junto a restos de bosques, y pensaba en un concepto, llamado Gaia, en el que creen algunos científicos. Para ellos, la biosfera —la corteza formada por océanos, tierra y aire, que alberga la vida— es una especie de superorganismo. Tiene un metabolismo propio, que transporta carbono, nitrógeno y otros elementos alrededor del mundo. El fósforo que contribuye a que se produzca el destello de una luciérnaga acaba en el suelo cuando la luciérnaga muere, puede que para ser absorbido por un árbol y transportado hasta una de sus hojas, o para ser vertido en un río y ser transportado hasta el mar, donde el plancton fotosintetizador lo absorberá, y este será comido por krill, que lo liberará en las profundidades oceánicas con sus excrementos, para, a continuación, ser absorbido por algún parásito bacteriano, que lo devolverá a la superficie oceánica, antes de que, finalmente, muchos años después, termine enterrado en el lecho marino. Al igual que nuestros propios cuerpos, Gaia se mantiene unida y estable gracias a su metabolismo.

Los humanos existimos dentro de Gaia, y dependemos de ella para nuestra supervivencia. En la actualidad la estamos agotando. Retiramos la capa superficial del suelo con nuestras granjas sin reemplazarlo; pescamos en nuestros mares; y talamos los árboles de los bosques. Pensé en lo que Brooks acababa de decir sobre aprender cómo usar la naturaleza sin acabar con ella.

«Hablas como si fuéramos un parásito», le dije. Brooks se encogió de hombros. La idea no le parecía mal. «Un parásito que no tiene autorregulación se dirige hacia su desaparición y puede que con ella se lleve también a su hospedador —me respondió—. Y el hecho de que la mayoría de especies de la Tierra sean parásitos nos dice que eso no ha ocurrido muchas veces».

Le estuve dando vueltas a esa reflexión durante un buen rato. Este era un nuevo significado que los parásitos podían tener para nosotros —uno que puede ocupar el lugar que en su momento ocuparon los degenerados de Lankester, las tenias judías y todos los mitos antiguos sobre la evolución fallida—. Uno que podría ser biológicamente fiel sin convertir la vida en una película de terror, sin implicar que los parásitos puedan salir desde nuestro interior abriendo un agujero en el pecho. Los parásitos somos nosotros, y la Tierra el hospedador. Puede que la metáfora no sea perfecta, pero suena bien. Desviamos la fisiología de la vida para nuestros propios propósitos, utilizamos fertilizantes para cubrir con ellos los campos de cultivo, más o menos igual que las avispas desvían la fisiología de su oruga para tener el alimento que necesitan. Agotamos esos recursos y dejamos atrás nuestros desperdicios, como el *Plasmodium* cuando convierte un glóbulo rojo en un vertedero. Si Gaia tuviera un sistema inmunológico, podría ser la enfermedad y la hambruna, el cual podría evitar que una especie explotadora conquistara el mundo. Pero hemos esquivado estas salvaguardias con medicinas, baños limpios y otros inventos, que nos han permitido llegar a ser miles de millones los que estamos en este planeta.

No hay nada vergonzoso en ser un parásito. Nos unimos a un gremio venerable que lleva en este planeta desde su infancia y que ha llegado a ser la forma de vida más exitosa del planeta. Pero somos torpes en nuestra forma de vida parásita. Los parásitos pueden alterar a sus hospedadores con gran precisión y los cambian por propósitos concretos: para regresar a su hogar ancestral en un estanque, o para pasar a su fase adulta dentro de una golondrina de mar. Pero son expertos en causar solo el daño que es necesario, porque la evolución les ha enseñado que un daño sin motivo a la larga les dañará a ellos. Si queremos tener éxito como parásitos, tenemos que aprender de los maestros.

Epílogo

Cuando estaba escribiendo *Parásitos: Dentro del extraño mundo de las criaturas más peligrosas de la naturaleza*, fui a una serie de citas a ciegas. Un amigo mío había decidido ser mi casamentero, ya que había oído que tres emparejamientos exitosos le otorgaban la entrada directa al cielo según la tradición judía. El hecho de que mi amigo fuera un musulmán chino no hizo disminuir su entusiasmo. Desafortunadamente, cuando acabó conmigo, no estaba más cerca del cielo. Las citas fracasaron por todas las razones por las que las citas fracasan. Sin embargo, hay una que todavía permanece en mi memoria, casi una década después. Una cálida noche, en Greenwich Village, estaba sentado con una mujer en la terraza de un restaurante. Rodeados de farolillos de papel, estábamos discutiendo sobre cómo nos ganábamos la vida. Ella me habló de publicidad. Yo le dije que estaba escribiendo un libro dedicado a lo asombrosos que son los parásitos. Intentó cambiar el tema de conversación. Era como si le hubiera pinchado una rueda de su bicicleta de aquella tarde. Casi podía oír el suave silbido mientras la rueda se desinflaba lenta y constantemente.

Mientras le describía el libro en esa noche nefasta, me di cuenta de lo extraño y aislado que era el mundo en el que me había adentrado. Fui dibujando los ciclos de vida de los parásitos, marcando servilletas de papel con flechas que iban de los caracoles a las hormigas y de estas a los pájaros. Sabía qué especies de trematodos sanguíneos infectan los vasos sanguíneos detrás de nuestros intestinos y cuáles viven detrás de nuestra vejiga. Pensaba que Louis Pasteur se apartaría un poco y haría sitio en la historia de la ciencia para Friedrich Kuchenmeister, el pionero de las tenias, aunque sospechaba que era la única persona de mi zona horaria que sabía quién era Kuchenmeister.

Afortunadamente, cuando *Parásitos* se publicó en el año 2000, estaba felizmente prometido a mi esposa, Grace, a la que no le ahuyentó mi obsesión. Y una vez que la gente tuvo la oportunidad de leer el libro, descubrí muchas almas gemelas. Una productora de radio me pidió que apareciera en su programa, diciéndome que yo le había provocado pesadillas durante una semana. Lo dijo como un cumplido. En una fiesta en la Biblioteca Pública de Nueva York, se me presentó una bibliotecaria de la escuela secundaria. Me contó que *Parásitos* había sido robado seis veces de su biblioteca, lo que constituía un record. También me lo tomé como un cumplido. Lo mínimo que podía hacer, me dijo la bibliotecaria, era dar una charla a sus estudiantes. Un par de semanas más tarde llegué a su instituto, llevando una selección de las diapositivas más sangrientas que pude encontrar.

A veces, cuando viajo para hablar sobre parásitos, conozco a personas que me cuentan sus propias historias. En una visita que hice en 2006 a la Universidad Johns Hopkins, un experto en malaria me habló de una extraña escena que contempló un día en Zambia. Mientras caminaba por una carretera, vio frente a él a una avispa y a una cucaracha. Cuando se acercó para verlo mejor, parecía como si la avispa estuviera guiando a la cucaracha tirando de una antena, como si llevara un perro amarrado con su correa.

Sospeché que, como experto en malaria, se hallaba fuera de la zona en que era un experto, pero me aseguró que un científico en Israel estudió las avispas y estaba intentando averiguar cómo convierten a las cucarachas en los hospedadores de su descendencia. Así que contacté con el científico, un tal Frederic Libersat, de la Universidad Ben Gurion. Resultó que lo de las avispas era cierto. Y era mucho más extraño de lo que yo podría haber imaginado.

Las avispas tienen un nombre hermoso tanto en latín como en castellano: *Ampulex compressa*, o avispa esmeralda. Cuando una hembra de *Ampulex* está preparada para depositar sus huevos, busca una cucaracha. Al aterrizar en su futuro hospedador, da dos aguijonazos precisos. El primero es en la sección media de la cucaracha, produciendo que sus patas delanteras se paralicen. Esa breve parálisis producida por el primer aguijonazo le proporciona a la avispa el tiempo suficiente para ejecutar otro aguijonazo mucho más preciso en la cabeza.

La avispa desliza su aguijón a través del exoesqueleto de la cucaracha y lo inserta directamente en su cerebro. Continúa moviendo su aguijón —un poco como un cirujano que busca cómo llegar hasta un apéndice con un laparoscopio— hasta que alcanza un grupo concreto de neuronas que producen las señales que preparan a la cucaracha para empezar a caminar.

Visto desde afuera, el efecto es surrealista. La avispa no paraliza a la cucaracha. Si esta se asusta, salta, pero no huye corriendo. Entonces, la avispa sujeta una de las antenas de la cucaracha y la conduce, como si paseara un perro con su correa, hacia su muerte: el nido de la avispa. La cucaracha se arrastra sumisamente hacia dentro y se queda quieta tranquilamente mientras la avispa deposita su huevo en su parte inferior. Luego, la avispa se va, sellando su nido y sepultando a la, todavía viva, cucaracha.

El huevo eclosiona y la larva muerde hasta que agujerea el costado de la cucaracha. Y se mete dentro. La larva crece en el interior de la cucaracha, devorando los órganos de su hospedador, durante unos ocho días. Entonces ya estará lista para tejer un capullo, lo cual realiza también en el interior de la cucaracha. Después de cuatro semanas más, la avispa crece hasta llegar a su fase adulta. Sale del capullo, y luego, de la cucaracha.

El aguijón es lo que más fascina de todo a científicos como Libersat. El *Ampulex* no quiere matar a las cucarachas. Ni siquiera quiere paralizarlas de la forma en que las arañas y las serpientes lo hacen, ya que es demasiado pequeña para arrastrar a una gran cucaracha paralizada hasta su nido. En lugar de eso, solo retoca delicadamente la red neuronal de la cucaracha para que quede sin motivación alguna. Su veneno hace mucho más que simplemente convertir en zombis a las cucarachas. También altera su metabolismo de tal forma que reduce en un tercio su consumo de oxígeno. Los investigadores israelitas descubrieron que también podían reducir el consumo de oxígeno de las cucarachas inyectándoles fármacos paralizantes o extrayendo las neuronas que las avispas desactivan con su aguijón. Pero solo pueden utilizar una burda imitación del veneno de la avispa; las cucarachas manipuladas se deshidratan rápidamente, y mueren a los seis días.

El veneno de la avispa de alguna manera deja a las cucarachas en una especie de animación suspendida mientras las mantiene con buena salud, incluso mientras una larva de avispa está devorándolas desde dentro. Los científicos aún no comprenden cómo el *Ampulex* dirige cualquiera de estas proezas. Una parte de la razón de su ignorancia es el hecho de que los científicos todavía tienen mucho que aprender sobre sistemas nerviosos y metabolismos. Pero millones de años de selección natural han permitido al *Ampulex* ejercer ingeniería inversa con su hospedador. Haríamos bien en seguir su ejemplo y adquirir la sabiduría de los parásitos.

Al principio no me podía creer que había escrito un libro entero sobre parásitos y me había olvidado de una maravilla como la avispa esmeralda. Pero, con el paso de los años, continúo aprendiendo cosas sobre nuevos parásitos, cada una de las cuales resucita ese sentimiento familiar de respeto temeroso. Sencillamente, hay demasiados parásitos como para que alguien pueda apreciarlos en su totalidad. Y el catálogo de parásitos crece cada año a medida que los científicos descubren nuevos ejemplares. En 2009, descubrí que a uno de esos parásitos le habían puesto mi nombre.

La noticia me llegó gracias a una joven parasitóloga llamada Carrie Fyler. En la universidad, Fyler no sabía qué hacer con su vida. Estaba cautivada por los parásitos, pero no podía creer que uno se pudiera ganar la vida con su pasión. Luego leyó *Parásitos* y cambió de idea. Fue a estudiar a la Universidad de Connecticut con la parasitóloga Janine Caira. La especialidad de Caira era el estudio de las tenias que viven en los tiburones y en sus parientes. Fyler viajó con Caira a lugares como Senegal y Chile para diseccionar peces y sacarles las tenias. Fyler escribió su tesis sobre un género de tenias llamado *Acanthobothrium*, que incluye 165 especies conocidas. Como parte de su investigación, examinó algunas misteriosas tenias *Acanthobothrium* que Caira y sus colegas habían descubierto en 1999 durante un viaje a bordo del *Ocean Harvest*, un barco dedicado a la pesca comercial de arrastre que navegaba por el mar de Arafura a la altura de la costa norte de Australia. El pescador sacó una raya látigo gigante que pertenecía a una especie que no se había visto hasta entonces. Caira estaba más interesada en sus tenias, que eran igualmente nuevas para la ciencia.

Hay alrededor de 1,8 millones de especies de animales, plantas, hongos y microbios que tienen nombre. Hay muchos millones más que esperan ser bautizadas. Cada año, los científicos dan nombre a decenas de miles de especies nuevas, lo que significa que han de pasar siglos para que su trabajo finalice. Ponemos nombre a nuestros hijos tan pronto como nacen, pero darle nombre a una especie nueva es un proceso que viene mucho después de su descubrimiento. Una vez que los científicos encuentran un organismo que parece que no pertenece a ninguna especie conocida, buscan en la literatura científica para comprobar si es realmente una especie nueva. Si lo es, inspeccionan cada detalle minuciosamente, y recopilan toda la información que se necesitaría para identificar en el futuro otro organismo que pudiera pertenecer a la misma especie. Esta no es la clase de trabajo que pudiera hacer un robot secuenciador de genes en la hora del almuerzo. Esto es historia natural de la vieja escuela.

Hay unas 6.000 especies nombradas de tenias, pero los científicos descubren nuevas con cierta regularidad. Cuando Fyler examinó las tenias de la raya látigo que le dio Caira, descubrió que había cinco nuevas especies. Mientras las iba describiendo, decidió nombrar a una de ellas como *Acanthobothrium zimmeri*.

Me hace feliz poder decir que la *A. zimmeri* es un parásito magnífico. Posee la extraña anatomía que esperarías observar en una tenia —un animal que no tiene cerebro, ojos o boca y que ha convertido su piel en intestinos vueltos del revés—. Su cabeza está engalanada con un conjunto distintivo de ventosas, ganchos que usa para agarrarse en el intestino de su hospedador. Al igual que otras tenias, el resto de su cuerpo está formado en su mayor parte por segmentos, cada uno de los cuales tiene tanto testículos como ovarios. (Observo, sin hacer comentarios, que en su artículo para *Folia Parasitologica*, Fyler describe la vagina de cada segmento del cuerpo de la *A. zimmeri* como «sinuosa y con paredes gruesas»).

Cuando me enteré de que iba a tener una especie con mi nombre, me sentí abrumado, con delirios de grandeza. Pero, finalmente, volví a poner los pies en la tierra. Mi caída se dio en Arlington, Texas, adonde viajé para participar en un congreso de la Sociedad Americana de Parasitología. Tuve una charla informal con Fyler y otro cestodólogo sobre la recién nombrada *A. zimmeri*.

«Sí, diría que tiene sentido —decía, mirándome de arriba a abajo—. La *Acanthobothrium* es alta y delgada como tú».

Dar nombre a una especie no era, de hecho, el ritual sagrado que yo había imaginado. Con tantas especies por nombrar, es algo realmente rutinario. Fyler dio los siguientes nombres a las otras cuatro tenias que Caira encontró en la raya:

1. El nombre del barco en el que estaban Caira y Jensen (*A. oceanharvestae*)
2. Su abuelo, al que ella llamaba «Pop» (*A. popi*)
3. James Rodman de la Fundación Nacional para la Ciencia (*A. rodmani*)
4. Jim Romanow, que se encargaba de los microscopios que usaba Fyler (*A. romanowi*)

Sigo agradecido a Fyler por su gesto, y todavía no puedo evitar sentir cierto placer paternal cuando veo cómo la *A. zimmeri* ayuda a los científicos a aprender un poquito más acerca de la diversidad de la vida y de cómo evolucionó esa diversidad. Fyler y sus colegas compararon el ADN de la *A. zimmeri* con otras especies de *Acanthobothrium* y descubrieron algo interesante: las cinco especies de *Acanthobothrium* que encontraron en el interior de una única raya no estaban muy emparentadas entre ellas. En lugar de eso, sus parientes más cercanos viven en otras especies de rayas. De alguna manera, sus antepasados debieron saltar de un hospedador a otro, y consiguieron hacerse un sitio en el ecosistema atestado que es el interior del intestino de una raya.

Por ahora, ese salto sigue siendo un completo misterio. Los científicos no tienen ni idea de qué clase de ciclo vital tienen la *A. zimmeri* y sus parientes —qué es lo que les ocurre a los huevos de la tenia que liberan las rayas, o qué otros hospedadores tienen que invadir primero, antes de acabar finalmente en otra raya—. Al igual que su raya hospedadora, los hospedadores intermedios de la *A. zimmeri* todavía están a la espera de recibir sus propios nombres.

Espero que algún día los científicos averigüen cómo es el ciclo de vida de mi tocaya, pero también me preocupa que no lleguen a tiempo. Este tipo de rayas látigo, al igual que muchas otras rayas y tiburones, están en la actualidad en serio peligro debido a la sobrepesca imprudente. Y siempre que una especie se extingue, puede arrastrar con ella a otras especies. Cambiar de especie hospedadora es un acontecimiento exquisitamente raro, y es por eso que es muy probable que la *A. zimmeri* pueda vivir únicamente en una especie de raya látigo. Si su hospedador se extingue, desaparecerá con ella.

Ahora, más que nunca, siento que mi existencia está entrelazada con la de los parásitos. Mucho después de que yo haya muerto, espero que todavía haya rayas látigo nadando en el mar de Arafura, infestadas por tenias que lleven mi nombre.

Glosario

Anquilostoma: Nematodo parásito que vive en el suelo como larva y como adulto en los intestinos humanos. Consume sangre y causa anemia.

Anticuerpo: Proteína creada por el sistema inmunológico que puede unirse a antígenos y neutralizarlos.

Antígeno: Sustancia extraña que estimula una respuesta inmunológica.

Ceguera de los ríos: Enfermedad causada por el *Onchocerca volvulus*, un nematodo parásito. La ceguera se produce por una cicatrización desencadenada cuando el parásito repta a través de los ojos.

Célula B: Uno de los tipos de célula inmunológica que produce anticuerpos.

Célula T: Célula inmunológica que puede reconocer antígenos específicos. Las células T asesinas destruyen células infectadas con virus y otros patógenos. Las células T inflamatorias organizan los ataques de los macrófagos. Las células T colaboradoras trabajan junto a las células B para producir anticuerpos.

Cloroplasto: Compartimento de las plantas y algas donde tiene lugar la fotosíntesis. Su origen fue una bacteria de vida libre que fue engullida por un eucariota.

Copépodo: Crustáceo acuático que sirve como hospedador intermedio de muchos parásitos.

Cotesia congregata: Una especie de avispa parásita que tiene como hospedador al gusano del tabaco.

Elefantiasis: Enfermedad causada por filarias. Los gusanos residen en los vasos linfáticos, y la reacción del sistema inmunológico produce obstrucciones que acumulan el líquido linfático en extremidades o genitales.

Enfermedad del sueño: Enfermedad causada por el protozoo *Trypanosoma brucei*, y transmitida por la mosca tsé-tsé. Produce desorientación y coma. Es letal si no se trata.

Esquistosomiasis: También conocida como bilharziasis. Enfermedad causada por esquistosomas, trematodos sanguíneos que viven en caracoles y humanos. Su síntoma más serio es el daño hepático producido por la reacción del sistema inmunológico ante la presencia de los huevos de esquistosoma.

Gusano de Guinea: Nematodo parásito que vive en el abdomen de los humanos. Después de aparearse, la hembra emerge de la pierna de su hospedador y libera las larvas, que se establecerán en un copépodo.

Macrófago: Célula inmunológica que mata organismos extraños, engulléndolos o liberando sustancias venenosas.

Malaria: Enfermedad caracterizada por fiebre alta, producida por el protozoo *Plasmodium*.

Mastocito: Célula inmunológica presente en los revestimientos intestinales y en la nariz; la célula puede desencadenar repentinamente reacciones alérgicas.

Plasmodium: Protozoo que causa la malaria.

Sacculina: Parásito del orden de los cirrípedos que vive en los cangrejos.

Sistema del complemento: Moléculas transportadas por la sangre que atacan a los antígenos, solas o conjuntamente con los anticuerpos.

Toxoplasma gondii: Protozoo que normalmente tiene como hospedadores a los gatos y sus presas. En los humanos suele ser inofensivo, excepto en las mujeres embarazadas y en gente con sistemas inmunológicos comprometidos.

Trematodo sanguíneo: Una de las varias especies de trematodos que viven en el torrente sanguíneo de los vertebrados. Los mejor estudiados son los esquistosomas, como el *Schistosoma mansoni*, que causa la enfermedad de la esquistosomiasis.

Trematodos: Una clase de gusanos platelmintos que incluye especies parásitas. También conocidos como duelas.

Trichinella: Nematodo parásito que vive en las células musculares.

Tripanosomas: Protozoos parásitos pertenecientes al género *Trypanosoma*. Causan la enfermedad del sueño (*T. brucei*), la enfermedad de Chagas (*T. cruzi*) y otras enfermedades.

Agradecimientos

La investigación que llevé a cabo para este libro fue gracias a sonsacar información de muchos científicos, ya fuera en persona o vía telefónica. Quiero dar las gracias en particular a Larry Roberts, que leyó el manuscrito entero. Quiero rendir homenaje a todos estos científicos como haría cualquier parásito con su hospedador. Doy las gracias a:

Greta Smith Aeby, Jonathan Baskin, Nancy Beckage, George Benz, Manuel Berdoy, Jeff Boettner, Daniel Brooks, Janine Caira, Dickson Despommiers, Andrew Dobson, Thomas Eickbush, Gerald Esch, Donald Feener, Michael Foley, Carrie Fyler, Scott Gardner, Matthew Gilligan, Bryan Grenfell, Iah Harrison, Hans Herren, Eric Hoberg, Jens Høeg, Peter Hotez, Stephen Howard, Frank Howarth, Michael Huffman, Hillary Hurd, Todd Huspeni, Mark Huxham, John Janovy, Daniel Janzen, Aase Jesperson, Pieter Johnson, Martin Kavaliers, Christopher King, Jacob Koella, Stuart Krasnoff, Armand Kuris, Kevin Lafferty, Frederic Libersat, Curtis Lively, Philip LoVerde, David Marcogliese, Scott Miller, Katherine Milton, Anders Møller, Janice Moore, Thomas Nutman, Jack O'Brien, Richard O'Grady, Norman Pace, Edward Pearce, Barbara Peckarsky, Kirk Phares, Stuart Pimm, Ramona Polvere, Mickey Richer, Larry Roberts, David Roos, Mark Siddall, Joseph Schall, Phillip Scott, Andreas Schmidt-Rhaesa, Biola Senok, Michael Strand, Michael Sukhdeo, Suzanne Sukhdeo, Richard Tinsley, John Thompson, Nelson Thompson, Mark Torchin, Joel Weinstock, Clinton White, Marlene Zuk.

También quiero dar las gracias a David Berreby por sus conocimientos de historia, a Jonathan Weiner por su ayuda con los gusanos, a Grace Farrell por el maratón de películas sobre parásitos y por tolerar mi extraña obsesión, a Eric Simonoff por detectar horrores fecundos cuando lo leyó, y a mi editor, Stephen Morrow, quien, como siempre, hizo que todo esto fuera posible.